saur

Deutschsprachige Literatur aus Prag und den böhmischen Ländern 1900–1925

Chronologische Übersicht und Bibliographie

2., überarbeitete und erweiterte Auflage

Herausgegeben und eingeleitet von Jürgen Born

Unter Mitwirkung von
Martina Dickert und Klaus Peter Wahner

K·G·Saur
München · London · New York · Paris 1993

Die Deutsche Bibliothek - CIP-Einheitsaufnahme

Born, Jürgen:
Deutschsprachige Literatur aus Prag und den böhmischen Ländern : 1900 - 1925 ; chronologische Übersicht und Bibliographie / hrsg. und eingeleitet von Jürgen Born. Unter Mitw.. von Martina Dickert und Klaus Peter Wahner. - 2., überarb. und erw. Aufl. - München ; London ; New York ; Paris ; Saur, 1993
ISBN 3-598-11091-X
NE: HST

Gedruckt auf säurefreiem Papier
Printed on acid-free paper

A Reed Reference Publishing Company

Printed in the Federal Republic of Germany

Druck/Printed by Strauss Offsetdruck, Hirschberg 2
Binden/Bound by Buchbinderei Schaumann, Darmstadt

ISBN 3-598-11091-X

Vorwort zur ersten Auflage

Der vorliegende Band bietet im ersten Teil eine chronologische Übersicht über die Jahre 1900 bis 1925 in Form einer doppelseitigen Synopse: Auf der linken Seite finden sich jeweils zwei Spalten: die äußere verzeichnet die für die böhmischen Länder, d.h. Böhmen, Mähren und Mährisch Schlesien, bedeutsamen zeitgeschichtlichen Ereignisse, die innere eine repräsentative Auswahl von Veranstaltungen und Ereignissen, die für das kulturelle Leben in der böhmischen Hauptstadt von Bedeutung waren. Auf der rechten Seite sind jeweils die wichtigsten literarischen Neuerscheinungen der deutschsprachigen Autoren Prags und der böhmischen Länder verzeichnet; sie wurden – auf den Monat genau[1] – in der Folge ihres Erscheinens angeordnet. Wo aus dem Haupttitel des Buches die Gattung nicht hervorgeht und auch kein Untertitel darauf verweist, wurde sie jeweils in runden Klammern ('Drama', 'Roman' u. dergl.) ergänzt. Ist die Erstausgabe – bibliographisch vollständig – in den Buchbeständen (S. 63 - 232) verzeichnet, so weist ein Sternchen * darauf hin.
Auf die chronologische Übersicht folgt als zweiter Teil das Verzeichnis der Buchbestände zur deutschsprachigen Literatur Prags und der böhmischen Länder in der Forschungsstelle für Prager deutsche Literatur (Präsenzbibliothek) und in der Universitätsbibliothek Wuppertal. An die Primärveröffentlichungen (Quellen) schließt sich jeweils die zu diesem Autor vorhandene Sekundärliteratur (Darstellungen) an.
Den dritten Teil dieses Bandes bildet eine Bibliographie zur deutschsprachigen Literatur Prags und der böhmischen Länder. Sie ist in acht Themengruppen gegliedert, innerhalb der einzelnen Gruppen sind die Beiträge chronologisch geordnet.
Der Berichtszeitraum für die im zweiten und dritten Teil dieses Bandes verzeichneten Titel endet mit dem Dezember 1988.

Nach welchen Kriterien über die Zugehörigkeit eines Autors zur deutschsprachigen Literatur Prags und der böhmischen Länder zu entscheiden ist, darüber gehen die Meinungen auseinander. In den vorliegenden Band wurden einmal die in den böhmischen Ländern gebürtigen Autoren aufgenommen, deren Lebenszeit in das erste Viertel dieses Jahrhunderts hineinreichte oder die in diesem Zeitraum dort geboren wurden; sie sind also durch ihre Herkunft mit der Region verbunden. Aufnahme fanden darüber hinaus auch Autoren, die – wie Gustav Meyrink und E.G. Kolbenheyer – eine Zeit ihres Lebens hier verbrachten; eine Reihe ihrer Dichtungen ist von der eigentümlichen Atmosphäre der Moldaustadt erfüllt oder aber vom Erlebnis der Landschaften Böhmens, Mährens oder Mährisch Schlesiens geprägt.
Ausgewählt wurden die in der chronologischen Übersicht versammelten Titel nicht ausschließlich nach Gesichtspunkten der literarischen Wertung; vereinzelt wurden

---

[1]) vgl. dazu in diesem Band S. 9 .

auch Titel der Unterhaltungsliteratur aufgenommen, die seinerzeit eine große Leserschaft fanden. Insgesamt kam es darauf an, Literatur aus der Feder deutschsprachiger Schriftsteller dieser Region in möglichst großer Vielfalt vor Augen zu führen.
Im kulturellen Teil der chronologischen Übersicht herrschen deutlich die Ereignisse in Prag, im Verzeichnis der selbständig erschienenen Titel die Veröffentlichungen Prager Autoren vor. Das erklärt sich einmal aus der größeren literarischen Bedeutung der Moldaustadt gegenüber den anderen deutschsprachigen Städten Böhmens, Mährens und Mährisch Schlesiens. Es erklärt sich aber auch aus der Entstehungsgeschichte dieses Bandes: Er war zunächst, d.h. in einer vorläufigen Fassung (Selbstverlag 1987), ganz auf Prag beschränkt, erst später kamen Autoren aus anderen Orten Böhmens, aus Mähren und Mährisch Schlesien hinzu.

Dieser Band ist vorsorglich so eingerichtet, daß bei einer Neuauflage alle hinzugekommenen Titel ohne Schwierigkeit Aufnahme finden können. Verlag und Herausgeber nehmen daher gern Anregungen entgegen, die das hier Dargebotene ergänzen.

Gedankt sei vor allem Kurt Krolop (Berlin / Prag), Michael Berger (Berlin), Erik Mossel (Amsterdam), Josef Poláček, Jaromír Povejšil und Jiří Veselý (Prag). Gedankt sei darüber hinaus Anita Doberska, Sigrid Steschulat und Inge Sträßer, die zur Herstellung der tabellarischen Übersicht bzw. zum Verzeichnis der Buchbestände wesentlich beigetragen haben. Der Kanzler der Bergischen Universität, Klaus Peters, hat durch administrative Assistenz die Recherchen zur deutschsprachigen Literatur Prags und Böhmens dankenswerterweise unterstützt. Auch die Gesellschaft der Freunde der Bergischen Universität hat die Arbeit an diesem Band wirksam gefördert. Ein Wort des Dankes geht schließlich an den Börsenverein für den deutschen Buchhandel in Frankfurt am Main, an die Staats- und Universitätsbibliothek Prag, das Deutsche Literaturarchiv in Marbach, die beiden Staatsbibliotheken in Berlin, an das Institut für Auslandsbeziehungen in Stuttgart, an das Johann-Gottfried-Herder-Institut in Marburg, an die Bücherei des deutschen Ostens in Herne und, last not least, an die Bibliothekarinnen und Bibliothekare der Universitätsbibliothek Wuppertal.

Jürgen Born

Vorwort zur zweiten, überarbeiteten und erweiterten Auflage

Die erste Auflage dieses Bandes war innerhalb von vier Monaten beim Verlag vergriffen. Der notwendig gewordene Neudruck bot nun die Möglichkeit, den Band nicht nur zu überarbeiten, sondern ihn auch zu erweitern: Zum einen wurden in den Teil II über 400 neue Titel aufgenommen; sie konnten bis zum Ende der Berichtszeit für diese Auflage (Dezember 1991) erworben werden. Zum andern wurde in den Teil III, als neue Themengruppe, ein Verzeichnis literarischer oder zumindest literarisch interessierter Zeitschriften und Jahrbücher eingefügt; Kriterium für die Aufnahme der Titel war ihr Erscheinungsort in den böhmischen Ländern, berücksichtigt wurden aber auch Publikationen, die zwar außerhalb dieser Region erschienen, jedoch ausdrücklich für ihre Leser bestimmt waren.
Das Verzeichnis der Zeitschriften und Jahrbücher wurde, ähnlich dem der Anthologien, über die im Titel des Bandes genannte Zeitgrenze (1925) hinausgeführt, jedoch nur bis zum Jahre 1939; in diesem Jahre wurde nämlich der bereits um die deutschsprachigen Gebiete reduzierte Staat der Tschechoslowakei von der deutschen Wehrmacht besetzt. Die spannungsreiche Vielfalt des literarischen Lebens in dieser Region – sie spiegelt sich gerade in den Zeitschriften- und Jahrbuchtiteln der zwanziger und dreißiger Jahre – fand damit ein abruptes Ende. (Das Verzeichnis stützt sich weitgehend auf das von Thomas Dietzel und Hans-Otto Hügel bearbeitete Repertorium *Deutsche literarische Zeitschriften 1880-1945*, München: K.G. Saur, 1988; nur in einigen wenigen Fällen mußten die Informationen ergänzt oder modifiziert werden.)
Eine weitere Änderung gegenüber der Erstauflage findet sich im Teil I, und zwar in der chronologischen Aufführung der selbständig erschienenen Titel: Verwiesen die Sternchen * dort bislang nur auf Erstausgaben in Teil II, so beziehen sie sich jetzt auch auf unveränderte Nachdrucke. Darüber hinaus erscheinen in Teil II nunmehr die Personalbibliographien zu einem Autor jeweils *zu Beginn* der Sekundärliteratur.
Zu danken habe ich diesmal neben Martina Dickert und Klaus Peter Wahner vor allem Britta Sopp; gemeinsam haben sie die Aufgabe der Revision und der umfangreichen Ergänzungen für die zweite Auflage übernommen. Gedankt sei überdies dem Ministerium für Wissenschaft und Forschung des Landes Nordrhein-Westfalen, das auch den Druck dieser erweiterten Fassung unterstützt hat.

Wuppertal, im Mai 1992

Jürgen Born

Inhalt

Einleitung

'Prager deutsche Literatur' oder 'Deutschsprachige Literatur Prags' sind Bezeichnungen jüngeren Datums. Sie wurden, eingeführt von der tschechischen Germanistik, erst nach dem Zweiten Weltkrieg zu festen Begriffen der Literaturgeschichte. Die erste wissenschaftliche Konferenz zum Thema 'Prager deutsche Literatur' fand 1965 in Liblice bei Prag statt.[1] Man wählte diese Bezeichnung, um zwischen den deutschschreibenden Autoren der Moldaustadt und denen der übrigen deutschsprachigen Gebiete Böhmens, Mährens und Mährisch Schlesiens zu unterscheiden. Daß die beiden Literaturen seit der Jahrhundertwende immer mehr auseinanderstrebten, war schon in den zwanziger Jahren nicht zu übersehen. Doch zögerte man offenbar, diese im Laufe der Jahre immer deutlicher zutage tretende Separierung anzuerkennen. Besonders nach der Gründung des neuen tschechoslowakischen Staates im Jahre 1918 war man sowohl in Prag als auch in den Randgebieten bemüht, die gemeinsame Sprache als das Verbindende herauszustellen. Aber war es noch die gemeinsame Sprache?

Rudolf Wolkan nannte seine 1925 erschienene literarhistorische Darstellung noch: *Geschichte der deutschen Literatur in Böhmen und in den Sudetenländern*[2]; er unterscheidet also zwischen den Gebieten westlich der Elbe bis hin zum Egerland und östlich der Elbe bis zum Sudetengebirge und weiter bis (Österreichisch) Schlesien. 'Sudetenländisch' gebraucht Wolkan dementsprechend noch in seinem ursprünglichen, regionalen Sinne. Und die Prager Autoren behandelt er nicht als eine gesonderte Gruppe, sondern zusammen mit jenen aus den anderen deutschsprachigen Gebieten Böhmens. Von ihnen werden Fritz Mauthner, Rilke, Salus und Werfel ausführlicher gewürdigt; mehrmals genannt werden Max Brod, Auguste Hauschner und Ludwig Winder; erwähnt werden zumindest Friedrich Adler, Egon Erwin Kisch, Gustav Meyrink und Oskar Wiener; Kafka wird sonderbarerweise nicht einmal erwähnt.

Josef Mühlberger nannte seine 1929 erschienene Literaturgeschichte: *Die Dichtung der Sudetendeutschen in den letzten fünfzig Jahren*[3]. In seinem Vorwort weist er zwar darauf hin, daß die Bezeichnung 'Sudetendeutsche' "nur ein Rahmen" sei, der "mannigfaches Bild fassen" sollte, das Gebiet der Deutschsprechenden in der Tschechoslowakei sei ja "vielstämmig", und Prag wie auch Brünn nähmen eine eigene Stellung ein, in seinem Verzeichnis der "sudetendeutschen Verfasser" aber finden sich alle Namen der deutschsprachigen Autoren Prags: von Friedrich Adler, Brod und Kafka über Kisch, Kornfeld, Leppin, Meyrink und Rilke bis zu Urzidil, Werfel und Winder.

---

1) Die Beiträge erschienen in dem Band *Weltfreunde*. Red. Eduard Goldstücker, Alois Hofman, Paul Reimann. (Prag 1967).

2) (Augsburg: Johannes Stauda, 1925)

3) (Kassel-Wilhelmshöhe: Johannes Stauda Verlag, 1929)

Mühlbergers Sprachgebrauch darf indes nicht als Versuch mißverstanden werden, eine Reihe damals schon bekannter Namen in die Dichtung der Sudetenländer "einzugliedern". Er gebrauchte 'sudetendeutsch' als Sammelbegriff für die auf dem Boden Böhmens und Mährens entstandene deutschsprachige Literatur. Im gleichen Sinne – als Synonym für 'deutsche Literatur in der Tschechoslowakei' – verwendet auch Johannes Urzidil den Begriff, wenn er 1930 davon spricht, daß die Prager deutsche Literatur natürlich "zur sudetendeutschen Literatur oder zur deutschen Literatur in der Tschechoslowakei" gehöre.[4] 'Sudetendeutsch' war damals (wie das ihm zeitlich vorausgehende 'deutsch-böhmisch' oder 'deutsch-mährisch') eine gängige Bezeichnung und hatte noch nicht jenen politischen Akzent, den es in den folgenden Jahren durch den an Schärfe zunehmenden Nationalitätenkonflikt im Grenzland erhielt. Doch welche Bezeichnung man auch wählen mochte, tatsächlich vollzog sich seit dem Ende des 19. Jahrhunderts eine Teilung in zwei Literaturen: die der Prager deutschen Enklave mit einer Bevölkerung, die schon um 1900 auf ca. 33.000 (d.h. auf 9,5 % der Gesamtbevölkerung der Stadt) gesunken war, und die der deutschsprachigen Randgebiete Böhmens und Mährens mit einer Bevölkerung von dreieinhalb Millionen. Um die Mitte des 19. Jahrhunderts, als Prag allerdings noch zur Hälfte deutsche Einwohner hatte, war das anders gewesen: Da las man die Erzählungen von Adalbert Stifter, aber auch Versepen von Karl Egon Ebert, Gedichte von Moritz Hartmann und von Alfred Meißner in Prag wie in Eger, Reichenberg oder Trautenau, in Brünn wie in Troppau und Iglau. Und diese geistige und kulturelle Gemeinsamkeit bestand noch bis weit in die zweite Hälfte des 19. Jahrhunderts hinein fort. Denn, so formuliert es Kurt Krolop, die "Prager deutsche Enklave war politisch noch nicht isoliert, sondern Vorort der fast geschlossen liberalen deutschsprachigen Randgebiete Böhmens".[5] Erst nach 1880, als sich in Nordböhmen der völkische Nationalismus immer stärker ausbreitete, änderte sich das. Mitte der neunziger Jahre wandte man sich ganz von Prag ab; Städte wie Reichenberg und Eger gewannen als kulturelle Mittelpunkte gegenüber Prag immer mehr an Bedeutung. Mit der politischen Abwendung hatte sich auch eine kulturelle vollzogen. Und das heißt, in den deutschsprachigen Randgebieten begann man sich von der betont urbanen, kosmopolitischen Literatur Prags abzukehren. Doch distanzierte sich auch eine Reihe Prager deutscher Autoren von der deutschböhmischen Heimatliteratur. Schon Ende 1911 wies einer von ihnen, Otto Pick, den Herausgeber des in Innsbruck erscheinenden *Brenner* auf "einige in Böhmen lebende deutsche Schriftsteller" hin, die "in ähnlichem Gegensatze" zu der "sogenannten Deutschböhmischen Heimatkunst" standen wie "Ihre engeren Mitarbeiter zu [Karl] Schönherr

---

4) J. Urzidil: "Die literarische Situation des Sudetendeutschtums (Antwort an E.G. Kolbenheyer)". In: *Der Schriftsteller* (Berlin) 18.Jg., H.5 (Mai 1930), S. 5-6.

5) K. Krolop: "Zur Geschichte und Vorgeschichte der Prager deutschen Literatur des 'expressionistischen Jahrzehnts'". In: *Weltfreunde* (Prag 1967), S. 49.

u.s.f.". Als einen dieser Schriftsteller nennt er Franz Werfel, dessen Gedichtband *Der Weltfreund* gerade im Verlag Axel Juncker in Berlin erscheine.[6]

Dieser Abstand zwischen den beiden Literaturen trat im Verlauf der ersten zwei Jahrzehnte unseres Jahrhunderts immer deutlicher zutage. Versuche, die kulturelle Gemeinsamkeit aufrechtzuerhalten, gab es viele, sowohl von Prag als auch von den deutschsprachigen Randgebieten aus. Sie hatten aber wenig Erfolg. Zu Beginn des Jahrhunderts war das noch anders: Die Bemühungen etwa, eine die beiden Bereiche verbindende literarische oder allgemein kulturelle Zeitschrift zu schaffen, führten im Oktober 1901 zur Gründung der *Deutschen Arbeit*, Monatschrift für das geistige Leben der Deutschen in Böhmen. Diese, jedenfalls in den ersten zwölf Jahren ihres Bestehens, liberale aber überparteiliche deutsch-böhmische Zeitschrift konnte – ungeachtet gelegentlicher finanzieller Schwierigkeiten – in regelmäßiger Abfolge und bei fast gleichbleibendem Umfang erscheinen. Sie brachte in den Jahrgängen 1901 bis 1912 Beiträge (Lyrik und Prosa) von Friedrich Adler, Oskar Baum, Max Brod, Rudolf Haas, Victor Hadwiger, Auguste Hauschner, Camill Hoffmann, E.G. Kolbenheyer, Paul Leppin, Gustav Leutelt, R.M. Rilke, Hugo Salus, Hedda Sauer, Hans Watzlik, Oskar Wiener u.a.

In den zwanziger Jahren hatten es ähnliche Bemühungen ungleich schwerer: Die 1924 in Karlsbad gegründete Zeitschrift *Die Provinz*, Halbmonatsschrift für die Tschechoslowakei, herausgegeben von Bruno Adler, Ernst Bergauer und Ernst Sommer, konnte sich nur vom Januar bis zum Oktober ihres ersten Jahrgangs halten. Sie wurde – alle drei Herausgeber waren Juden – von den Lesern, für die sie bestimmt war: den Deutschen in den Randgebieten Böhmens, nicht angenommen. Besonders entmutigend war das Beispiel der 1928 von Josef Mühlberger und Johannes Stauda in Eger gegründeten Zeitschrift *Witiko*. Diese dem Vorbild der *Deutschen Arbeit* verpflichtete Veröffentlichung war eine Literatur- und Kunstzeitschrift von deutscher Art und internationalem Rang; von deutscher Art war ihre typographische und künstlerische Gestaltung, von internationalem Rang ihr literarisches Niveau. Auch diese Zeitschrift, in der Erstdrucke von Kolbenheyer wie von Kafka erschienen, vermochte sich insgesamt nur drei Jahre lang zu erhalten. (Nach dem zweiten Jahrgang trat eine vorübergehende Unterbrechung ein, weil die Mittel zur Herstellung der – auch in der Ausstattung anspruchsvollen – Zeitschrift fehlten.) Mit Recht beklagt daher Johannes Urzidil im März 1930 den "Gegensatz zwischen dem Prager Inseldeutschtum und dem Deutschtum der Provinz" als einen der "geistigen Gründe, der die Herausgabe und Erhaltung einer deutschen Literaturzeitschrift in der Tschechoslowakei" erschwere. Das "Prager Inseldeutschtum", das der modernen deutschen Literatur Namen wie Rilke, Werfel,

---

6) Ludwig von Ficker: *Briefwechsel. 1909-1914*. Hrsg. von Ignaz Zangerle, Walter Methlagel, Franz Seyr, Anton Unterkircher. (Salzburg 1968), S. 72. (=Brenner-Studien, Bd. VI)

Kafka, Salus, Adler, Meyrink und Brod geschenkt habe, sei nämlich "hochintellektuell, durchaus großstädtisch geartet"; die hier entstandene Literatur zeige eine "stark jüdische Note". Dagegen sei die "sudetendeutsche Literatur (Kolbenheyer, Watzlik, Dietzenschmidt usw.) überwiegend arisch betont". Urzidil bedauert im weiteren, daß das in der Tschechoslowakei "im nationalen Kampf stehende Deutschtum" nicht die Kraft aufbringe, "seine geistigen Potenzen zusammenzuschließen".[7]
Es entbehrt, jedenfalls aus heutiger Sicht, nicht der Ironie, daß E.G. Kolbenheyer sich auf Urzidils Artikel hin in derselben Zeitschrift zu Wort meldete, um sich gegen den vermeintlichen Versuch zu wehren, sein Werk der literarischen Provinz zuzuordnen. Urzidils Unterscheidung, "Prager Literatur = stark jüdisch" und "sudetendeutsche Literatur = überwiegend arisch", weist Kolbenheyer zurück. Für ihn gebe es "weder eine Prager Literatur noch eine sudetendeutsche Literatur". Und was sein Werk betreffe, so sei es weder "sudetendeutsch" noch "arisch", es gehöre "der deutschen Dichtung an, die in einem literarischen Provinzialismus keinen Raum" habe.[8] Darauf wiederum antwortete Urzidil im Mai-Heft der Zeitschrift: Er bestehe auf seiner Meinung, die Prager deutsche Literatur habe "eine spezifisch jüdische Note", die Literatur des sonstigen Sudetendeutschtums erscheine "überwiegend arisch betont". Und er macht geltend, daß die "wichtigsten Prager Autoren (Adler, Salus, Brod, Baum, Rud. Fuchs, Kisch, Weiskopf, Werfel, Winder, Kornfeld, Mauthner u.a.)" eben Juden waren und sind; die wichtigsten Autoren des übrigen Sudetendeutschtums (Kolbenheyer, Watzlik, Dietzenschmidt, Rudolf Haas, Leutelt, Strobl u.a.) seien demgegenüber Arier. Diese "kulturpsychologische Konstatierung" in seinem Aufsatz habe einzig den Zweck gehabt, gegen die Schwierigkeiten Stellung zu nehmen, die sich aus "der fälschlichen Überbetonung des gewiß nicht zufällig rassemäßig akzentuierten Unterschieds zwischen den Autoren Prags und den Autoren des sonstigen Sudetendeutschtums ergeben". Die Überbetonung des Unterschieds stünde eben der so notwendigen "Zusammenfassung der kulturellen Kräfte", etwa in Form einer gemeinsamen Zeitschrift, entgegen.[9] Fast vier Jahrzehnte später konnte Johannes Urzidil dann den "lebendigen Anteil des jüdischen Prag an der neueren deutschen Literatur" würdigen, ohne sich dafür vor der Öffentlichkeit rechtfertigen zu müssen.[10]

Die Autoren, die im ersten Viertel des zwanzigsten Jahrhunderts die deutschsprachige Literatur Böhmens über die Grenzen dieses Landes hinaus bekannt gemacht haben,

---

7) J. Urzidil: "Die Lage des deutschen Schrifttums in der Tschechoslowakei". In: *Der Schriftsteller* (Berlin) 18. Jg., H. 3 (März 1930), S. 1-4. (Vgl. auch in diesem Band S. 240)

8) E.G. Kolbenheyer: "Literaturgeschichte und Provinzialismus". In: *Der Schriftsteller* (Berlin) 18. Jg., H. 4 (April 1930), S. 10-11.

9) J. Urzidil: "Die literarische Situation des Sudetendeutschtums (Antwort an E.G. Kolbenheyer)". In: *Der Schriftsteller* (Berlin) 18. Jg., H. 5 (Mai 1930), S. 5-6.

10) Vgl. J. Urzidil in: *Bulletin des Leo Baeck Instituts* 10. Jg. (1967), S. 276-297.

kamen eben nicht aus den Randgebieten, sondern fast ausschließlich aus Prag: Zu ihnen gehörten die genannten Rilke, Werfel, Kafka, Meyrink und Brod, aber auch Egon Erwin Kisch und Paul Kornfeld, Paul Leppin und Fritz Mauthner, außerdem die aus Mähren stammenden Hermann Ungar und Ernst Weiß. Wenig Beachtung fand diese Literatur allerdings – vielleicht mit Ausnahme der Dichtungen R.M. Rilkes – bei den Lesern in Reichenberg und Karlsbad, große Aufmerksamkeit dagegen bei der literarischen Avantgarde Münchens und Wiens, Leipzigs und Berlins. Dort erschienen ihre Gedichte und Erzählungen in den Zeitschriften und Reihen des gerade in Blüte stehenden Expressionismus, vor allem in der *Aktion*, im *Sturm* und in Kurt Wolffs Reihe "Der jüngste Tag". Umgekehrt fanden aber auch die literarischen Arbeiten Kolbenheyers, Watzliks und Dietzenschmidts in den Kreisen der Prager Intellektuellen nur spärlich Resonanz, von den Arbeiten anderer, noch enger mit der heimatlichen Landschaft verbundener Autoren ganz zu schweigen. 1981 resümierte der damals achtundsiebzigjährige Josef Mühlberger, der die literarische Situation der zwanziger und dreißiger Jahre wie kein anderer kannte: "Zu der deutschböhmischen und der deutschmährischen Literatur fanden die Juden Prags nur geringen Kontakt, was auch umgekehrt der Fall war. Bestenfalls standen Juden und Deutsche auf literarischem Gebiet einander gleichgültig gegenüber [...] Die deutschen Dichter lebten in den überwiegend deutschen, von deutschen Dörfern umschlossenen Städten; sie waren verbunden mit den Bauern und einem friedlich arbeitenden Bürgertum, auch mit den Arbeitern, die später einen das Leben mitbestimmenden Stand bildeten. Die Juden waren ohne eigenes Land und auf sich selbst angewiesen".[11] Pavel Eisner hatte diesen Gegensatz schon fünf Jahre nach dem Ende des Zweiten Weltkriegs in einem in New York erschienenen Buch ungleich schärfer formuliert: "Between the German border district and the Prague German population, so infiltrated with Jews, there existed a mutual antagonism of rejection and contempt." Denn der Jude habe die Sudetendeutschen verachtet, weil er sie für primitiv hielt. ("... despised them because they were primitive.") Die Prager Juden hätten nämlich, neben dem Wiener Judentum, im Kulturleben der Habsburger Monarchie die Elite gebildet. Da sie sich in Fragen der Kunst und der Literatur nach Wien, Berlin, Paris, Hamburg, London und nach Übersee orientierten, seien sie in Fragen des kulturellen Lebens immer eine *avant-garde* gewesen. Und eben als solche hätten sie dem Froschteich der Sudetendeutschen mit belustigter Abneigung gegenübergestanden. ("... could only feel amused aversion toward the Sudeten German frog puddle.")[12]

Doch auch Prag selbst, die Stadt, aus der jene Autoren hervorgingen, die ihr literarische Weltgeltung verschafften, stand seit der Jahrhundertwende wie keine andere

---

11) J. Mühlberger: *Geschichte der deutschen Literatur in Böhmen* 1900-1939 (München, Wien 1981), S. 180.

12) Pavel Eisner: *Franz Kafka and Prague.* (New York 1950), S. 33f.

Metropole Europas im Zeichen nationaler, sozialer und ethnischer Spannungen. In Erscheinung traten sie schon im letzten Jahrzehnt des 19. Jahrhunderts als Auseinandersetzung zwischen der deutschen Oberschicht und der immer stärker in i h r e Hauptstadt hineinströmenden tschechischen Landbevölkerung. Sie verschärften sich im Zusammenhang mit den Selbständigkeitsbestrebungen slawischer Völker im Gebiet der ganzen Donaumonarchie. In Rilkes "Zwei Prager Geschichten" (1899) bilden die gegen Österreich gerichteten Aktivitäten der Omladina-Bewegung den Hintergrund. Die politischen Spannungen zwischen Deutschen bzw. Deutsch-Österreichern und Tschechen bestanden aber auch in den ersten Jahren des neuen Jahrhunderts weiter fort. Sie entluden sich erneut, als sich gegen Ende des Ersten Weltkriegs die Niederlage der Mittelmächte abzuzeichnen begann. Und sie führten nach der Gründung des neuen tschechoslowakischen Staates zu Ausschreitungen gegen die deutschsprechende Minderheit, vor allem die Juden. Übergriffe wie jene, von denen Kafka im November 1920 seiner tschechischen Briefpartnerin Milena Jesenská berichtet, waren keine Seltenheit.[13] Auch F.C. Weiskopfs Roman *Das Slawenlied* (1931) vermittelt ein Bild von den nationalistischen Ausbrüchen, die man mit "November-Ereignisse" umschrieb.
Spannungen herrschten aber auch unter den verschiedenen Gruppierungen der deutschsprechenden Minderheit Prags: zwischen den Deutschnationalen und den Deutschliberalen, Spannungen aber auch – innerhalb des Prager Judentums – zwischen den liberalen, den orthodoxen und den zionistischen Kräften. Die jüdischen Bürger Prags waren in der Mehrzahl liberal eingestellt, überraschenderweise fanden sich aber unter ihnen auch Deutschnationale. So konnte Karl Kraus, der die Prager Journalisten gern ins Visier nahm, im Jahre 1923 einmal mit Blick auf die sich immer noch betont national gebende *Deutsche Zeitung Bohemia* spötteln: "in der 'Bohemia', wo schon sechs Juden ein Bollwerk bilden ..."[14] Daß die Auseinandersetzungen vereinzelt bis in die Familie hineinreichten, dafür ist das politische Auseinanderstreben der Brüder Paul und Egon Erwin Kisch (bei ursprünglich gemeinsamer deutschliberaler Ausgangsposition) schon legendär: Dem farbentragenden, deutschliberal gesinnten Paul stand schließlich sein sozialistisch-revolutionärer Bruder Egon Erwin kämpferisch gegenüber.

Der literarischen Produktivität der Prager Schriftsteller haben diese vielfältigen Spannungen offenbar nicht geschadet. Sie scheinen ihr, im Gegenteil, eher förderlich gewesen zu sein, zwangen sie doch den Einzelnen zu ständiger geistiger Auseinandersetzung.
Johannes Urzidil beantwortet die Frage, wie es dazu kam, daß deutsche Dichtung und Literatur im zweiten und dritten Jahrzehnt unseres Jahrhunderts "gerade in Prag mit so

---

13) F. Kafka: *Briefe an Milena*. Erweiterte und neu geordnete Ausgabe. Hrsg. von Jürgen Born und Michael Müller (Frankfurt/M. 1983), S. 288 u. 295.

14) K. Kraus: "Die letzte Nacht". In: *Die Fackel*, XXV. Jg., Nr. 613-621 (April 1923), S. 131f.

besonderer Kraft und Originalität gedeihen konnten", mit dem Hinweis, die deutschen Autoren der Moldaustadt hätten "Zugang zu mindestens vier ethnischen Quellen" gehabt: dem Deutschtum, dem Tschechentum, dem Judentum und dem Österreichertum.[15] Zu bedenken ist allerdings, daß diese Kräfte in einem unerhörten Spannungsverhältnis zueinander standen. Und wenn es auch viele Prager literarisch, bildnerisch oder musikalisch tätig werden ließ – künstlerisches Schaffen kann ja eine Form existentieller Selbstbehauptung sein -, für andere gingen diese Spannungen über das Maß des Erträglichen hinaus; sie verließen ihre Heimatstadt. Und manche, die dort blieben, sind daran zerbrochen.

Die gegenwärtigen Bemühungen einiger Verleger in Deutschland, in Österreich und in der Schweiz, Bücher deutschsprachiger Autoren Prags und der böhmischen Länder erneut einem größeren Publikum vorzustellen, sind zu begrüßen. Man wird aber bei nüchterner Betrachtung erkennen müssen, daß 'provinzielle' Literatur nicht nur aus der Feder sudetendeutscher Schriftsteller kam. Auch unter den Prager Autoren entstand Prosa und Lyrik von höchst unterschiedlicher Qualität. Und manches davon wäre ohne große Geschicklichkeit bei Verlagsverhandlungen nie im Druck erschienen und/oder es wäre ohne die Hilfe guter Freunde in den Zeitungsredaktionen nie vorteilhaft besprochen worden. Einigen Prager Autoren sagte nämlich nicht nur Karl Kraus eine besondere Begabung für Verlagsverhandlungen und für einflußreiche Freundschaften nach.
Manche Bücher aus dem alten Prag aber, deren Autoren keiner Mode nacheilten, haben auch heute nichts von ihrer Anziehungskraft verloren; andere sind schon seit Jahren vergessen; sie haben nur noch für den Literarhistoriker ihren Wert. Ob zu Recht oder zu Unrecht, kann sich aber erst zeigen, wenn man bereit ist, diese Literatur erneut – unvoreingenommen, wenn auch nicht unkritisch – in den Blick zu nehmen.

---

15) J. Urzidil: *Da geht Kafka.* (Zürich 1965), S. 6.

Selbständig erschienene Titel deutschsprachiger Autoren Prags und der böhmischen Länder im Kontext zeitgeschichtlicher und kultureller Ereignisse (1900 bis 1925)

Erläuterungen zur chronologischen Übersicht

'Kulturelle Veranstaltungen': Wird in dieser Rubrik ein Theaterstück genannt, so handelt es sich stets um dessen *Prager Erstaufführung*; Uraufführungen werden jeweils ausdrücklich genannt. Erscheinungsorte von Zeitschriften werden nur dann erwähnt, wenn die Zeitschrift *nicht* in Prag erschienen ist.

'Selbständig erschienene Titel': Da die Titel hier jeweils unter dem Monat ihrer Auslieferung, d.h. der tatsächlichen Zeit ihres Erscheinens, aufgeführt wurden, ergeben sich bisweilen Abweichungen von der im Impressum des Bandes genannten Jahreszahl: Kam der Band in den *letzten* Monaten eines Jahres zur Auslieferung, so trägt er gelegentlich bereits die Jahreszahl des folgenden Jahres; gelangte er in den *ersten* Monaten eines Jahres zur Auslieferung, so trägt er bisweilen noch die Jahreszahl des vergangenen Jahres.

Zur genauen Bestimmung des Erscheinungstermins dienten vor allem folgende Hilfsmittel: *Wöchentliches Verzeichnis der erschienenen und der vorbereiteten Neuigkeiten des deutschen Buchhandels. Nebst 12 Monatsregistern* (Leipzig) und *Börsenblatt für den deutschen Buchhandel* (Leipzig), beide für den Zeitraum 1900-1925; gelegentlich boten auch Verlagsgeschichten mit Darstellungen der Produktion nützliche Hinweise (z.B. Wolfram Göbel, *Der Kurt Wolff Verlag 1913-1930*. Mit einer Bibliographie des Kurt Wolff Verlages und der ihm angeschlossenen Unternehmen. Frankfurt/Main: Buchhändler-Vereinigung GmbH, 1977).

1900 Zeitgeschichtl. Ereignisse	Kulturelle Veranstaltungen
19. Jan.: Amtsantritt des Ministerpräsidenten Koerber.	
Anf. Jan. - März: Streik der Bergarbeiter in Böhmen und Mähren für Arbeitszeitverkürzung und Lohnerhöhungen.	
5. Feb. - 22. März: Beginn der deutsch-tschechischen Ausgleichskonferenzen für Böhmen und Mähren.	März: Das erste Heft der Zeitschrift *Frühling*. Lyrische Flugblätter, hrsg. von Paul Leppin, erscheint.
	16. März - 2. April: August Sauers Vortragsreihe: "Grillparzers dramatische Meisterwerke" im Deutschen Haus.
Anf. April: Bildung der 'Tschechischen Volkspartei'.	
	29. April: Paul Leppin spricht in der 'Lese- und Redehalle' über Rainer Maria Rilke.
8. Mai: Koerbersche Sprachengesetze für Böhmen und Mähren dem Abgeordnetenhaus (Wien) vorgelegt.	
Juni: Tschechischer Nationalrat in Prag gegründet.	
1. Juli: Vermählung des Thronfolgers Erzherzog Franz Ferdinand mit Gräfin Sophie Chotek, verbunden mit seinem Thronverzicht.	10. Juli: Wedekinds Drama *Der Kammersänger* im Neuen deutschen Theater.
	8. Sept.: Otto Ernsts Komödie *Jugend von heute* im Neuen deutschen Theater.
	11. Nov.: Sudermanns Schauspiel *Johannisfeuer* im Neuen deutschen Theater.
	25. Nov.: Christian von Ehrenfels spricht in der 'Lese- und Redehalle' über "Die Wertschätzung der Kunst bei Wagner, Ibsen und Tolstoi".
12. Dez.: Beginn der Reichsratswahlen in Österreich-Ungarn.	2. Dez.: Hartlebens Tragödie *Rosenmontag* im Neuen deutschen Theater.

Januar:	Phia Rilke: *Ephemeriden*. Gedichte. Prag
April:	R.M. Rilke: *Mir zur Feier*. Gedichte. Berlin Hugo Salus: *Ehefrühling*. (Gedichte). Leipzig
Mai:	Friedrich Adler: *Zwei Eisen im Feuer*. Lustspiel in drei Akten frei nach Calderon. Stuttgart Ossip Schubin: *Peterl*. Eine Hundegeschichte. Berlin
Juni:	Hedda Sauer: *Ins Land der Liebe*. Gedichte. Prag
September:	Richard von Schaukal: *Tage und Träume*. Gedichte. Leipzig
Oktober:	Victor Hadwiger: *Gedichte*. Dresden Richard von Schaukal: *Sehnsucht*. (Gedichte). München
Dezember:	Marie von Ebner-Eschenbach: *Hirzepinzchen*. Ein Märchen. Stuttgart R.M. Rilke: *Vom lieben Gott und Anderes*. (Erzählungen). Berlin, Leipzig Hugo Salus: *Reigen*. (Gedichte). München ————: *Susanna im Bade*. Schauspiel. München

1901 Zeitgeschichtl. Ereignisse	Kulturelle Veranstaltungen
18. Jan.: Ende der Reichsratswahlen in Österreich-Ungarn.	20. Jan.: Otto Ernsts Komödie *Flachsmann als Erzieher* im Neuen deutschen Theater.
30. Jan.: Eröffnung des Reichsrates.	
20./21. Feb.: Tschechen verlangen im Parlament die Gleichberechtigung ihrer Sprache mit der deutschen.	
	4. März: Festsitzung im Palais Clam-Gallas aus Anlaß des zehnjährigen Bestehens der Gesellschaft zur Förderung deutscher Wissenschaft, Kunst und Literatur in Böhmen.
	14. April: Der Kaiser läßt eine Galerie für moderne Kunst, Plastik und Architektur in Prag errichten.
	17. Mai: Halbes Schauspiel *Haus Rosenhagen* im Kgl. Deutschen Landestheater.
12.-17. Juni: Böhmenreise des Kaisers Franz Joseph I.	1.-5. Juni: Gastspiele des Deutschen Theaters, Berlin, im Neuen deutschen Theater: Tolstois *Die Macht der Finsternis*, Halbes *Jugend* und Hauptmanns *Michael Kramer*.
Ende Juni / Anf. Juli: Anläßlich einer Veranstaltung der tschechischen Sokol-Bewegung in Prag lebhafte deutschfeindliche Kundgebungen.	
27. Aug.: Auflösung des böhmischen Landtags.	
8.-17. Okt.: Landtagswahlen in Böhmen.	Okt.: Die Monatsschrift *Deutsche Arbeit* beginnt zu erscheinen.
	24. Nov.: Hugo Salus liest in der Concordia eigene Lyrik.
9. Dez.: Verteidigungsbündnis zwischen Österreich-Ungarn und Rumänien.	9. Dez.: Paul Leppin spricht im Deutschen Haus über "Moderne Romantik".

Januar: Joseph Willomitzer: *Letzte Geschichten und Gedichte.* Berlin

Februar: F.K. Ginzkey: *Ergebnisse.* Ein Buch Lyrik. Wien
Auguste Hauschner: *Frauen unter sich.* 12 Gespräche. Dresden
Paul Leppin: *Die Thüren des Lebens.* (Roman). Prag

März: Marie von Ebner-Eschenbach: *Aus Spätherbsttagen.* Erzählungen. Berlin

Mai: K.H. Strobl: *Aus Gründen und Abgründen.* Skizzen aus dem Alltag und von drüben. Leipzig, Berlin

Juni: Richard von Schaukal: *Intérieurs aus dem Leben der Zwanzigjährigen.* (Erzählungen). Leipzig*

August: Richard von Kralik: *Weihelieder und Festgedichte.* Münster
Karl Hans Strobl: *Und sieh', so erwarte ich Dich!* Skizzenbuch einer reifen Liebe. Leipzig

Oktober: Fritz Mauthner: *Beiträge zu einer Kritik der Sprache.* 3 Bde. 2. *Zur Sprachwissenschaft.* Stuttgart

November: Ossip Schubin: *Marška.* Erzählung. Stuttgart*

Dezember: R.M. Rilke: *Die Letzten.* (Erzählungen). Berlin*
———— : *Das tägliche Leben.* Drama in zwei Akten. München*
Hugo Salus: *Christa.* Ein Evangelium der Schönheit. Wien*

1902 Zeitgeschichtl. Ereignisse	Kulturelle Veranstaltungen
Jan.: Dritte Erneuerung des Verteidigungsbündnisses des Dreibundes (Österreich-Ungarn, Deutsches Reich und Italien).	24. Jan.: Uraufführung von Auguste Hauschners Lustspiel *Der klare Quell* im Neuen deutschen Theater.
8. März: Vorschläge der 'Jungtschechen' zur Lösung der Sprachenfrage in Form eines Gesetzentwurfes.	31. März: Sudermanns Drama *Es lebe das Leben!* im Neuen deutschen Theater.
	3. Mai: Schnitzlers Einakter *Lebendige Stunden* im Neuen deutschen Theater.
	13. Aug.: Grillparzers Lustspiel *Wer ist schuldig?* im Neuen deutschen Theater.
	28. Aug.: Goethes Drama *Die natürliche Tochter* im Neuen deutschen Theater.
14. Okt.: Ministerpräsident Koerber legt Gesetzentwurf zur Sprachenfrage in Böhmen und Mähren vor.	23. Okt.: Max Brod spricht in der 'Lese- und Redehalle' über Schopenhauer.
20. Nov.: Bereitschaft der deutsch-böhmischen Abgeordneten - ausgenommen der 'Alldeutschen' -, mit den Tschechen zu verhandeln (Arbeitsfähigkeit des Parlaments und Sprachenfrieden).	22. Nov.: Otto Ernsts Komödie *Die Gerechtigkeit* im Neuen deutschen Theater.
	14. Dez.: Oskar Wiener liest in der 'Lese- und Redehalle' u.a. aus seiner unveröffentlichten Gedichtsammlung "Das hat die liebe Liebe gethan".

Januar: Richard von Schaukal: *Von Tod zu Tod und andere kleine Geschichten*. Leipzig
——————: *Vorabend*. Ein Akt in Versen. Leipzig
——————: *Pierrot und Colombine oder Das Lied von der Ehe*. Ein Reigen Verse. Leipzig

Februar: Richard von Schaukal: *Einer, der seine Frau besucht und andere Scenen*. Dramatische Skizzen. Linz

April: K.H. Strobl: *Die Vaclavbude*. Ein Prager Studentenroman. Leipzig, Berlin*

Juni: Friedrich Adler: *Don Gil*. Komödie in 3 Akten, nach den Motiven des Tirso de Molina. Stuttgart, Berlin

September: Auguste Hauschner: *Daatjes Hochzeit*. Novelle. München

Oktober: Camill Hoffmann: *Adagio stiller Abende*. Gedichte. Berlin

November: Hugo Salus: *Novellen des Lyrikers*. Berlin*

Dezember: Hugo Salus: *Ernte*. (Gedichte). München*
Bertha von Suttner: *Martha's Kinder*. (Roman). Dresden

1903 Zeitgeschichtl. Ereignisse	Kulturelle Veranstaltungen
3. Jan.: Beginn der deutsch-tschechischen Ausgleichsverhandlungen (Wien).	
6. Jan.: Parteitag der 'Alldeutschen Partei'.	
12. Jan.: Ablehnung der Sprachenvorschläge Koerbers durch ein Exekutivkomitee der tschechischen Reichsrats- und Landtagsabgeordneten.	28. Feb.: Roda Rodas Drama *Dana Petrovitsch* im Neuen deutschen Theater.
20. Jan.: Abbruch der Ausgleichsverhandlungen.	9. März: Gastspiel des 'Kgl. preußischen Schauspielhauses Berlin' mit Grillparzers Trauerspiel *Sappho* im Neuen deutschen Theater.
Ende März: Verteilung der Staatsämter mit höherem Anteil der Tschechen als bisher.	7. April: Victor Hadwiger liest im Deutschen Haus aus eigenen Dichtungen.
19./20. April: Judenpogrome in Südrußland.	20.-22. April: Das Deutsche Landestheater in Prag feiert sein 120jähriges Bestehen.
	25. April: Friedrich Adler liest im Deutschen Haus aus unveröffentlichten Gedichten.
4./5. Juni: Der böhmische Landtag bleibt wegen andauernder Obstruktion der Deutschen arbeitsunfähig.	22. Mai: Ebner-Eschenbachs Lustspiel *Ohne Liebe* im Neuen deutschen Theater.
	28. Juni: Ferdinand J. Schneider spricht in der 'Lese- und Redehalle' über Victor Hadwiger.
27. Okt.: Der böhmische Landtag wegen andauernder Obstruktion der Deutschen vertagt.	
14. Nov.: Gründung der Deutschen Arbeiterpartei in Aussig.	
	5. Dez.: Max Halbes Drama *Der Strom* im Neuen deutschen Theater.

Januar: E.G. Kolbenheyer: *Giordano Bruno.* Die Tragödie der Renaissance. Wien

Februar: R.M. Rilke: *Worpswede.* Fritz Mackensen, Otto Modersohn, Fritz Overbeck, Hans am Ende, Heinrich Vogeler. Bielefeld, Leipzig

März: R.M. Rilke: *Das Buch der Bilder.* (Gedichte). Berlin, Stuttgart

April: R.M. Rilke: *Auguste Rodin.* (Monographie). Berlin

Mai: Marie von Ebner-Eschenbach: *Agave.* (Roman). Berlin
Ossip Schubin: *Refugium Peccatorum.* Roman. Berlin*

Juni: Paul Leppin: *Glocken, die im Dunkeln rufen.* Gedichte. Köln

August: Gustav Meyrink: *Der heiße Soldat und andere Geschichten.* München*

September: Victor Hadwiger: *Ich bin.* Gedichte. Berlin

Oktober: K.H. Strobl: *Der Fenriswolf.* Ein Provinzroman. Leipzig, Berlin

November: Marie von Ebner-Eschenbach: *Die arme Kleine.* Erzählung. Berlin
Auguste Hauschner: *Kunst.* Roman. München

Dezember: Marie von Ebner-Eschenbach: *Ein Spätgeborner.* Erzählung. Stuttgart
Oskar Wiener: *Balladen und Schwänke.* Minden

1904 Zeitgeschichtl. Ereignisse	Kulturelle Veranstaltungen
6. März: Ausschreitungen der tschechischen Bevölkerung gegen deutsche Studenten in Prag; Einschreiten des Militärs.	11. März: Hauptmanns Drama *Der arme Heinrich* im Neuen deutschen Theater.
	18. April: Liliencron liest im Deutschen Haus auf Einladung der 'Lese- und Redehalle' aus eigenen Gedichten.
	Mai: Enrico Caruso gastiert während der Maifestspiele in Prag.
	11. Mai: Hauptmanns Schauspiel *Rose Bernd* im Neuen deutschen Theater.
	25. Mai: Hofmannsthals Drama *Der Thor und der Tod* im Neuen deutschen Theater.
	16. Juni: Max Brod spricht in der 'Lese- und Redehalle' über "Grillparzers Humor".
27. Aug.: Sprachenerlaß des k.u.k. Kriegsministers; Kenntnisse der deutschen Armee- und Kommandosprache für tschechische und polnische Soldaten gefordert, nicht aber für ungarische.	
	21. Okt.: Gogols Komödie *Der Revisor* im Neuen deutschen Theater.
	12. Nov.: Liliencron liest im Deutschen Haus auf Einladung der 'Lese- und Redehalle' aus eigener Lyrik.
30. Dez.: Rücktritt des Ministerpräsidenten Koerber.	7. Dez.: Uraufführung von Friedrich Adlers Einakter *Freiheit* im Neuen deutschen Theater.

Mai: Bertha von Suttner: *Ketten und Verkettungen. Donna Sol.* Zwei Novellen. Leipzig

Juni: Richard von Kralik: *Der Dichtertrank.* Eine Götterkomödie mit Chören. Wien

Juli: Gustav Meyrink: *Orchideen.* Sonderbare Geschichten. München

August: Richard von Schaukal: *Mimi Lynx.* Eine Novelle. Leipzig

September: E.E. Kisch: *Vom Blütenzweig der Jugend.* Gedichte. Dresden

Oktober: Friedrich Adler: *Freiheit.* 3 Einakter. Stuttgart
Richard von Schaukal: *Ausgewählte Gedichte.* Leipzig*
Heinrich Teweles: *Harzreise und andere Fahrten.* Prag

November: Hugo Salus: *Neue Garben.* (Gedichte). München

Dezember: K.H. Strobl: *Die Eingebungen des Arphaxat.* Merkwürdige Geschichten. Minden

1905 Zeitgeschichtl. Ereignisse	Kulturelle Veranstaltungen
1. Jan.: Amtsantritt des Ministerpräsidenten Gautsch.	15. Jan.: Hugo Salus spricht im Deutschen Haus auf Einladung der 'Lese- und Redehalle' über das Thema "Prag in meinen Werken".
22. Jan.: Erste Revolution in Rußland ("Blutiger Sonntag" in Petersburg).	29. Jan.: Arno Holz rezitiert im Deutschen Haus auf Einladung der Concordia u.a. aus seinem Drama *Sozialaristokraten*.
	5.März: Ellen Key spricht im Deutschen Haus als Gast der Concordia über Rainer Maria Rilke.
	April: Das erste Heft der *Prager deutschen Studien*, hrsg. von C. v. Kraus und A. Sauer, erscheint.
	6. Mai: Schillerfeier der 'Lese- und Redehalle' im Deutschen Haus.
	14. Mai: Schillerfestabend der Concordia im Deutschen Haus.
	29. Mai: Strindbergs Drama *Fräulein Julie* im Deutschen Volkstheater.
	30. Juli: Hauptmanns Schauspiel *Die Weber* im Deutschen Volkstheater.
	20. Okt.: Ibsens Drama *Die Frau vom Meer* im Neuen deutschen Theater.
5./6. Okt.: Dringlichkeitsantrag der Tschechen im Reichsrat zur Einführung des allgemeinen Wahlrechts.	22. Okt.: Richard Dehmel liest im Deutschen Haus auf Einladung der 'Lese- und Redehalle' eigene Lyrik.
24. Okt.: Massendemonstration in Prag für allgemeines Wahlrecht.	25. Okt.: R.M. Rilke spricht im Deutschen Haus über Auguste Rodin.
4. Nov.: Ministerpräsident Gautsch verspricht die Vorlage einer Wahlrechtsreform.	22. Nov.: Schnitzlers Komödie *Zwischenspiel* im Neuen deutschen Theater.
7. Nov.: Sanktionierung des mährischen Ausgleichs (Regelung der Sprachen- und Nationalitätenfrage).	10. Dez.: Verleihung des Friedensnobelpreises an Bertha von Suttner.
	10. Dez.: Thomas Mann liest in der Concordia seine Novelle "Wälsungenblut".

Januar: Hedda Sauer: *"Wenn es rote Rosen schneit"*. Gedichte. Prag*

Februar: Anton Ohorn: *Die Brüder von St. Bernhard.* Schauspiel. Berlin

März: Anton Ohorn: *Der Klosterzögling.* Roman eines Wissenden. Jena

Juli: Oskar Wiener: *Das hat die liebe Liebe getan.* Ein Liederbuch. Minden*

August: Paul Leppin: *Daniel Jesus.* Ein Roman. Berlin, Leipzig*

Oktober: F.K. Ginzkey: *Das heimliche Läuten.* Neue Gedichte. Leipzig
Ossip Schubin: *Der Gnadenschuß.* (Erzählung). Berlin

November: R.M. Rilke: *Das Stunden-Buch.* (Gedichte). Leipzig

Dezember: Auguste Hauschner: *Die sieben Naturen des Dichters Clemens Breissmann.* (Roman). Breslau
Marie von Ebner-Eschenbach: *Die unbesiegbare Macht.* Zwei Erzählungen. Berlin
Richard von Schaukal: *Großmutter.* Ein Buch vom Tod und Leben. Gespräche mit einer Verstorbenen. Stuttgart

1906 Zeitgeschichtl. Ereignisse	Kulturelle Veranstaltungen
1. Jan.: Verbreitung telegraphischer Nachrichten von nun an in deutscher *und* tschechischer Sprache.	
23. Feb.: Ministerpräsident Gautsch legt Gesetzentwurf zum allgemeinen Wahlrecht vor.	16. Feb.: Friedrich Adler spricht im 'Verein deutscher Arbeiter' über "Heinrich Heines Leben und Schaffen".
	25. Feb.: Otto Ernst liest in der 'Lese- und Redehalle' u.a. aus seinem Roman *Asmus Sempers Jugendzeit*.
27. März: Bildung eines parlamentarischen Wahlreformausschusses (Widerstand der polnischen Abgeordneten).	März: Die zionistische Wochenschrift *Selbstwehr* beginnt zu erscheinen.
30. April: Rücktritt Gautschs; Interims-Regierung von Prinz zu Hohenlohe-Schillingsfürst.	April / Mai: Die Zeitschrift *Wir*. Deutsche Blätter der Künste, hrsg. von Paul Leppin, erscheint in nur zwei Heften.
	23. Mai: Shaws Drama *Helden* im Neuen deutschen Theater.
3. Juni: Amtsantritt des Ministerpräsidenten Beck mit einer Koalitionsregierung aus Deutschen, Tschechen und Polen.	1. Juni: Gedächtnisfeier für Ibsen mit dem Schauspiel *Rosmersholm* im Neuen deutschen Theater.
21./25. Juni: Kaiser Franz Joseph I. besucht u.a. Reichenberg (Empfang durch 200 Bürgermeister deutscher Gemeinden).	
Mitte Sept.: Der deutsche Volksrat für Böhmen fordert die Deutschen durch Flugblätter auf, Tschechisch zu lernen.	
23. Sept.: Die Parteileitung der tschechischen Sozialdemokraten lehnt ein Aufgehen in eine allgemeine Organisation ohne Berücksichtigung der Nationalität ab.	Okt.: Die deutschsprachige Zeitschrift *Čechische Revue* beginnt zu erscheinen (bis 1912).
1. Dez.: Das Abgeordnetenhaus genehmigt die Wahlreform.	2. Dez.: Friedrich Adler liest in der 'Lese- und Redehalle' aus seinen Dichtungen.
7. Dez.: Abschluß der Landtagswahlen in Mähren.	

Februar: Anton Ohorn: *Unlösbar*. Schauspiel. Berlin

März: Gustav Leutelt: *Die Könighäuser*. Eine Erzählung aus dem Isergebirge. Berlin
K.H. Strobl: *Die gefährlichen Strahlen*. Roman. Berlin
Ludwig Winder: *Gedichte*. Dresden

April: Max Brod: *Tod den Toten!* (Novellen). Stuttgart*
Auguste Hauschner: *Zwischen den Zeiten*. Roman. München

Mai: E.E. Kisch: *Der freche Franz und andere Geschichten*. Berlin
Richard von Schaukal: *Kapellmeister Kreisler*. Dreizehn Vigilien aus einem Künstlerdasein. (Erzählungen). München

September: Richard von Schaukal: *Nachdichtungen. Verlaine - Heredia*. Berlin

Oktober: Anton Ohorn: *Der Abt von St. Bernhard*. Schauspiel. Berlin

November: Hugo Salus: *Das blaue Fenster*. Novellen. Berlin

Dezember: R.M. Rilke: *Die Weise von Liebe und Tod des Cornets Christoph Rilke*. (Novelle). Berlin
Richard von Schaukal: *Eros Thanatos*. Novellen. Wien

1907 Zeitgeschichtl. Ereignisse	Kulturelle Veranstaltungen
26. Jan.: Einführung des allgemeinen Wahlrechts in Österreich-Ungarn.	19. Jan.: Schnitzlers Drama *Abschiedssouper* im Neuen deutschen Theater.
28. Jan.: Der Reichsrat wird geschlossen.	27. Jan.: Max Brod liest in der 'Lese- und Redehalle' seine unveröffentlichte Novelle "Die Insel Carina".
Mitte April: Aufenthalt des Kaisers Franz Joseph I. in Prag.	1. April: Hauptmanns Drama *Vor Sonnenaufgang* im Neuen deutschen Theater.
14.-24. Mai: Erste Wahlen nach dem allgemeinen Wahlrecht in Österreich-Ungarn.	
17. Juni: Der Reichsrat tritt zusammen.	28. Juni: Prager Premiere von Wedekinds Tragödie *Frühlings Erwachen* im Deutschen Volkstheater (Gastspiel des Deutschen Theaters, Berlin).
29. Sept.: Gründung des Vereins deutscher Buchhändler Nord- u. Nordwestböhmens. Sitz in Teplitz.	
	3. Nov.: R.M. Rilke liest im Deutschen Haus als Gast der Concordia aus seinen Gedichten.
8. Okt.: "Neuer Ausgleich" mit Ungarn.	
	5. Nov.: Paul Leppin trägt im Deutschen Haus aus eigenen Werken vor.
	18. Nov.: August Sauers Antrittsrede als Rektor der Karl-Ferdinands-Universität: "Literaturgeschichte und Volkskunde".
	4. Dez.: Heinrich Mann liest in der 'Lese- und Redehalle' aus seinem Roman *Die Jagd nach Liebe*.
	15. Dez.: Max Brods Vortrag über Jules Laforgue, "Im Reiche der neuen Schönheit", in der 'Lese- und Redehalle'.

März:	K.H. Strobl: *Bedenksame Historien.* Neue Novellen. Berlin
Juni:	Max Brod: *Experimente.* Vier Geschichten. Berlin u.a.*
September:	Friedrich Adler: *Vom goldenen Kragen.* (Sonette). Prag
Oktober:	Gustav Meyrink: *Gustav Meyrinks Wachsfigurenkabinett.* Sonderbare Geschichten. München Robert Michel: *Die Verhüllte.* Novellen. Berlin.
November:	Max Brod: *Der Weg des Verliebten.* Gedichte. Berlin u.a.* Hugo Salus: *Die Blumenschale.* Gedichte. München* Oskar Wiener: *Verstiegene Novellen.* Berlin
Dezember:	R.M. Rilke: *Neue Gedichte.* Leipzig

1908 Zeitgeschichtl. Ereignisse	Kulturelle Veranstaltungen
1. Jan.: Der neue Ausgleich zwischen Österreich und Ungarn tritt in Kraft.	19. Jan.: Hugo Salus liest im Deutschen Haus auf Einladung der 'Lese- und Redehalle' u.a. seine unveröffentlichte Novelle "Kafkus".
20. Feb. - 5. März: Landtagswahlen in Böhmen.	25. Feb.: Max Brod trägt im 'Literarisch-künstlerischen Verein' aus seinem Novellenband *Experimente* vor.
	Feb.-März: Ausstellung deutscher Künstler aus Böhmen im Deutschen Haus.
	18. März: Ibsens Drama *Brand* im Neuen deutschen Theater.
	6. Mai: Hauptmanns Drama *Und Pippa tanzt* im Neuen deutschen Theater.
	18. Mai: Karl Schönherrs Komödie *Erde* im Neuen deutschen Theater.
	30./31. Mai: Frühlingsfest der deutschen Vereine Prags im Deutschen Haus.
13.-18. Juli: Allslawischer Kongreß in Prag.	
15. Sept.: Zusammenschluß der deutschböhmischen Landtagsabgeordneten aller Parteien. Gründung des deutschen Landtagklubs.	
18. Okt.: Ausschreitungen von Tschechen gegen Deutsche in Prag.	
20. Okt.: Regierung droht mit Ausnahmezustand für Prag.	
Nov.: Böhmenkrise entwickelt sich zur Reichskrise.	28. Nov.: 60jähriges Jubiläum der 'Lese- und Redehalle' (tschechische Übergriffe auf deutsche Studenten).
7. Nov.: Rücktritt des gesamten Ministeriums Beck.	
14. Nov.: Amtsantritt des Ministerpräsidenten Bienerth-Schmerling.	13. Dez.: Alfred Klaar spricht im Deutschen Haus als Gast der Concordia über den jüdischen Philosophen Uriel Acosta.
2.-14. Dez.: Standrecht in Prag wegen Ausschreitungen von Tschechen gegen Deutsche.	20. Dez.: Vortrag Oskar Baums in der 'Lese- und Redehalle' über die Werke Max Brods.

Februar: Franz Karl Ginzkey: *Jakobus und die Frauen.* Eine Jugend. Leipzig

Mai: Emil Faktor: *Jahresringe.* Neue Verse. Stuttgart
Auguste Hauschner: *Die Familie Lowositz.* Roman. Berlin
Richard Schaukal: *Buch der Seele.* Neue Gedichte. München, Leipzig*
Ossip Schubin: *Primavera.* Novelle. Berlin*
K.H. Strobl: *Der Schipkapaß.* Roman. Berlin

Juni: Max Brod: *Schloß Nornepygge.* Der Roman des Indifferenten. Stuttgart, Bln.-Charlottenburg

August: Paul Leppin: *Der Berg der Erlösung.* Die sieben Kapitel eines Wunders. (Roman). Berlin

September: Robert Hohlbaum: *Aus Sturm- und Sonnentagen.* Gedichte. Berlin, Leipzig

November: E.G. Kolbenheyer: *Amor Dei.* Ein Spinoza-Roman. München
R.M. Rilke: *Der neuen Gedichte anderer Teil.* Leipzig

Dezember: Oskar Baum: *Uferdasein.* Abenteuer und Tägliches aus dem Blindenleben von heute. (Erzählungen). Berlin

1909 Zeitgeschichtl. Ereignisse	Kulturelle Veranstaltungen
10. u. 24. Jan.: Ausschreitungen gegen die Deutschen in Prag; Versuch, das Deutsche Haus zu stürmen.	20. Jan.: Martin Bubers erste Rede im Studentenverein 'Bar Kochba' über das Thema "Der Sinn des Judentums".
6. Feb.: Der bislang vertagte böhmische Landtag wird geschlossen.	26. Jan.: Paul Leppin liest im Klub deutscher Schriftstellerinnen eigene Dichtungen.
28. Feb. / 7. März: Auseinandersetzungen zwischen deutsch-freisinnigen Studenten und tschechisch-nationalen Sozialisten.	28. Jan.: Max Brod trägt im Klub deutscher Künstlerinnen aus seinem Novellenband *Experimente* vor.
	28. Feb.: Auguste Hauschner liest in der Concordia aus dem unveröffentlichten Roman "Die Familie Lowositz II".
7. April: Die tschechisch-national-soziale Organisation wird wegen antimilitaristischer Umtriebe aufgelöst.	23. April: Schnitzlers Schauspiel *Der Ruf des Lebens* im Neuen deutschen Theater.
4. Sept.: Tschechischer Nationalrat beschließt Einberufung von Verständigungskonferenzen.	
Sept. - Okt.: Koalitionsverhandlungen scheitern.	
26. Nov.: Abgeordnetenhaus wählt Ausschuß für nationale Angelegenheiten; Regierungsentwürfe über den Sprachengebrauch.	10. Nov.: Paul Leppin liest in der 'Lese- und Redehalle' eigene Dichtungen.
15.-19. Dez.: Dauersitzung (86 Std.) im Abgeordnetenhaus (Wien), tschechische Abgeordnete verhindern die Erledigung der parlamentarischen Geschäfte.	Dez.: Das Deutsche Volkstheater wird aus wirtschaftlichen Gründen geschlossen.
	14.-15. Dez.: Vorträge Rudolf Steiners.

April:	Max Brod: *Ein tschechisches Dienstmädchen.* Kleiner Roman. Berlin u.a.*
Mai:	Hugo Salus: *Trostbüchlein für Kinderlose.* (Novelle). Jena
Juni:	R.M. Rilke: *Die frühen Gedichte.* Leipzig ——— : *Requiem.* Leipzig K.H. Strobl: *Mährische Wanderungen.* (Erzählungen). Brünn
Juli:	Alfred Kubin: *Die andere Seite.* Ein phantastischer Roman. München
Oktober:	Max Brod: *Die Erziehung zur Hetäre. Ausflüge ins Dunkelrote.* (Erzählungen). Bln.-Charlottenburg u.a.* Marie von Ebner-Eschenbach: *Altweibersommer.* (Erzählungen). Berlin Robert Michel: *Der steinerne Mann.* Roman. Berlin Hugo Salus: *Römische Komödie.* München*
November:	Oskar Baum: *Das Leben im Dunkeln.* (Roman). Stuttgart u.a.* Robert Michel: *Mejrima.* Drama in 3 Akten. Berlin
Dezember:	Ludwig Winder: *Das Tal der Tänze.* (Gedichte). Bielitz

Zeitgeschichtl. Ereignisse

17. Feb.: Bosnien und Herzegowina erhalten eine eigene Verfassung.

25. Feb.: Zusammenschluß des dt.-nationalen Verbandes mit der dt.-radikalen Vereinigung zum Deutschen Nationalverband.

2. März: Landesausschuß: Kürzungen der kulturellen Ausgaben in Höhe von 18 Mill. Kronen.

20. Sept.: Zugeständnisse der Tschechen an die Deutschen bei den Verständigungskonferenzen in Prag: Verhandlungen u.a. über Aufgabe des 'Unteilbarkeits-Prinzips'.

Okt.: Auflösung des 'Klub Mladých' und Verbot einer Neugründung.

20. Okt.: Ergebnis der deutsch-tschechischen Verhandlungen in Prag: Freie Wahl der Amtssprache für die autonomen Gemeinden (Prag veröffentlicht alle Bekanntmachungen zweisprachig).

28. Okt.: Beschluß der Tschechisch-Radikalen, keine Zugeständnisse an die Deutschen zu erlauben.

Kulturelle Veranstaltungen

5. Jan.: Uraufführung von Friedrich Adlers Schauspiel *Der gläserne Magister* im Neuen deutschen Theater.

18. Jan.: Jakob Wassermann spricht im Hotel Central über "Die Stellung des jüdischen Künstlers in der Literatur".

24. Jan.: Erstaufführung von Robert Michels Drama *Mejrima* im Neuen deutschen Theater.

31. Jan.: Paul Wieglers Vortrag "Nietzsche-Epilog" in der 'Lese- und Redehalle'.

7. März: Stefan Zweig spricht in der 'Lese- und Redehalle' über Emil Verhaeren.

18. März: Hugo Salus' *Römische Komödie* im Neuen deutschen Theater.

3. April: Zweite Rede Bubers im Studentenverein 'Bar Kochba'.

1. Mai: Willy Haas spricht im Klub deutscher Künstlerinnen über "Neuere deutsche Buchkunst".

6. Nov.: Paul Wieglers "Hebbel-Vortrag" im Adlersaal des Deutschen Studentenheims.

20. Nov.: Karl Hans Strobl liest in der Concordia aus eigenen Werken.

12. Dez.: Erste Prager Vorlesung von Karl Kraus in der 'Lese- und Redehalle'.

17. Dez.: Schönherrs Tragödie *Glaube und Heimat* im Neuen deutschen Theater.

18. Dez.: Dritte Rede Bubers im Studentenverein 'Bar Kochba'.

März: Auguste Hauschner: *Die Familie Lowositz II.* Roman. Berlin

April: K.H. Strobl: *Eleagabal Kuperus.* Roman. München

Mai: Friedrich Adler: *Der gläserne Magister.* Schauspiel in vier Akten. Stuttgart, Berlin*

Juni: Marie von Ebner-Eschenbach: *Genrebilder.* Erzählungen. Berlin
Rudolf Haas: *Der Volksbeglücker.* Roman. Leipzig
E.G. Kolbenheyer: *Meister Joachim Pausewang.* Roman. München
R.M. Rilke: *Die Aufzeichnungen des Malte Laurids Brigge.* (Roman). Leipzig

August: Heinrich Teweles: *Das Romanschiff.* Heitere Liebesgeschichten. Berlin

September: Marie von Ebner-Eschenbach: *Die erste Beichte.* (Erzählung). Stuttgart

Oktober: Hugo Salus: *Schwache Helden.* Novellen. Berlin*

Dezember: Max Brod: *Tagebuch in Versen.* (Gedichte). Bln.-Charlottenburg*
Camill Hoffmann: *Die Vase.* Neue Gedichte. Berlin*
K.H. Strobl: *Der brennende Berg.* Roman. Bln.-Charlottenburg

1911 Zeitgeschichtl. Ereignisse	Kulturelle Veranstaltungen
1. Jan.: Der Ende 1910 zurückgetretene Ministerpräsident Bienerth-Schmerling wird mit der Weiterführung der Regierungsgeschäfte betraut.	12. Jan.: Paul Leppins Vortrag "Die erotische Kultur unserer Zeit" im Verein 'Frauenfortschritt'.
	15. Jan.: Hedda Sauer liest in der Concordia eigene Lyrik.
	17. Feb.: Hermann Bahr hält im Rudolfinum als Gast des tschechischen Klubs 'Slávia' einen Vortrag über Schauspielkunst.
30.März: Auflösung des Abgeordnetenhauses; Neuwahlen für den Juni angesetzt.	15. März: Zweite Prager Vorlesung von Karl Kraus (im Hotel Central).
	19.-28. März: Vorträge Rudolf Steiners im Saal des kaufmännischen Vereins 'Merkur'.
	April: Das erste Heft der *Herder-Blätter* erscheint.
13. Juni: Reichsratswahlen.	29. April: Gastspiel des Deutschen Theaters, Berlin, mit Reinhardts Ödipus-Inszenierung im Neuen deutschen Theater.
26. Juni: Endgültiger Rücktritt der Regierung Bienerth-Schmerling; Übergangsregierung unter Ministerpräsident Gautsch.	27. Mai: Schnitzlers Drama *Der junge Medardus* im Neuen deutschen Theater.
17. Sept.: Zahlreiche Massenaktionen von Arbeitern in Prag und Wien.	
3. Okt.: Permanente nationalpolitische Kommission; Tschechen fordern Teilnahme an der Regierung.	14. Okt.: Uraufführung von Schnitzlers Tragikomödie *Das weite Land* im Neuen deutschen Theater.
5. Okt.: Schüsse auf die Ministerbank im Reichsrat.	15. Okt.: Heinrich Teweles wird Direktor des Neuen deutschen Theaters.
2. Nov.: Rücktritt des Ministerpräsidenten Gautsch.	31. Okt.: Arthur Schnitzler spricht im Deutschen Haus als Gast der Concordia.
3. Nov.: Amtsantritt des Ministerpräsidenten von Stürgkh.	11. Nov.: Jean Richepins Vortrag über Napoleon im Rudolfinum.
6. Dez.: Beginn der Sprachenkonferenzen; Problem der Amtssprache in Prag besteht fort.	

Januar: Victor Hadwiger: *Blanche*. Des Affen Jogo Liebe und Hochzeit. Liebesgeschichten. Berlin
——————: *Der Empfangstag*. Novelle. Berlin

April: Gustav Leutelt: *Das zweite Gesicht*. Erzählung. Berlin*

Mai: Max Brod: *Jüdinnen*. Roman. Leipzig
W.K. Ernst: *Aus vergangenen Jahrhunderten*. Erzählungen aus Deutschböhmens Geschichte. Prag

Juni: Robert Michel: *Geschichten von Insekten*. Berlin

August: J. Pilz / H. Hajek (Hrsg.): *Sprossende Saat*. Eine Anthologie deutschböhmischer Dichter. Thale a.H.*

Oktober: Joseph Willomitzer: *Eine Nacht im Mittelalter und andere Geschichten*. Leipzig

November: Hugo Salus: *Glockenklang*. Gedichte. München

Dezember: K.H. Strobl: *Das Frauenhaus von Brescia*. (Novellen). Leipzig*
Bertha von Suttner: *Der Menschheit Hochgedanken*. Roman aus der nächsten Zukunft. Berlin
Franz Werfel: *Der Weltfreund*. Erste Gedichte. Bln.-Charlottenburg*

Zeitgeschichtl. Ereignisse	Kulturelle Veranstaltungen
18.-30. Jan.: Prager Konferenz der Sozialdemokratischen Arbeiterpartei Rußlands unter Leitung Lenins.	28. Jan.: Felix Theilhabers Vortrag "Untergang der deutschen Juden" im Jüdischen Rathaus.
	16. Feb.: Hofmannsthal liest auf Einladung der Herdervereinigung aus eigenen Dichtungen.
13. März: Bündnis Serbien-Bulgarien; Beginn des von Rußland vermittelten, gegen Österreich-Ungarn gerichteten Balkanbundes.	18. Feb.: Egon Friedell spricht in der 'Lese- und Redehalle' über das Thema "Der nervöse Mensch".
	15. März: Christian von Ehrenfels spricht in der 'Lese- und Redehalle' über "Das Drama als Erkenntnisquelle".
	22. März: Karl Kraus liest im Hotel Central.
	2. Mai: Hauptmanns Tragikomödie *Die Ratten* im Neuen deutschen Theater (Gastspiel des Berliner Lessing-Theaters).
30. Juni: Ausschreitungen gegen deutsche Studenten während des allslawischen Sokol-Kongresses in Prag.	12. Mai: Hofmannsthals Drama *Jedermann* im Neuen deutschen Theater (Gastspiel des Berliner Lessing-Theaters).
16. Juli: Wiederaufnahme der Konferenzen über Landesordnung und Sprachengebrauch in den autonomen Gemeinden.	
26. Juli: Nach zehnmonatigen Verhandlungen werden die deutsch-tschechischen Ausgleichskonferenzen bis zum Herbst vertagt.	
12. Sept.: Protest der Tschechen gegen den Sprachenerlaß des Justizministers von Hohenburger.	
8. Okt.: Erster Balkankrieg (Serbien / Türkei; Friedenschluß am 30.5.1913).	28. Nov.: Theodor Däubler liest in der Herdervereinigung aus seinen Werken.
23. Okt.: Ausschreitungen der Tschechen im Wiener Abgeordnetenhaus.	1. Dez.: Herbert Eulenberg liest im Deutschen Haus auf Einladung der Concordia aus seinen Dichtungen.
	4. Dez.: Autorenabend der Herdervereinigung mit Lesungen von W. Haas, M. Brod, O. Baum und F. Kafka.
5. Dez.: Vierte Erneuerung des Dreibundes (Österreich-Ungarn, Deutsches Reich und Italien).	7. Dez.: Hofmannsthals und R. Strauß' Drama *Ariadne auf Naxos* im Neuen deutschen Theater.

Januar:	Victor Hadwiger: *Abraham Abt.* Ein Roman. Berlin*
Februar:	Max Brod: *Abschied von der Jugend.* Ein romantisches Lustspiel in drei Akten. Bln.-Charlottenburg*
Mai:	Oskar Baum: *Die Memoiren der Frau Marianne Rollberg.* (Roman). Berlin Max Brod: *Arnold Beer.* Das Schicksal eines Juden. Roman. Bln.-Charlottenburg* E.E. Kisch: *Aus Prager Gassen und Nächten.* Lokalreportagen. Prag Otto Pick: *Freundliches Erleben.* Gedichte. Berlin
Juli:	Richard von Kralik: *Der heilige Gral.* Dramatische Dichtung. Trier Hedda Sauer: *Gedichte.* Wien*
Oktober:	Robert Michel: *Das letzte Weinen.* Novellen. Wien
November:	Victor Hadwiger: *Wenn unter uns ein Wandrer ist.* Ausgewählte Gedichte. Bln.-Wilmersdorf*
Dezember:	Max Brod: *Der Bräutigam.* Erzählung. Bln.-Charlottenburg ——— : *Die Höhe des Gefühls.* Szenen, Verse, Tröstungen. Leipzig* Franz Kafka: *Betrachtung.* (Erzählungen). Leipzig*

Zeitgeschichtl. Ereignisse

11. März: Abkommen über die Demobilisierung zwischen Österreich-Ungarn und Rußland.

7. Mai: Die deutsch-radikale Vereinigung verlangt die Auflösung des böhmischen Landtags.

15. Mai: Der Ausnahmezustand in Bosnien und der Herzegowina wird aufgehoben.

3. Juli: Ausbruch des zweiten Balkankrieges (Bulgarien / Serbien, Griechenland, Rumänien, Türkei; Friede von Bukarest am 10.8.1913).

8. Juli: Österreich-Ungarn, das Deutsche Reich und Rumänien erneuern ihr Defensivbündnis.

26. Juli: Auflösung des Böhmischen Landtags.

15. Okt.: Die neuen deutsch-tschechischen Ausgleichskonferenzen scheitern bereits am ersten Tag.

Kulturelle Veranstaltungen

Jan.: Vorträge Bubers in Prag.

5. Jan.: Alfred Klaars Festspiel *Der Empfang* im Neuen deutschen Theater (25jähriges Jubiläum dieses Theaters).

6. Jan.: Karl Kraus liest im Palace Hotel.

11. Jan.: Franz Werfel liest im Deutschen Haus als Gast der 'Lese- und Redehalle' unveröffentlichte Gedichte.

28. Jan.: Rudolf Steiner spricht im Klub deutscher Künstlerinnen.

12. Feb.: Wedekinds Schauspiel *Hidalla oder Sein und Haben* unter Mitwirkung des Autors im Neuen deutschen Theater.

1. März: Gedenkfeier in der 'Lese- und Redehalle' zu Hebbels 100. Geburtstag.

4. März: Karl Kraus liest im Palace Hotel.

5. April: Else Lasker-Schüler trägt im Klub deutscher Künstlerinnen aus eigenen Werken vor.

2. Okt.: Eröffnung des Mozarteums.

5. Okt.: Hugo Bergmanns Vortrag über "Die sittlichen Probleme unserer Zeit" im Klub deutscher Künstlerinnen.

16. Nov.: Felix Grünert liest in der 'Lese- und Redehalle' eigene Lyrik.

28. Nov.: Karl Kraus trägt im Prager Hotel Central vor.

8. Dez.: Arno Holz liest in der Concordia aus seinem *Phantasus*.

Januar: Ernst Sommer: *Gideons Auszug*. Roman. Wien

März: Auguste Hauschner: *Die große Pantomime*. (Roman). Berlin
Robert Hohlbaum: *Der ewige Lenzkampf*. (Erzählungen). Leipzig
K.H. Strobl: *Das Wirtshaus "Zum König Przemysl"*. Eine Prager Geschichte. Leipzig*
Hans Watzlik: *Im Ring des Ossers*. Erzählungen aus der Vergangenheit des Böhmerwaldes. Leipzig*

April: Max Brod: *Über die Schönheit häßlicher Bilder*. Ein Vademecum für Romantiker unserer Zeit. Leipzig*
Franz Werfel: *Wir sind*. Neue Gedichte. Leipzig

Mai: Franz Kafka: *Der Heizer*. Ein Fragment. Leipzig*

Juni: Max Brod: *Weiberwirtschaft*. Drei Erzählungen. Leipzig
—(Hrsg.): *Arkadia*. Ein Jahrbuch für Dichtkunst. Leipzig*
R.M. Rilke: *Das Marien-Leben*. (Gedichte). Leipzig
Hugo Salus: *Seelen und Sinne*. Neue Novellen. Leipzig
Ernst Weiß: *Die Galeere*. Roman. Berlin
Franz Werfel: *Die Versuchung*. Ein Gespräch des Dichters mit dem Erzengel und Luzifer. Leipzig*

Juli: E.G. Kolbenheyer: *Ahalibama*. Drei Erzählungen. München
Otto Zoff: *Das Haus am Wege*. Roman. Frankfurt/M.*

September: Auguste Hauschner: *Doktor Ferenczy*. Roman. Berlin

Oktober: E.E. Kisch: *Prager Kinder*. (Erzählungen). Prag
Gustav Meyrink: *Des deutschen Spießers Wunderhorn*. Gesammelte Novellen. München
R.M. Rilke: *Erste Gedichte*. Leipzig*

November: Rudolf Fuchs: *Der Meteor*. Gedichte. Heidelberg
Otto Pick: *Die Probe*. Novellen. Heidelberg

Dezember: Oskar Baum: *Die böse Unschuld*. Ein jüdischer Kleinstadtroman. Frankfurt/M.*

1914 Zeitgeschichtl. Ereignisse	Kulturelle Veranstaltungen
	1. Jan.: Wagners Oper *Parsifal* im Neuen deutschen Theater.
	23. Jan.: Felix Salten liest im Studentenverein 'Bar Kochba' eigene Werke.
1. März: Die deutsch-tschechischen Ausgleichsverhandlungen werden als endgültig gescheitert erklärt.	24. März: Uraufführung von Emil Faktors Drama *Die Temperierten* im Neuen deutschen Theater.
16. März: Vertagung des Reichsrats auf unbestimmte Zeit - kaiserliche Notverordnung tritt in Kraft.	2. April: Franz Werfel spricht im Mozarteum neue Dichtungen.
	4. April: Karl Kraus liest im Hotel Central.
	3. Mai: Martin Buber spricht über jüdische Religiosität im Studentenverein 'Bar Kochba'.
Mitte Juni: Kramář, Führer der jungtschechischen Partei, unterbreitet dem russischen Außenminister Sazonov Verfassungsentwurf für ein slawisches Großreich.	17. Mai: Carl Sternheims Komödie *Bürger Schippel* im Deutschen Landestheater.
28. Juni: Mord von Sarajewo.	
3. Juli: Deutsches Theater wegen Hoftrauer geschlossen.	
23. Juli: Ultimatum an Serbien. Generalmobilmachungen; Kriegserklärungen.	
25. Juli: Einschränkung des öffentlichen Rechts und der Pressefreiheit.	
2. Aug.: Österreich-Ungarn, das Deutsche Reich und das Osmanische Reich schließen ein Verteidigungsbündnis; Italien erklärt sich neutral.	29. Okt.: Felix Grünert liest im Klub deutscher Künstlerinnen eigene Dichtungen.
Dez.: Masaryk im Exil.	

Februar:	Paul Leppin: *Severins Gang in die Finsternis*. Ein Prager Gespensterroman. München
März:	Max Brod: *Die Retterin*. Schauspiel in vier Akten. Leipzig
April:	Hans Watzlik: *Der Alp*. Ein Roman. Leipzig
Mai:	Robert Hohlbaum: *Österreicher*. Ein Roman aus dem Jahre 1866. Leipzig E.E. Kisch: *Der Mädchenhirt*. Roman. Berlin Gustav Meyrink / Roda Roda: *Die Uhr*. Ein Spiel in zwei Akten. Berlin
Juni:	Emil Faktor: *Die Temperierten*. Auseinandersetzungen in drei Akten. Berlin
Juli:	Paul Adler: *Elohim*. (Erzählung). Hellerau* Hugo Salus: *Nachdenkliche Geschichten*. Novellen. Leipzig
November:	K.H. Strobl: *Die drei Gesellen*. Ein heiterer Roman. Leipzig*

1915 Zeitgeschichtl. Ereignisse	Kulturelle Veranstaltungen
	3. Jan.: Felix Grünert liest in der 'Lese- und Redehalle' unveröffentlichte Gedichte.
3./4. April u. 27. Mai: Desertionen vieler Tschechen aus dem Heer (Überläufer bilden "Gegenabteilungen").	1. April: Max Brod spricht als Gast des Jüdischen Volksvereins im Hotel Bristol über "Religion und Nation".
4. Mai: Italien erklärt seinen Austritt aus dem Dreibund.	
21. Mai: K. Kramář und Schreiner, Führer der 'Sokol'-Bewegung, unter Verdacht des Hochverrats verhaftet.	
25. Mai: Kriegserklärung Italiens an Österreich-Ungarn.	
	6. Juli: Enthüllung des Hus-Denkmals von Ladislav Šaloun auf dem Altstädter Ring (500. Jahrestag der Verbrennung des Reformators).
Sept.: Beneš im Exil.	
	Okt.: Carl Sternheim gibt die Preissumme des ihm verliehenen Fontane-Preises an Franz Kafka weiter.
3. Nov.: Auflösung der nationaltschechischen Turnorganisation 'Sokol'.	20. Nov.: Max Brods Literaturkursus "Über einige Hauptströmungen der jüngsten Literatur" beginnt im Klub deutscher Künstlerinnen.
14. Nov.: Gründung eines Aktionskomitees in Paris für einen unabhängigen tschechisch-slowakischen Staat.	25. Dez.: Schnitzlers *Komödie der Worte* im Neuen deutschen Theater.

April: K.H. Strobl: *Ein gute Wehr und Waffen.* Mein Kriegstagebuch. Leipzig

Juni: Rudolf Haas: *Matthias Triebl.* Die Geschichte eines verbummelten Studenten. Leipzig
Robert Michel: *Die Häuser an der Džamija.* Roman. Berlin
Franz Werfel: *Einander.* Oden, Lieder, Gestalten. Leipzig, München
———— : *Die Troerinnen des Euripides.* (Tragödie). Leipzig*

September: Gustav Meyrink: *Der Kardinal Napellus.* (Erzählung). Berlin, München

November: Franz Kafka: *Die Verwandlung.* (Erzählung). Leipzig*
Leo Perutz: *Die dritte Kugel.* (Roman). München*

Dezember: Paul Adler: *Nämlich.* (Erzählung). Hellerau*
Marie von Ebner-Eschenbach: *Stille Welt.* Erzählungen. Berlin
Gustav Meyrink: *Der Golem.* Ein Roman. Leipzig, München

Zeitgeschichtl. Ereignisse	Kulturelle Veranstaltungen
	11. Jan.: Vortrag Heinrich Manns über Zola im Prager Palace Hotel.
Anf. Feb.: Bildung der tschechischen 'Nationalpartei'.	14. Feb.: Carl Sternheims Lustspiel *Die Hose* im Neuen deutschen Theater.
3. Feb.: Konstituierung eines tschechisch-slowakischen Nationalrats in Paris.	23. Feb.: Felix Weltsch spricht im Klub deutscher Künstlerinnen über "Sittlichkeit und Dichtung".
15./16. Feb.: 'Deutscher Landtagsverband in Böhmen' konstituiert sich in Prag.	
28. März: Vereinigung der alttschechischen und jungtschechischen Partei auf einem Vertretertag in Brünn.	28. März: Christian von Ehrenfels spricht im Klub deutscher Künstlerinnen über seine *Kosmogonie*.
	24./25. Mai: Gastspiel des Lessing-Theaters (Berlin) mit Werfels deutscher Bearbeitung der *Troerinnen des Euripides* im Neuen deutschen Theater.
27. Aug.: Kriegserklärung Rumäniens an Österreich-Ungarn.	
16. Sept.: Anerkennung des tschechisch-slowakischen Nationalrats als 'provisorische Regierung' durch Frankreich, bald darauf auch durch England.	30. Sept.: Uraufführung von Hasenclevers Drama *Der Sohn* im Deutschen Landestheater.
21. Okt.: v. Stürgkh, österreichisch-ungarischer Ministerpräsident, wird erschossen.	29. Okt.: Lia Rosen liest im Mozarteum aus einem Manuskript Franz Werfels.
5. Nov.: Vollversammlung des 'Deutschen Landtagsverbandes' und der 'Vereinigung der deutsch-böhmischen Reichsratsabgeordneten' in Prag.	
21. Nov.: Tod Kaiser Franz Josephs, Nachfolger: Karl I.	
12. Dez.: Friedensangebot der Mittelmächte.	
15. Dez.: Rücktritt des Ministerpräsidenten Koerber; Amtsantritt des Ministerpräsidenten Clam-Martinic.	

Januar:
Max Brod: *Tycho Brahes Weg zu Gott.* Ein Roman. Leipzig, München
Robert Michel: *Briefe eines Hauptmanns an seinen Sohn.* Berlin

März:
Auguste Hauschner: *Der Tod des Löwen.* (Novelle). Berlin

April:
Hans Watzlik: *Von deutschböhmischer Erde.* Erzählungen und Gedichte. Konstanz, Leipzig
Ernst Weiß: *Der Kampf.* Roman. Berlin*

Mai:
Leo Perutz / Paul Frank: *Das Mangobaumwunder.* Eine unglaubwürdige Geschichte. München*

Juni:
Paul Adler: *Die Zauberflöte.* Roman. Hellerau*
Gustav Meyrink: *Fledermäuse.* Sieben Geschichten. Leipzig, München*

Juli:
Hugo Salus: *Sommerabend.* Neue Prosa. (Novellen). Leipzig*

September:
Max Brod: *Die erste Stunde nach dem Tode.* Eine Gespenstergeschichte. Leipzig*

Oktober:
Franz Kafka: *Das Urteil.* Eine Geschichte. Leipzig*
Paul Kornfeld: *Die Verführung.* Eine Tragödie in fünf Akten. Berlin*
Hans Watzlik: *Phönix.* Ein Roman. Leipzig*
Paul Wiegler: *Figuren.* (Literarische Porträts). Berlin*

November:
A.F. Dietzenschmidt: *Die Vertreibung der Hagar.* Trauerspiel. Berlin
Gustav Meyrink: *Das grüne Gesicht.* Ein Roman. Leipzig*

1917 Zeitgeschichtl. Ereignisse	Kulturelle Veranstaltungen
23. Jan.: Treuebekenntnis des 'Tschechischen Verbandes' zum Hause Habsburg.	12. Jan.: Otto Pick liest im Klub deutscher Künstlerinnen aus unveröffentlichten Gedichten und Novellen.
	20. Jan.: Stefan Zweig trägt auf der Sophieninsel aus seiner unveröffentlichten Tragödie "Jeremias" vor.
	Mitte März: Gründung des Volksbildungsvereins Urania.
April: Demonstrationen und Streiks in Prag (Löhne, Versorgungslage). National-tschechische Bestrebungen, sich den Alliierten anzuschließen.	30. März: Heinrich Manns Drama *Varieté* im Neuen deutschen Theater.
	April: E.E. Kisch hält Vorträge über seine Kriegserlebnisse.
30. Mai: Einberufung des seit März 1914 vertagten Reichsrats.	3. April: Paul Leppin liest im Klub deutscher Künstlerinnen u.a. aus seinem unveröffentlichten Roman "Die Hedonisten".
16. Juni: Rücktritt des Ministerpräsidenten Clam-Martinic.	20. April: Oskar Baum liest im Klub deutscher Künstlerinnen aus unveröffentlichter Prosa.
19. Juni: Ernst Seidler von Freudenegg bildet eine neue Regierung.	
10. Juli: K. Kramář aus der Haft entlassen; Rückkehr nach Prag.	
	5. Aug.: Eröffnung der Ausstellung des Malers Leopold Gedö im Klub deutscher Künstlerinnen.
	11.-19. Okt.: Vortragszyklus von Friedrich Adler in der Urania über "Prag in der deutschen Dichtung".
Nov.: Erneutes Anwachsen des Antisemitismus in Böhmen.	
7. Nov.: Oktoberrevolution in Rußland.	15. Nov.: Felix Grünert liest in der 'Lese- und Redehalle' seinen Liederzyklus "Mein Prag".
7. Dez.: Die USA erklären Österreich-Ungarn den Krieg.	21. Nov.: Friedrich Adler trägt in der Urania aus eigenen Werken vor.
16. Dez.: Bildung der "Tschechischen Legionen" (Freiwilligen-Verbände in der französischen Armee).	22. Dez.: Uraufführung von Hans Demetz' Weihnachtsmärchen *Die goldene Geige* im Neuen deutschen Theater.

Januar: Redaktion der Selbstwehr (Hrsg.): *Das jüdische Prag*. Eine Sammelschrift. Prag*

März: Franz Werfel: *Gesänge aus den drei Reichen.* Ausgewählte Gedichte. Leipzig*

Mai: Ludwig Winder: *Die rasende Rotationsmaschine.* Roman. Berlin, Leipzig

Juni: Robert Michel: *Briefe eines Landsturmleutnants an Frauen.* Berlin

August: E.G. Kolbenheyer: *Die Kindheit des Paracelsus.* Roman. München

Oktober: Rudolf Haas: *Verirrte Liebe.* Erzählungen. Leipzig
Gustav Meyrink: *Der Löwe Alois und andere Geschichten.* Dachau*

November: Fritz Mauthner: *Der goldene Fiedelbogen.* Zwei Novellen aus Böhmen. Konstanz a.B.*

Dezember: Paul Kornfeld: *Legende.* (Erzählung). Berlin
Gustav Meyrink: *Walpurgisnacht.* Phantastischer Roman. Leipzig*

Zeitgeschichtl. Ereignisse	Kulturelle Veranstaltungen
6. Jan.: Generallandtag der Tschechischen Reichsrats- und Landtagsabgeordneten von Böhmen, Mähren und Schlesien in Prag ("Dreikönigsdeklaration").	
14.-21. Jan.: Bildung von Arbeiterräten in Wien, Prag, Budapest.	6. Feb.: Hugo Salus liest als Gast der Urania im Hotel Central aus unveröffentlichter Prosa.
9. Feb.: Sonderfrieden mit der Ukraine.	
3. März: Friede von Brest-Litowsk.	
	4. Mai: Auguste Hauschner liest in der Urania aus ihrem unveröffentlichten Roman "Die Siedlung".
	8. Mai: Ernst Feigl liest im Mozarteum aus seiner Tragödie *Don Juan*.
7. Mai: Friede von Bukarest.	16. Mai: Eröffnung einer Sonderausstellung der Graphiken von Hugo Steiner-Prag im Kunstverein.
	Juni: Als Vorläufer einer Ausstellung der "Neuen Wiener Sezession" im Rudolfinum werden Werke von Alfred Kubin gezeigt.
26. Sept.: Bildung einer provisorischen tschechoslowakischen Nationalregierung in Paris mit Masaryk als Präsidenten.	9. Juni: Max Brods Drama *Die Höhe des Gefühls* im Deutschen Landestheater.
28. Okt.: Ausrufung der Tschechoslowakischen Republik in Prag; Masaryk wird Präsident. Einführung des Tschechischen als Amtssprache in der Verwaltung.	11. Juni: Berthold Viertel spricht im Klub jüdischer Frauen und Mädchen über "Ostjüdische Poesie".
29./30. Okt.: Deutschböhmen erklärt sich zur Provinz der Republik Deutsch-Österreich, Nordmähren und Schlesien zur österreichischen Provinz 'Sudetenland'.	Sept.: Heinrich Teweles tritt als Direktor des Neuen deutschen Theaters zurück.
3. Nov.: Die fast 300 Jahre alte Mariensäule auf dem Altstädter Ring wird demonstrativ niedergerissen.	17. Okt.: Vortragsabend "Prag in der deutschen Dichtung" im Spiegelsaal des Deutschen Hauses.
14. Nov.: Eröffnung der tschechischen Nationalversammlung. Besetzung der Slowakei.	9. Nov.: Wedekinds Drama *Musik* im Deutschen Landestheater.
Dez.: Ausschreitungen von Tschechen gegen Deutschsprechende, zumeist Juden.	15.-20. Nov.: Karl Kraus liest an vier Abenden im Mozarteum.
Dez.: Besetzung Deutschböhmens durch tschechische Truppen.	1. Dez.: Hans Demetz spricht im Mozarteum über "Expressionismus in der deutschen Dichtung".

Januar: Gustav Meyrink: *Gesammelte Romane und Novellen.* Leipzig, München

Februar: Max Brod: *Eine Königin Esther.* Drama in einem Vorspiel und drei Akten. Leipzig*

März: Max Brod: *Das gelobte Land.* Ein Buch der Schmerzen und Hoffnungen. (Gedichte). Leipzig*

April: Oskar Wiener: *Mit Detlev von Liliencron durch Prag.* (Erzählung). Frankfurt/M.*

Mai: Oskar Baum: *Zwei Erzählungen.* Leipzig*

Juli: Fritz Mauthner: *Erinnerungen.* Bd. I: Prager Jugendjahre. München*
Otto Zoff: *Kerker und Erlösung.* Ein Trauerspiel in fünf Akten. München

August: A.F. Dietzenschmidt: *Kleine Sklavin.* Eine Tragikomödie in vier Aufzügen. Berlin
———————: *König Tod.* Novellen und Legenden. Berlin
Ernst Weiß: *Tiere in Ketten.* Roman. Berlin*

September: Auguste Hauschner: *Die Siedlung.* Roman. Berlin

Oktober: Paul Leppin: *Hüter der Freude.* Ein Roman. Wien

November: Leo Perutz: *Zwischen neun und neun.* Roman. München

1919 Zeitgeschichtl. Ereignisse	Kulturelle Veranstaltungen
18. Jan.: Eröffnung der Versailler Konferenz.	24. Jan.: Hans Demetz veranstaltet im Mozarteum einen Strindberg-Abend.
4. März: Generalstreik und antitschechische Demonstrationen der deutschen Bevölkerung in den Grenzgebieten.	11. März: Schnitzlers Komödie *Professor Bernhardi* im Neuen deutschen Theater.
16. April: Gesetz zur Bodenreform, das den Großgrundbesitz enteignet.	18. März: Strindbergs Drama *Fräulein Julie* im Deutschen Landestheater.
April-Juni: Militärische Auseinandersetzung zwischen Ungarn und der Tschechoslowakei.	20. März: "Dichterabend Rudolf Altschul – Hans Klaus". Am Vortragstisch Else Kerner im 'Klub deutscher Künstlerinnen'.
Juni: Erste Gemeindewahlen in der Tschechoslowakischen Republik.	4. April: Vortragsabend "Gegen die Nationen - Für die Nationen" im Čadasaal, eingeleitet von Willy Haas.
6. Juni: Ausnahmezustand über die böhmischen Länder verhängt.	15. Mai: Georg Kaisers Schauspiel *Gas* im Neuen deutschen Theater.
14. Juni: Generalstreik der sudetendeutschen Bevölkerung.	
28. Juni: Unterzeichnung des Versailler Vertrages. Gründung des Völkerbundes.	
7. Juli: Regierung Kramář tritt zurück.	
8. Juli: Neue Kabinettsbildung unter Masaryk.	
	28. Aug.: Sudermanns Drama *Die Lichtbänder* im Neuen deutschen Theater.
10. Sept.: Die Tschechoslowakei wird durch die Entente verpflichtet, den Minderheitenschutz anzuerkennen.	3. Sept.: Strindbergs Drama *Der Scheiterhaufen* im Deutschen Landestheater.
	11. Okt.: Uraufführung von Ernst Weiß' Drama *Tanja* in den Kammerspielen des Deutschen Landestheaters.
	28. Okt.: Walter Hasenclevers Drama *Der Retter* im Neuen deutschen Theater.
Dez.: Klassen- und Nationalitätenauseinandersetzungen in der Tschechoslowakei.	19. Nov.: Jakob Wassermann liest in der Urania aus seinem Roman *Christian Wahnschaffe*.

Januar:	Robert Hohlbaum: *Das Vorspiel.* Ein Roman aus Österreich. Leipzig Ernst Weiß: *Mensch gegen Mensch.* Roman. München*
März:	Rudolf Fuchs: *Karawane.* Gedichte. Leipzig* Johannes Urzidil: *Sturz der Verdammten.* Gedichte. Leipzig*
April:	Max Brod: *Das große Wagnis.* (Roman). Leipzig, Wien* Robert Michel: *Gott und der Infanterist.* (Legende). Berlin* Oskar Wiener (Hrsg.): *Deutsche Dichter aus Prag.* Ein Sammelbuch. Wien, Leipzig* Otto Zoff: *Der Schneesturm.* Ein Trauerspiel in fünf Akten. München
Mai:	Franz Kafka: *In der Strafkolonie.* (Erzählung). Leipzig* Hans Watzlik: *Die Abenteuer des Florian Regenbogner.* Ein Traumbüchlein. Leipzig
Juni:	Robert Michel: *Der heilige Candidus.* Drama in 4 Akten. Berlin Ernst Weiß: *Tanja.* Drama in drei Akten (6 Bildern) [als Sondernummer der Zeitschrift *Der neue Daimon* (Wien), H. 5-7]
Juli:	Rudolf Haas: *Michel Blank und seine Liesel.* Roman. Leipzig Oskar Wiener: *Böhmische Sagen.* Aus alten Quellen geschöpft. Wien
August:	Hans Watzlik: *Zu neuen Sternen.* Zeitgedichte. Eger
September:	Hugo Salus: *Das neue Buch.* Neue Gedichte. München* Ernst Weiß: *Franziska.* Roman. Berlin
Oktober:	Oskar Baum: *Die Tür ins Unmögliche.* Roman. München, Leipzig* Max Brod: *Die Einsamen.* (Novellen). Leipzig, Wien* Paul Kornfeld: *Himmel und Hölle.* Eine Tragödie in fünf Akten. Berlin* Hugo Salus: *Die schöne Barbara.* Novelle. Wien Ernst Weiß: *Tanja.* Drama in drei Akten. Berlin* Franz Werfel: *Der Gerichtstag.* (Dichtungen). Leipzig*
November:	Auguste Hauschner: *Nachtgespräche.* (Novellen). Leipzig*
Dezember:	Franz Janowitz: *Auf der Erde.* Gedichte. München*

1920

Zeitgeschichtl. Ereignisse

8. Jan.: Gründung der tschechischen Nationalkirche.

10. Jan.: Völkerbundsatzung tritt in Kraft.

29. Feb.: Demokratische Verfassung der Tschechoslowakei.

18. April: Erste allgemeine Wahlen zur tschechoslowakischen Nationalversammlung.

7. Juni: Österr.-tschech. Vertrag zur Regelung der Staatsangehörigkeitsfragen und des Minderheitenschutzes.

29. Juni: Deutsch-tschechisches Abkommen (im wesentlichen: Wirtschaftsabkommen).

16. Juli: Staatsvertrag der ČSR mit Österreich.

14. Aug.: Defensivbündnis der ČSR mit Jugoslawien.

16. Nov.: Tschechen besetzen das Deutsche Landestheater in Prag.

16.-19. Nov.: Antideutsche Demonstrationen in der ČSR.

10. Dez.: Generalstreik, der auch auf die Provinzen übergreift.

Kulturelle Veranstaltungen

6. Jan.: Karl Schönherrs *Kindertragödie* im Neuen deutschen Theater.

7. Feb.: Wedekinds Tragödie *Die Büchse der Pandora* im Deutschen Landestheater.

10. März: Vortragsabend der Gruppe 'Protest': Otto Soltau liest Dichtungen von Baum, Brod, Pick, Werfel, Šrámek, Urzidil u.a.

11. März: Uraufführung von Ernst Feigls Einakter *Fremde* im Deutschen Landestheater.

27. März: Uraufführung von Oskar Baums Drama *Das Wunder* im Deutschen Landestheater.

17. April: Stefan Zweigs Drama *Jeremias* im Neuen deutschen Theater.

15. Mai: Uraufführung von Walter Hasenclevers Schauspiel *Die Menschen* im Deutschen Landestheater.

22. Mai: Wedekinds Drama *Tod und Teufel* im Deutschen Landestheater.

28. Mai: Rahel Sanzara trägt auf einem "Abend sozialer Lyrik" auch aus Werken von Weiß, Werfel und Ernst Roth vor.

6. Juni: Arnold Zweigs Tragödie *Die Sendung Semaels* im Neuen deutschen Theater.

11.-14. Juni: Karl Kraus liest an mehreren Abenden im Mozarteum eigene Dichtungen.

24. Juni: Wedekinds Schauspiel *Schloß Wetterstein* im Deutschen Landestheater.

2. Okt.: Büchners *Woyzeck* im Deutschen Landestheater.

19. Okt.: Uraufführung von Hasenclevers Drama *Jenseits* im Deutschen Landestheater.

5. Dez.: Das Deutsche Landestheater wird offiziell vom tschechischen Nationaltheater übernommen.

Januar: A.F. Dietzenschmidt: *Jeruschalajims Königin.* Eine Tragödie. Berlin
Auguste Hauschner: *Der Versöhnungstag.* Novelle. Berlin
Gustav Leutelt: *Hüttenheimat.* Ein Roman aus dem Isergebirge. Berlin

Februar: Oskar Baum: *Die verwandelte Welt.* Roman. Wien

März: Oskar Wiener: *Das Haupt der Medusa.* (Novellen). Wien
——— : *Im Prager Dunstkreis.* Roman. Wien u.a.*

April: Ernst Weiß: *Das Versöhnungsfest.* Eine Dichtung in vier Kreisen. München

Mai: Franz Kafka: *Ein Landarzt.* Kleine Erzählungen. München, Leipzig*

Juni: Ernst Sommer: *Der Aufruhr.* (Novelle). Wien
Melchior Vischer: *Sekunde durch Hirn.* (Roman). Leipzig u.a.
Hans Watzlik: *Aus wilder Wurzel.* Ein Roman. Leipzig

Juli: E.E. Kisch: *Die Abenteuer in Prag.* (Erinnerungen und Reportagen). Wien
R.M. Rilke: *Die weiße Fürstin.* Eine Szene am Meer. Berlin

August: K.F. Leppa: *Herzenssachen.* (Erzählungen). Budweis
Leo Perutz: *Der Marques de Bolibar.* Roman. München*
Ludwig Winder: *Kasai.* Roman. Berlin*

September: Max Brod: *Die Fälscher.* Schauspiel in vier Akten. München*
Hugo Salus: *Die Beschau.* Eine Ghettogeschichte. Wien, Leipzig*
K.H. Strobl: *Verlorene Heimat.* Jugenderinnerungen aus deutschem Ostland. Stuttgart

November: A.F. Dietzenschmidt: *Die Sanct Jacobsfahrt.* Eyn Legendenspiel in drey Aufzügen. Berlin
Leo Perutz: *Das Gasthaus zur Kartätsche.* Eine Geschichte aus dem alten Österreich. München
K.H. Strobl: *Gespenster im Sumpf.* Ein phantastischer Wiener Roman. Leipzig*

Dezember: Gustav Leutelt: *Aus den Iserbergen.* Erzählungen. Eger
Hermann Ungar: *Knaben und Mörder.* Zwei Erzählungen. Wien

1921 Zeitgeschichtl. Ereignisse	Kulturelle Veranstaltungen
8./9. Jan.: Erster Landtag der tschechoslowakischen Nationalkirche.	13. Jan.: Else Lasker-Schüler liest im Mozarteum u.a. aus ihren *Hebräischen Balladen.*
15. Feb.: Erste tschechoslowakische Volkszählung.	26. Jan.: Ludwig Hardt spricht im Mozarteum Heine und Wedekind.
23. Feb.: Die Tschechoslowakei fordert von Deutschland 40 Milliarden Kronen Entschädigung.	4. Feb.: Sternheims Schauspiel *Die Marquise von Arcis* im Neuen deutschen Theater.
	14. Feb.: Oskar Baums Weininger-Vortrag "Der Verfall der Erotik und das jüdische Wesen" in der Urania.
	März: Die *Prager Presse* beginnt zu erscheinen.
	26. März: Felix Salten trägt in der Urania eigene Prosa vor.
14. Mai: Gründung der 'Tschechoslowakischen kommunistischen Partei' in Prag.	1. April: Theodor Däubler liest in der Urania aus seinen Dichtungen.
25. Juni: Unterzeichnung des Handelsvertrags mit Deutschland.	29. April: Rahel Sanzara und Ernst Weiß lesen in der Urania.
	Mai - Juni: Ausstellung französischer Graphiker im Rudolfinum.
	24. Juni: Vortragsabend Alexander Moissis in der Produktenbörse.
	1. Okt.: Ludwig Hardt spricht erstmals Dichtungen von Kafka im Mozarteum.
	14. Okt.: Vortragsabend Ludwig Hardts im Mozarteum.
	16. Nov.: Gerhart Hauptmann liest im Lucernasaal u.a. aus den Dramen *Winterballade* und *Indipohdi.*
Dez.: Beginn einer Wirtschaftskrise in der Tschechoslowakei.	
16. Dez.: Die Tschechoslowakei und Österreich unterzeichnen den Vertrag von Lana.	27.-30. Dez.: Karl Kraus trägt an mehreren Abenden im Mozarteum aus seinen Werken vor.

Februar:	Hedda Sauer: *Bei den gefangenen Tieren*. (Gedichte). Wien	
März:	Paul Leppin: *Das Paradies der Andern*. Novellen. Reichenberg Franz Werfel: *Der Besuch aus dem Elysium*. Romantisches Drama in einem Aufzug. München* ———— : *Spiegelmensch*. Magische Trilogie. München* ———— : *Spielhof*. Eine Phantasie. München*	
Mai:	Oskar Baum: *Die neue Wirklichkeit*. Roman. Reichenberg	
Juni:	Robert Hohlbaum: *Fallbeil und Reifrock*. Neue Novellen. Wien, Leipzig	
Juli:	Max Brod: *Heidentum, Christentum, Judentum*. Ein Bekenntnisbuch. München*	
August:	Hugo Salus: *Der Jungfernpreis*. Novelle. Berlin	
September:	Max Brod: *Das Buch der Liebe*. Gedichte. München* Leo Perutz: *Die Geburt des Antichrist*. (Erzählung). Wien Johannes Urzidil (Hrsg.): *Karl Brand. Das Vermächtnis eines Jünglings*. Wien u.a.*	
Oktober:	Max Brod: *Erlöserin*. Ein Hetärengespräch. Berlin* Rudolf Haas: *Der Alte vom Berge*. Ein Roman in 2 Teilen. Leipzig*	
November:	Robert Hohlbaum: *Grenzland*. Ein Roman. Leipzig Gustav Meyrink: *Der weiße Dominikaner*. Aus dem Tagebuch eines Unsichtbaren. Wien u.a.* Franz Werfel: *Bocksgesang*. In fünf Akten. München*	
Dezember:	Hans Watzlik: *Der flammende Garten*. Gedichte. Reichenberg ———— : *Schloß Weltfern*. Eine romantische Erzählung. Reichenberg	

1922 Zeitgeschichtl. Ereignisse	Kulturelle Veranstaltungen
	Jan.: Die Zeitschrift *Die Wahrheit* beginnt zu erscheinen.
14. Feb.: Beendigung eines zehntägigen Bergarbeiterstreiks in Nordböhmen, an dem 135.000 Bergleute beteiligt waren.	4. Jan.: Thomas Mann liest in der Produktenbörse u.a. aus seinem unveröffentlichten Roman *Der Zauberberg*.
	14. Feb.: Ludwig Hardt spricht im Mozarteum u.a. Kafka, Rilke und Kraus.
	23. Feb.: Oskar Baum spricht in der Urania über "Seelenkonflikte eines europäischen Juden".
	20. März: "Prager Dichterabend" in der Urania mit Rezitationen der Schauspieler Friedrich Hölzlin und Otto Soltau.
	10.-17. Mai: Karl Kraus liest an mehreren Abenden im Mozarteum u.a. Goethe und Shakespeare.
	3. Juni: Gastspiel der Wiener Jüdischen Bühne mit Goldfadens Schauspiel *Sulamith* in der Kleinen Bühne.
24. Juli: Ratifizierung des Palästina-Mandats (gültig ab 29.9.1923).	
	20. Okt.: Gerhart Hauptmann liest in der Produktenbörse aus unveröffentlichten Werken.
5.-7. Okt.: Rücktritt des Kabinetts Beneš; Amtsantritt der Regierung Švehla.	27. Okt.: Arthur Schnitzler liest in der Urania u.a. aus seinem Drama *Letzte Masken*.
	1. Nov.: Paul Kornfeld liest im Mozarteum seine Komödie *Der ewige Traum*.
	14. Nov.: Franz Werfel liest in der Urania aus seiner Tragödie *Bocksgesang*.
	1. Dez.: Brods Drama *Klarissas halbes Herz* im Neuen deutschen Theater.
	3. Dez.: Ludwig Hardt spricht im Mozarteum erstmals Kafkas Erzählung "Das nächste Dorf".

Januar: Hugo Salus: *Vergangenheit.* Novellen. Wien

Februar: Ernst Sommer: *Der Fall des Bezirksrichters Fröhlich.* Eine Groteske. Reichenberg

Melchior Vischer: *Der Teemeister.* (Roman). Hellerau*

März: Auguste Hauschner: *Die Heilung.* Roman. Stuttgart

April: Oskar Wiener: *Alt-Prager Guckkasten.* Wanderungen durch das romantische Prag. Prag

Juni: Gustav Meyrink: *Der violette Tod und andere Novellen.* Leipzig

Juli: E.G. Kolbenheyer: *Der Dornbusch brennt.* Ein Flugblatt. Gedichte für seine Heimat. Eger

Melchior Vischer: *Der Hase.* Eine Erzählung. Hellerau*

Ernst Weiß: *Nahar.* Roman. München*

August: A.F. Dietzenschmidt: *Die Nächte des Bruder Vitalis.* Drama in drei Akten. Berlin

Franz Werfel: *Arien.* (Gedichte). München

Oktober: Max Brod: *Franzi oder Eine Liebe zweiten Ranges.* Ein Roman. München*

Rudolf Haas: *Auf lichter Höhe.* Ein Buch aus dunkeln Tiefen und der Menschheit Gipfelreichen. Leipzig*

Hans Watzlik: *Fuxloh oder Die Taten und Anschläge des Kaspar Dullhäubel.* Ein Schelmenroman. Leipzig

Ludwig Winder: *Die jüdische Orgel.* Roman. Wien

November: Paul Kornfeld: *Der ewige Traum.* Eine Komödie. Berlin*

Hugo Salus: *Klarer Klang.* Gedichte. Vienna*

Hermann Ungar: *Die Verstümmelten.* Roman. Berlin*

Dezember: Otto Pick (Hrsg.): *Deutsche Erzähler aus der Tschechoslowakei.* Ein Sammelbuch. Reichenberg

Zeitgeschichtl. Ereignisse	Kulturelle Veranstaltungen
5. Jan.: Attentat auf Finanzminister Rašín in Prag; stirbt am 18. Feb. an den Folgen.	6. Jan.: Uraufführung von Werfels *Schweiger* im Neuen deutschen Theater.
2.-5. Feb.: Erster ordentlicher Parteitag der Kommunistischen Partei der Tschechoslowakei in Prag.	9. Jan.: Albert Schweitzer spricht in der Urania über "Philosophie und Ethik".
Feb. / März: Verabschiedung des Gesetzentwurfs zum Schutze der Republik.	13. Jan.: Uraufführung von Heinrich Teweles' Drama *Die Kette* im Neuen deutschen Theater.
	7. März: Oskar Baum spricht in der Urania über Hans Blühers "Secessio Judaica".
	6. April: Thomas Mann spricht in der Urania über Okkultismus.
14. Mai: Marschall Foch, der französische Stratege, besucht Prag.	30. April: Rudolf Steiner spricht in der Produktenbörse über "Die Menschenentwicklung und Menschenerziehung im Lichte der Anthroposophie".
	30. Juni: Uraufführung von Ernst Weiß' Drama *Leonore* in der Kleinen Bühne (Gastspiel Rahel Sanzara).
20. Aug.: Bergarbeiterstreik wegen Lohnverminderung in der gesamten Republik.	
6. Okt.: Ende des Streiks; Bergarbeiter willigen in eine Lohnverminderung ein.	3. Okt.: Oskar Walzel spricht in der Urania über "Deutsche Dichtung von heute".
	15. Nov.: Gerhart Hauptmanns *Florian Geyer* im Neuen deutschen Theater.
	20. Dez.: Vortrag Maximilian Hardens in der Produktenbörse "Europa von heute und morgen".

Januar:	E.E. Kisch: *Soldat im Prager Korps*. (Tagebuch). Leipzig
Februar:	Franz Werfel: *Schweiger*. Ein Trauerspiel in drei Akten. München*
März:	R.M. Rilke: *Die Sonette an Orpheus*. Leipzig Ernst Weiß: *Olympia*. Tragikomödie. Berlin
April:	Max Brod: *Klarissas halbes Herz*. Lustspiel in drei Akten. München K.F. Leppa: *Kornsegen*. (Gedichte). Passau Ernst Weiß: *Atua*. Drei Erzählungen. München*
Juni:	Leo Perutz: *Der Meister des jüngsten Tages*. Roman. München
Juli:	Willy Haas: *Das Spiel mit dem Feuer*. Prosaschriften. Berlin* Erwin Heine: *Waldseele*. Das Tagebuch eines Friedesuchers. Cassel Robert Hohlbaum: *Deutschland*. Eine Sonettenfolge. Reichenberg R.M. Rilke: *Duineser Elegien*. Leipzig* Franz Werfel: *Beschwörungen*. (Gedichte). München*
August:	Franz Werfel: *Die Mittagsgöttin*. Ein Zauberspiel. München
September:	Max Brod: *Leben mit einer Göttin*. Roman. München Rudolf Haas: *Diktatur*. Roman. Leipzig Robert Hohlbaum: *Himmlisches Orchester*. Der 'Unsterblichen' neue Folge. Novellen. Leipzig E.E. Kisch (Hrsg.): *Klassischer Journalismus*. Die Meisterwerke der Zeitung. Berlin*
Oktober:	Ernst Weiß: *Die Feuerprobe*. Roman. Berlin
November:	Ernst Weiß: *Hodin*. (Erzählung). Berlin*
Dezember:	F.K. Ginzkey: *Brigitte und Regine*. (Novelle). Leipzig Hans Watzlik: *Die Reise nach Ringolay*. (Erzählung). Reichenberg

1924 Zeitgeschichtl. Ereignisse	Kulturelle Veranstaltungen
	Jan.: Die Zeitschrift *Die Provinz* (Karlsbad) beginnt zu erscheinen.
25. Jan.: Freundschafts- und Bündnisvertrag zwischen Frankreich und der Tschechoslowakei.	27. Jan.: Schnitzlers Drama *Paracelsus* im Deutschen Theater.
	1. Feb.: Ludwig Hardt liest im Mozarteum Kafka-Texte.
	11. Feb.: Heinrich Mann spricht in der Urania über seine Erinnerungen an Frank Wedekind.
15. April: Neues Pressegesetz in der Tschechoslowakei.	März / April: Mehrere Vorträge Rudolf Steiners in Prag.
	7. April: Vortrag von Emil Utitz in der Urania: "Psychoanalyse und künstlerisches Schaffen".
	30. April: Ludwig Klages spricht in der Urania über "Handschrift und Charakter".
	19. Juni: Trauerfeier für Franz Kafka in der Kleinen Bühne, arrangiert von Hans Demetz, Max Brod und Johannes Urzidil.
5. Juli: Italienisch-tschechisches Freundschaftsabkommen.	
	11. Okt.: Premiere von Max Brods Drama *Prozeß Bunterbart* in der Kleinen Bühne.
	25. Okt.: Erste Rundfunksendung in deutscher Sprache in der ČSR (Vortrag Oskar Frankl).
13. Nov.: Unterzeichnung eines englisch-tschechischen Auslieferungs- und Rechtshilfevertrags.	10. Nov.: Ernst Deutsch rezitiert im Mozarteum Lyrik und Prosa, u.a. Kafkas Erzählung "Erstes Leid".
27. Nov.: Unterzeichnung des österreichisch-tschechischen Handelsvertrags (Zusatzabkommen).	23. Nov.: Uraufführung von Paul Leppins Komödie *Der blaue Zirkus* in der Kleinen Bühne.
Mitte Dez.: Gründung der 'Tschechoslowakischen Agrarpartei'.	3. Dez.: Oskar Baum spricht in der 'Lese- und Redehalle' über Hans Blüher.

Februar: Erwin Heine: *Vlasta und ihr Student.* (Roman). Cassel
Gustav Jungbauer: *Böhmerwald-Sagen.* Jena

März: Paul Kornfeld: *Palme oder Der Gekränkte.* Eine Komödie in fünf Akten. Berlin*

April: Franz Werfel: *Verdi.* Roman der Oper. Berlin u.a.*

Mai: A.F. Dietzenschmidt: *Regiswindis.* Ein Spiel in drei Aufzügen. Frankfurt/M., Berlin
Leo Perutz: *Turlupin.* Roman. München
Melchior Vischer: *Chaplin.* Tragigroteske in 6 Bildern. Potsdam
F.C. Weiskopf: *Es geht eine Trommel...* Verse dreier Jahre. Bln.-Schöneberg
Ludwig Winder: *Doktor Guillotin.* Schauspiel in drei Akten. Wien
————: *Hugo.* Tragödie eines Knaben. Wien

Juni: Ossip Schubin: *Der Rosenkavalier.* Roman. Braunschweig

September: Hugo Salus: *Helle Träume.* Neue Gedichte. München*

Oktober: Rudolf Haas: *Heimat in Ketten.* Roman. Leipzig
Robert Hohlbaum: *Die deutsche Passion.* Roman. Leipzig

November: Franz Kafka: *Ein Hungerkünstler.* Vier Geschichten. Berlin*
E.E. Kisch: *Der rasende Reporter.* (Reportagen). Berlin*
Ernst Weiß: *Der Fall Vukobrankovics.* Bericht. Berlin

Dezember: F.K. Ginzkey: *Der Weg zu Oswalda.* Eine Erzählung. Leipzig
Franz Werfel: *Juarez und Maximilian.* Dramatische Historie. Berlin u.a.*

1925 Zeitgeschichtl. Ereignisse	Kulturelle Veranstaltungen
	3. Jan.: Klabunds Schauspiel *Der Kreidekreis* in der Kleinen Bühne.
10.-11. Feb.: Kommunistische Demonstrationen in Prag und Brünn (Teuerung).	19. Jan.: Hans Reimann liest in der Urania aus eigenen Dichtungen.
18. Feb.: Abschluß eines provisorischen Meistbegünstigungsvertrags mit Dänemark.	13. Feb.: August Sauer spricht in der Urania über Goethe.
	25. Feb.: Eröffnung einer Ausstellung schlesischer Künstler im Kunstverein für Böhmen (Prag).
Mitte Mai: Regierung erschwert und verbietet die Verbreitung zahlreicher ausländischer Zeitungen, besonders deutscher.	4. Mai: Richard Beer-Hofmanns Vorspiel zur König David-Trilogie *Jakobs Traum* im Neuen deutschen Theater.
	17. Mai: Anton Kuhs Vortrag "Prag, Erlebnisse und Erkenntnisse" in der Urania.
	29. u. 30. Mai: Karl Kraus liest im Mozarteum aus seinen Werken.
6. Juli: Erhebung des Hus-Tages zum Staatsfeiertag (Abbruch der diplomatischen Beziehungen von seiten des Vatikans).	
Mitte August: Beginn des Kulturkampfes in der Tschechoslowakei.	
5.-16. Okt.: Schiedsvertrag zwischen Deutschland und der ČSR im Rahmen des Locarno-Paktes.	8. Okt.: Werfels dramatische Historie *Juarez und Maximilian* im Neuen deutschen Theater.
11. Okt.: Neues Wahlgesetz parlamentarisch verabschiedet (gegen die nationalen Minderheiten).	9. Okt.: Die von Willy Haas in Berlin herausgegebene Wochenschrift *Die Literarische Welt* beginnt zu erscheinen.
6. Nov.: Abschluß eines Handelsvertrages der ČSR mit Belgien.	18. Nov.: Hans Watzlik liest in der Urania aus eigenen Werken.
22. Nov.: Parlamentswahlen.	
1. Dez.: Der Anteil deutscher Beamter in der ČSR wird durch Entlassungen reduziert.	

Januar:	A.F. Dietzenschmidt: *Vom lieben Augustin.* Volkskomödie mit Musik, Gesang und Tanz in drei Akten. Berlin Hans Janowitz: *Asphaltballaden.* (Gedichte). Berlin* E.E. Kisch: *Der Fall des Generalstabschefs Redl.* (Reportage). Berlin
März:	Paul Kornfeld: *Sakuntala.* Schauspiel in fünf Akten. Berlin
April:	Franz Kafka: *Der Prozeß.* Roman. Berlin* Hans Watzlik: *Ungebeugtes Volk.* Erzählungen. Leipzig Ernst Weiß: *Daniel.* (Erzählung). Berlin
Mai:	Gustav Meyrink: *Die heimtückischen Champignons und andere Geschichten.* Berlin
Juni:	Gustav Meyrink: *Meister Leonhard.* (Erzählung). München Hedda Sauer: *Goethe und Ulrike.* (biogr.-literarhist. Studie). Reichenberg
September:	Max Brod: *Rëubēni, Fürst der Juden.* Ein Renaissanceroman. München Oskar Jellinek: *Der Bauernrichter.* Novelle. Leipzig
Oktober:	Rudolf Haas: *Leuchtende Gipfel.* Roman. Leipzig* Ernst Weiß: *Männer in der Nacht.* Roman. Berlin*
November:	E.E. Kisch: *Hetzjagd durch die Zeit.* (Reportagen). Berlin* Gustav Meyrink: *Goldmachergeschichten.* Berlin Josef Mühlberger: *Balladen vom Reitergeneral Sporck.* Bd. 1: *Das schwarze Buch.* Kukus a.E. ————— : *Die Teufelsbibel.* Eine Legende. Kukus a.E. Hans Watzlik: *Mein Wuldaland!* Erzählungen, Gedichte und Aufsätze. Oberplan
Dezember:	Alfred Kubin: *Der Guckkasten.* (Erzählungen). Wien Gustav Leutelt: *Der Glaswald.* Roman aus dem Isergebirge. Gablonz Josef Mühlberger: *Zwei Rübezahl-Schnurren.* Heimische Fastnachtstücke in Hans Sachsens Art. Teplitz-Schönau Hermann Ungar: *Die Ermordung des Hauptmanns Hanika.* Tragödie einer Ehe. (Dokumentarbericht). Berlin

II.

Buchbestände zur deutschsprachigen Literatur Prags und der böhmischen Länder in der Forschungsstelle (Präsenzbibliothek) und in der Universitätsbibliothek Wuppertal

Erläuterungen zur Bibliographie

Die Signaturen am Schluß der einzelnen Titel verweisen auf die Buchbestände der Forschungsstelle (Präsenzbibliothek) und der Universitätsbibliothek Wuppertal.

Angaben zum Standort

'Forsch.'	= Forschungsstelle für Prager deutsche Literatur (Präsenzbibliothek)
'Kafka-Bibl.'	= Bibliothek Franz Kafkas in der Universitätsbibliothek Wuppertal (Präsenzbestand)
'UB' (mit Signatur)	= Universitätsbibliothek Wuppertal, Gebäude BZ

Adler, Friedrich (1857-1938)

Der gläserne Magister. Schauspiel in vier Akten von Friedrich Adler. Stuttgart und Berlin: J.G. Cotta'sche Buchhandlung Nachfolger, 1910. 148 S.

UB: 10-CQCA 1238

Friedrich Adler: *Kriegsgedichte. 1914-1916*. Prag: Verlag des Landeshilfsvereins vom Roten Kreuze für Böhmen, 1916. 45 S.

UB: 10-CQCA 1246

Adler, H[ans] G[ünther] (1910-1988)

Auschwitz. Zeugnisse und Berichte. Hrsg. von H.G. Adler [u.a.]. 4. Aufl., nach der 3., überarb. Aufl. von 1984. Frankfurt/Main: Athenäum, 1988. 316 S.

UB: 21-LPM 1483(4)

H.G. Adler: *Blicke*. Gedichte 1947-1951. Berlin: Verlag europäische ideen, 1979. 66 S.

Forsch. u. UB: 11-CSCA 1975

H.G. Adler: *Panorama*. Roman in zehn Bildern. Olten und Freiburg im Breisgau: Walter-Verlag, 1968. 579 S.

Forsch.

H.G. Adler: *Theresienstadt: 1941-1945*. Das Antlitz einer Zwangsgemeinschaft. Geschichte, Soziologie, Psychologie. Tübingen: J.C.B. Mohr (Paul Siebeck) Verlag, 1960. 892 S.

UB: 21-LPM 1996 (2 Ex.)

H.G. Adler: *Die verheimlichte Wahrheit*. Theresienstädter Dokumente. Tübingen: J.C.B. Mohr (Paul Siebeck), 1958. 372 S.

UB: 05-ZZV 183909

H.G. Adler: *Vorschule für eine Experimentaltheologie*. Betrachtungen über Wirklichkeit und Sein. Stuttgart: Franz Steiner Verlag Wiesbaden GmbH, 1987. 381 S.

UB: 21-HLD 2729

Adler, Paul (1878-1946)

Paul Adler: *Elohim. Nämlich*. Nachdruck der Ausgabe Dresden-Hellerau: Hellerauer Verlag, 1914, 1915. Nendeln, Liechtenstein: Kraus Reprint, 1973. 210 S. (=Bibliothek des Expressionismus 20)

UB: 10-CJV 1241

Paul Adler: *Die Zauberflöte*. Roman. Dresden-Hellerau: Hellerauer Verlag, 1916. 175 S.

UB: 04-ZZWX 34769

Abicht, Ludo

Ludo Abicht: *Paul Adler, ein Dichter aus Prag.* Wiesbaden und Frankfurt/Main: Humanitas Verlag, 1972. 317 S. (=Studien zur Germanistik)

Forsch.

Bachmann, Hermann (1856-1920)

Deutsche Arbeit in Böhmen. Kulturbilder von: F. Adler, Ad. Bachmann, R. Batka, J. Bendel, R. Fürst, J. Grunzel, A. Hauffen, E.H. Kisch, A. Klaar, Ph. Knoll, K. Kostka, V. von Kraus, G.C. Laube, J. Neuwirth, G.E. Pazaurek, L. Schlesinger, H. Teweles und W. Toischer. Hrsg. von Hermann Bachmann. Berlin: Concordia Deutsche Verlags-Anstalt, 1900. 466 S.

UB: 10-CKQB 1118

Baum, Oskar (1883-1941)

Die böse Unschuld. Ein jüdischer Kleinstadtroman von Oskar Baum. Frankfurt/Main: Literarische Anstalt Rütten & Loening, 1913. 250 S.

Forsch.

Oskar Baum: *Drei Frauen und ich.* Stuttgart: J. Engelhorns Nachf., 1928. 140 S. (=Lebendige Welt)

UB: 04-ZZWX 34492

Das Leben im Dunkeln von Oskar Baum. Stuttgart, Leipzig, Berlin-Charlottenburg: Axel Juncker Verlag, 1909. 431 S.

Kafka-Bibl.

Ein Schicksal. Erzählungen von Oskar Baum. Heidelberg: Saturn-Verlag Hermann Meister, 1913. 15 S. (=Kleine Saturnbücher, Nr. 10)

Forsch.

Oskar Baum: *Die Schrift, die nicht log.* Roman. Berlin: Axia-Verlag, 1931. 262 S.

Forsch.

Oskar Baum: *Die Tür ins Unmögliche.* Roman. München und Leipzig: Kurt Wolff Verlag, 1919. 263 S.

Forsch.

Oskar Baum: *Das Volk des harten Schlafs.* Roman. Berlin: Jüdischer Buchverlag Erwin Löwe, 1937. 338 S.

Forsch.

Oskar Baum: *Das Wunder.* Drama in 3 Aufzügen. Berlin, München: Drei-Masken-Verlag, 1920. 58 S.

UB: 04-ZZWX 10309

Zwei Deutsche. Roman von Oskar Baum. Anvers: Verlag La Bibliothèque, 1934. 303 S.

Forsch.

Oskar Baum: *Zwei Erzählungen.* Leipzig: Kurt Wolff Verlag, o.J. [1918]. 29 S. (=Bücherei "Der jüngste Tag", Bd. 52)

Kafka-Bibl. u. UB: 05-CQCB 1550

---

zu Baum, Oskar siehe auch:

Margarita Pazi: *Fünf Autoren des Prager Kreises.* Frankfurt/Main, Bern, Las Vegas: Peter Lang, 1978. 315 S. (=Würzburger Hochschulschriften zur neueren Deutschen Literaturgeschichte. Hrsg. von Anneliese Kuchinke-Bach, Bd./Vol. 3)

Forsch. u. UB: 10-CHM 3135 u. 11-CHM 2024

Bergmann, Hugo (1883-1975)

Hugo Bergmann: *Jawne und Jerusalem.* Gesammelte Aufsätze. Nachdr. der 1. Aufl. Berlin: Jüdischer Verlag, 1919. Königstein/Ts.: Jüdischer Verlag im Athenäum Verlag, 1981. 96 S.

UB: 21-MJD 1097

Schmuel Hugo Bergman: *Tagebücher und Briefe.* Hrsg. von Miriam Sambursky. Mit einer Einleitung von Nathan Rotenstreich. Bd. 1: 1901-1948. Bd. 2: 1948-1975. Königstein/Ts.: Jüdischer Verlag bei athenäum, 1985. 753 bzw. 756 S.

UB: 20- u. 21-HIIB 1039

Brehm, Bruno (1892-1974)

Bruno Brehm: *Heimat in Böhmen.* Salzburg: Pilgram Verlag, 1951. 114 S.

UB: 11-CQWB 4964

Heimat Sudetenland. Unvergessene Heimat. Bruno Brehm, Hansgeorg Loebel. Würzburg: Kraft, 1990. 264 S. (=Unvergessene Heimat, 9)

UB: 05-ZZV 211752

Brod, Max (1884-1968)

Max Brod: *Abenteuer in Japan.* Roman. Amsterdam: Allert de Lange, 1938. 232 S.

UB: 10-CQWB 5627

Abschied von der Jugend. Ein romantisches Lustspiel in drei Akten von Max Brod. Berlin-Charlottenburg: Axel Juncker Verlag, o.J. [1912]. 113 S.

Kafka-Bibl.

Max Brod: *Annerl.* Roman. Amsterdam: de Lange, 1937. 337 S.

UB: 04-ZZWX 29667

Arkadia. Ein Jahrbuch für Dichtkunst. Hrsg. von Max Brod. Leipzig: Kurt Wolff Verlag, 1913. 241 S.

Forsch.

Max Brod: *Armer Cicero.* Roman. Berlin-Grunewald: F.A. Herbig Verlagsbuchhandlung 'Walter Kahnert', 1955. 297 S.

UB: 11-CQWB 1762

Max Brod: *Arnold Beer.* Das Schicksal eines Juden. Roman. Berlin-Charlottenburg: Axel Juncker Verlag, o.J. [1912]. 176 S.

Kafka-Bibl. u. Forsch.

Max Brod: *Beinahe ein Vorzugsschüler oder Pièce Touchée.* Roman eines unauffälligen Menschen. Zürich: Manesse Verlag, 1952. 165 S.

UB: 11-CQWB 3984

Max Brod: *Das Buch der Liebe.* Gedichte. 1.-3. Tsd. München: Kurt Wolff Verlag, 1921. 128 S.

Forsch.

The Castle. A play by Max Brod. Based on a novel of Franz Kafka. Tel Aviv: Cameri Theatre, 1955. 18 S.

UB: 04-ZZWX 30553

Max Brod: *Diesseits und Jenseits.* 2 Bde. Erster Band: Von der Krisis der Seelen und vom Weltbild der neuen Naturwissenschaft. Zweiter Band: Von der Unsterblichkeit der Seele, der Gerechtigkeit Gottes und einer neuen Politik. Winterthur: Mondial-Verlag AG., 1947. 355 bzw. 367 S.

Forsch. u. UB: 04-ZZWX 29625

Die dritte Phase des Zionismus. Von Max Brod. Sonderabdruck aus "Die Zukunft" vom 20. Januar 1917. Berlin: Verlag der Zukunft, 1917. 13 S.

UB: 04-ZZWX 35236

Die Einsamen. Von Max Brod. 1.-8. Tsd. Leipzig und Wien: Kurt Wolff Verlag, 1919. 363 S. (=Max Brod: Ausgewählte Romane und Novellen, Bd.1)

Forsch. u. UB: 04-ZZWX 36622

Max Brod: *Erlöserin.* Ein Hetärengespräch. Berlin: Ernst Rowohlt Verlag, 1921. 44 S.

Kafka-Bibl. u. Forsch.

Die erste Stunde nach dem Tode. Eine Gespenstergeschichte von Max Brod. Mit drei Zeichnungen von Ottomar Starke. Leipzig: Kurt Wolff Verlag, 1916. 46 S.

Kafka-Bibl. u. Forsch.

Max Brod: *Die Erziehung zur Hetäre. Ausflüge ins Dunkelrote*. Berlin-Charlottenburg, Stuttgart, Leipzig: Axel Juncker Verlag, o.J. [1909]. 153 S.

Forsch.

Experimente. Von Max Brod. Vier Geschichten. Berlin, Stuttgart, Leipzig: Axel Juncker Verlag, o.J. [1907]. 129 S.

Kafka-Bibl. u. Forsch.

Die Fälscher. Schauspiel in vier Akten von Max Brod. München: Kurt Wolff Verlag, 1920. 111 S.

Kafka-Bibl. u. Forsch.

Franzi oder Eine Liebe zweiten Ranges. Ein Roman von Max Brod. 1.-10. Tsd. München: Kurt Wolff Verlag, 1922. 345 S.

Forsch.

Franz Kafka. A Biography by Max Brod. Fifth printing. New York: Schokken Books, 1973. 252 S. [1. Auflage 1963]

Forsch.

Franz Kafka. Eine Biographie. (Erinnerungen und Dokumente). Von Max Brod. Prag: Verlag Heinr. Mercy Sohn, 1937. 287 S.

UB: 04-ZZWX 32987

Franz Kafka. Eine Biographie. (Erinnerungen und Dokumente) von Max Brod. 2. Aufl. New York: Schocken Books, 1946. 287 S.

Forsch. u. UB: 04-ZZWX 29120(2)

Max Brod: *Franz Kafka*. Eine Biographie. 3., erw. Auflage. Berlin und Frankfurt/Main: S. Fischer Verlag, 1954. 357 S.

Forsch.

Max Brod: *Franz Kafkas Glauben und Lehre*. Kafka und Tolstoi. Eine Studie. Mit einem Anhang "Religiöser Humor bei Franz Kafka" von Felix Weltsch. München: Verlag Kurt Desch, 1948. 195 S.

Forsch.

Max Brod: *Die Frau, nach der man sich sehnt*. Roman. 1.-15. Tsd. Berlin, Wien, Leipzig: Paul Zsolnay Verlag, 1927. 400 S.

Forsch. u. UB: 11-CQWB 4388

Die Frau von Morgen, wie wir sie wünschen. Von Max Brod [u.a.]. Hrsg.: Friedrich M. Huebner. Leipzig: Verlag E.A. Seemann, 1929. 182 S.

UB: 04-ZZV 238827

Galilei in Gefangenschaft. Roman von Max Brod. Winterthur: Mondial-Verlag AG., 1948. 783 S.

Forsch.

Max Brod: *Das gelobte Land*. Ein Buch der Schmerzen und Hoffnungen. Leipzig: Kurt Wolff Verlag, 1917. 85 S.

Kafka-Bibl., Forsch. u. UB: 04-ZZWX 36533

Das große Wagnis. Von Max Brod. 1.-15. Tsd. Leipzig und Wien: Kurt Wolff Verlag, 1918. 329 S. (=Max Brod: Ausgewählte Romane und Novellen, Bd. 6)

Forsch.

Max Brod: *Heidentum, Christentum, Judentum*. Ein Bekenntnisbuch. 2 Bde. München: Kurt Wolff Verlag, 1921. 319 bzw. 359 S.

Kafka-Bibl., Forsch. u. UB: 10- u. 11-CQWB 4469

Max Brod: *Heinrich Heine*. [Neuausgabe] Zum 100. Todestag. Berlin-Grunewald: Herbig, 1956. 238 S. (=Non Stop-Bücherei, [30])

UB: 05-ZZV 155150 (2 Ex.)

Max Brod: *Die Höhe des Gefühls*. Szenen, Verse, Tröstungen. Leipzig: Ernst Rowohlt Verlag, 1913. 118 S.

Forsch. u. UB: 04-ZZWX 36525

Max Brod: *Die Höhe des Gefühls*. Ein Akt. Leipzig: Kurt Wolff Verlag, o.J. [1918]. 42 S. (=Bücherei "Der jüngste Tag", Bd. 57)

Forsch.

Max Brod: *Johannes Reuchlin und sein Kampf*. Eine historische Monographie. Stuttgart, Berlin, Köln, Mainz: W. Kohlhammer Verlag, 1965. 359 S.

UB: 11-CQWB 5106

Max Brod: *Jüdinnen*. 3.-12. Tsd. Leipzig: Kurt Wolff Verlag, o.J. [1915]. 339 S. [1. Aufl. 1911]

Forsch.

Eine Königin Esther. Drama in einem Vorspiel und drei Akten von Max Brod. Leipzig: Kurt Wolff Verlag, 1918. 139 S.

Kafka-Bibl. u. Forsch.

Max Brod: *Leben mit einer Göttin*. Roman. 6.-10. Tsd. München: Kurt Wolff Verlag, 1924. 225 S. [1. Aufl. 1923]

Forsch.

Liebe im Film. Von Max Brod und R. Thomas. Gießen: Kindt & Bucher Verlag, 1930. 31 S.

UB: 04-ZZWX 30545

Max Brod / Franz Kafka. Eine Freundschaft. Reiseaufzeichnungen. Hrsg. von Malcolm Pasley unter Mitarbeit von Hannelore Rodlauer. Frankfurt/Main: S. Fischer Verlag, 1987. 323 S.

Forsch. u. UB: 11-CPUM 1203

Max Brod: *Der Meister*. Roman. Gütersloh: C. Bertelsmann Verlag, 1952. 488 S.

Forsch.

Max Brod: *Der Meister*. Roman. Frankfurt/Main: Insel Verlag, 1981. 438 S. [Erstmals erschienen, gekürzt, 1952 im C. Bertelsmann Verlag, Gütersloh; als ungekürzte Ausgabe: Berlin, Witten: Eckart-Verlag, 1960]

Forsch.

Max Brod: *Mira*. Ein Roman um Hofmannsthal. München: Kindler Verlag, 1958. 299 S.

UB: 11-CQWB 1754

Max Brod: *Notwehr*. Frühe Erzählungen. Hrsg. und mit einem Nachwort von Mathias Heydenbluth. Mit 12 Illustrationen von Stefan Th. Wagner. Berlin: Rütten & Loening, 1990. 193 S.

UB: 11-CQWB 5693

Max Brod: *Novellen aus Böhmen*. Amsterdam: Allert de Lange, 1936. 249 S.

Forsch.

Max Brod: *Der Prager Kreis*. Stuttgart, Berlin, Köln, Mainz: W. Kohlhammer Verlag, 1966. 214 S.

Forsch. u. UB: 10- u. 11- CKQP 1011

Max Brod: *Prager Sternenhimmel*. Musik- und Theatererlebnisse der Zwanziger Jahre. [Erweiterte Neuausgabe]. Wien, Hamburg: Paul Zsolnay Verlag, 1966. 256 S. [1. Aufl. 1923 unter dem Titel "Sternenhimmel"]

Forsch. u. UB: 11-CQWB 1835

Max Brod: *Rebellische Herzen*. Roman. Berlin-Grunewald: F.A. Herbig Verlagsbuchhandlung 'Walter Kahnert', 1957. 367 S.

UB: 11-CQWB 1827

Max Brod: *Rëubeni*. Ein Renaissanceroman. Zürich: Paul Zsolnay Verlag, 1930. 567 S. (=Paul Zsolnays Bibliothek zeitgenössischer Werke)

Forsch.

Max Brod: *Rëubeni*. Fürst der Juden. Ein Renaissance-Roman. Frankfurt/Main: S. Fischer, 1979. 430 S.

Forsch.

Max Brod: *Das Schloß*. Nach Franz Kafkas gleichnamigem Roman. Frankfurt/Main: S. Fischer Verlag, 1964. 79 S.

Forsch.

Max Brod: *Schloß Nornepygge*. Der Roman des Indifferenten. Leipzig, Wien: Kurt Wolff Verlag, 1918. 504 S. (=Max Brod: Ausgewählte Romane und Novellen, Bd. 2)

UB: 10-CQWB 5546

Max Brod: *Der Sommer, den man zurückwünscht / Beinahe ein Vorzugsschüler*. München, Berlin: F.A. Herbig Verlagsbuchhandlung, 1973. 375 S.

Forsch. u. UB: 11-CQWB 1152

Max Brod: *Sozialismus im Zionismus*. Wien und Berlin: R. Löwit Verlag, 1920. 109 S.

Kafka-Bibl.

Max Brod: *Stefan Rott oder Das Jahr der Entscheidung*. Roman. 1.-20. Tsd. Berlin, Wien, Leipzig: Paul Zsolnay Verlag, 1931. 592 S.

Forsch.

Max Brod: *Stefan Rott oder Das Jahr der Entscheidung*. Roman. Nach der Ausgabe von 1931 durchgesehene Neuauflage. Frankfurt/Main: S. Fischer Verlag, 1973. 451 S.

Forsch.

Max Brod: *Sternenhimmel*. Musik- und Theatererlebnisse. 1.-3. Tsd. Prag: Orbis-Verlag; München: Kurt Wolff Verlag, 1923. 263 S.

Forsch.

Max Brod: *Streitbares Leben*. Autobiographie. München: Kindler Verlag, 1960. 543 S.

UB: 10- u. 11-CQWB 1738

Max Brod: *Streitbares Leben 1884-1968*. Vom Autor überarbeitete und erweiterte Neuausgabe. München, Berlin, Wien: F.A. Herbig Verlagsbuchhandlung, 1969. 367 S.

UB: 11-CQWB 4980

Max Brod: *Tagebuch in Versen*. Berlin-Charlottenburg: Axel Juncker Verlag, o.J. [1910]. 93 S.

Kafka-Bibl. u. Forsch.

Max Brod: *Tod den Toten!* Stuttgart: Axel Juncker, 1906. 196 S.

UB: 04-ZZWX 22631

Ein tschechisches Dienstmädchen von Max Brod. Kleiner Roman. Berlin, Stuttgart, Leipzig: Axel Juncker Verlag, o.J. [1909]. 124 S.

Forsch.

Tycho Brahes Weg zu Gott. Ein Roman von Max Brod. 16.-25. Tsd. Leipzig: Kurt Wolff Verlag, 1917. 426 S.

Forsch.

Max Brod: *Tycho Brahes Weg zu Gott*. Roman. Mit einem Nachwort von Stefan Zweig. 108.-117. Tsd., Berlin-Grunewald: F.A. Herbig Verlagsbuchhandlung 'Walter Kahnert', 1955. 269 S.

UB: 11-CQWB 1681

Max Brod: *Über die Schönheit häßlicher Bilder*. Ein Vademecum für Romantiker unserer Zeit. Leipzig: Kurt Wolff Verlag, 1913. 216 S.

Kafka-Bibl. u. UB: 04-ZZWX 36517

Max Brod: *Über die Schönheit häßlicher Bilder*. Ein Vademecum für Romantiker unserer Zeit. Wien, Hamburg: Paul Zsolnay Verlag, 1967. 256 S.

Forsch. u. UB: 11-CQWB 3162

Max Brod: *Über Franz Kafka*. Franz Kafka. Eine Biographie. Franz Kafkas Glauben und Lehre. Verzweiflung und Erlösung im Werk Franz Kafkas. Frankfurt/Main [u.a.]: S. Fischer, 1966. 407 S. (=Fischer Bücherei, Nr. 735)

Forsch. u. UB: 05-CPUM 1041

Max Brod: *Über Franz Kafka*. Franz Kafka. Eine Biographie. Franz Kafkas Glauben und Lehre. Verzweiflung und Erlösung im Werk Franz Kafkas. 36.-40. Tsd. Frankfurt/Main: Fischer Taschenbuch-Verlag, 1984. 407 S. (=Fischer Taschenbuch, Nr. 1496)

UB: 10- u. 11-CPUM 1156

Max Brod: *Unambo*. Roman aus dem jüdisch-arabischen Krieg. Zürich: Steinberg-Verlag, 1949. 302 S.

Forsch.

Max Brod: *Das Unzerstörbare*. Stuttgart, Berlin, Köln, Mainz: W. Kohlhammer Verlag, 1968. 240 S.

Forsch. u. UB: 11-CQWB 4265

Max Brod: *Verzweiflung und Erlösung im Werk Franz Kafkas*. Frankfurt/Main: S. Fischer Verlag, 1959. 88 S.

Forsch. u. UB: 11-CPUS 1033

Max Brod: *Von der Unsterblichkeit der Seele*. Stuttgart, Berlin, Köln, Mainz: W. Kohlhammer Verlag, 1969. 262 S.

UB: 21-HMB 1052

Der Weg des Verliebten. Gedichte von Max Brod. Berlin, Stuttgart, Leipzig: Axel Juncker Verlag, o.J. [1907]. 87 S. [Umschlag 1908]

Forsch.

Max Brod: *Weiberwirtschaft*. 3.-7. Tsd. Leipzig: Kurt Wolff Verlag, 1917. 367 S.

Forsch.

Max Brod: *Zauberreich der Liebe*. Roman. 1.-20. Tsd. Berlin, Wien, Leipzig: Paul Zsolnay Verlag, 1928. 441 S.

Forsch.

Gronemeyer, Horst u. Kayser, Werner

Max Brod. [Bibliographie] von Horst Gronemeyer und Werner Kayser unter Mitarbeit von Lando Formanek. Eingeleitet von Willy Haas und Jörg Mager. [Mit unveröffentlichten Briefen Max Brods an Hugo und Olga Salus und an Richard Dehmel]. Hamburg: Hans Christians Verlag, 1972. 193 S. (=Hamburger Bibliographien, Bd. 12. Hrsg. von d. Freien Akademie der Künste in Hamburg in Zusammenarbeit mit der Staats- und Universitätsbibliothek Hamburg. Begründet von Rolf Italiaander.)

Forsch. u. UB: 00-CQWB 1178

Dorn, Anton Magnus

Leiden als Gottesproblem im Werk von Max Brod. Von Anton Magnus Dorn. Diss. München, 1979. 342 S.

UB: 05-ZZX 10857

Gold, Hugo (Hrsg.)

Max Brod. Ein Gedenkbuch. 1884-1968. Hrsg. von Hugo Gold. Tel-Aviv: Olamenu, 1969. 320 S.

UB: 11-CQWB 2271

Österreichische Franz Kafka-Gesellschaft (Hrsg.)

Max Brod. Talent nach vielen Seiten. Ausstellungskatalog. Hrsg. von der Österreichischen Franz Kafka-Gesellschaft, Wien-Klosterneuburg. Gestaltet von Renate Lerperger, Klosterneuburg, in Zusammenarbeit mit Ilse Ester Hoffe, Tel Aviv, und Jürgen Born, Bergische Universität Wuppertal – Forschungsstelle für Prager deutsche Literatur, o.J. [1988]. 30 S.

UB: 11-CQWB 5562

Pazi, Margarita (Hrsg.)

Max Brod. 1884-1984. Untersuchungen zu Max Brods literarischen und philosophischen Schriften. Hrsg. von Margarita Pazi. New York, Berne, Frankfurt/Main, Paris: Peter Lang, 1987. 268 S. (=New Yorker Studien zur Neueren Deutschen Literaturgeschichte, Bd. 8)

UB: 11-CQWB 5554

Pazi, Margarita

Max Brod. Werk und Persönlichkeit. Von Margarita Pazi. Bonn: H. Bouvier u. Co. Verlag, 1970. 177 S. (=Abhandlungen zur Kunst-, Musik- und Literaturwissenschaft, Bd. 95)

Forsch.

Taussig, Ernst F. (Hrsg.)

Ein Kampf um Wahrheit. Max Brod zum 65. Geburtstag. Hrsg. von Ernst F. Taussig. Tel-Aviv: "ABC" Verlag, o.J. [1949]. 49 S.

Forsch.

Weltsch, Felix (Hrsg.)

Dichter – Denker – Helfer. Max Brod zum 50. Geburtstag. Hrsg. von Felix Weltsch. Mährisch-Ostrau: Verlag von Julius Kittls Nachfolger, Keller & Co., o.J. [1934]. 111 S.

Forsch.

Wessling, Berndt W[ilhelm]

Berndt W[ilhelm] Wessling: *Max Brod.* Ein Portrait. Stuttgart, Berlin, Köln, Mainz: W. Kohlhammer GmbH, 1969. 138 S.

Forsch. u. UB: 11-CQWB 1665

Cysarz, Herbert (1896-1985)

Herbert Cysarz: *Deutsche Front im Südosten.* Fünf Sudetendeutsche Reden. Karlsbad: Adam-Kraft-Verlag, 1938. 105 S.

UB: 04-ZZWX 30325

Herbert Cysarz: *Deutsches Geistesleben der Gegenwart.* Sumpf und Festland. München: Bogen Verlag, 1965. 248 S.

UB: 11-BTMC 1057

Herbert Cysarz: *Dichtung im Daseinskampf.* 5 Vorträge. Karlsbad-Drahowitz: Adam-Kraft-Verlag, 1935. 79 S.

UB: 04-ZZWX 30333

Herbert Cysarz: *Prag.* Prag im deutschen Geistesleben. Zehn Jahre Prag. Wien: Karolinger, 1989. 112 S. (=Der Osten)

UB: 11-CKQP 1150

Herbert Cysarz: *Prag im deutschen Geistesleben.* Blicke durch ein Jahrtausend. Mannheim-Sandhofen: Kessler Verlag, 1961. 91 S. (=Schriftenreihe der Künstlergilde, Bd. 1)

Forsch. u. UB: 11-CKQP 1053

Herbert Cysarz: *Vielfelderwirtschaft.* Ein Werk- und Lebensbericht. Mit vollständiger Bibliographie von Rudolf Jahn und einem Geleitwort des Freundeskreises. Bodman, Bodensee: Hohenstaufen Verlag, 1976. 220 S.

Forsch. u. UB: 11-BTMC 1023

Herbert Cysarz: *Welträtsel im Wort.* Studien zur europäischen Dichtung und Philosophie. Vaduz: Liechtenstein Verlag, 1948. 322 S.

UB: 11-BTMC 1015

Jahn, Rudolf (Hrsg.)

Grenzfall der Wissenschaft: Herbert Cysarz. Hrsg. von Rudolf Jahn. Frankfurt/Main: Der Heimreiter Verlag, 1957. 128 S.

UB: 11-BTLC 1003

Demetz, Peter (*1922)

Alt-Prager Geschichten. Gesammelt von Peter Demetz. Mit Illustrationen von Hugo Steiner-Prag. Frankfurt/Main: Insel Verlag, 1982. 284 S. (=Insel-Taschenbuch 613)

UB: 10- u. 11-CJWE 1562

Peter Demetz: *René Rilkes Prager Jahre.* 1.-3. Tsd. Düsseldorf: Eugen Diederichs Verlag, 1953. 210 S.

Forsch. u. UB: 11-CPWM 1049

Dietzenschmidt, Anton [d.i. Anton Franz Schmidt] (1893-1955)

Dietzenschmidt. Eine Selbstbiographie aus dem Nachlaß des Dichters mit einer Einführung und Proben aus seinen Dichtungen. Hrsg. vom Königsteiner Institut für Kultur und Geschichte Ostmitteleuropas, Sudetendeutsche Abteilung. Limburg/Lahn: Pallottiner, 1959. 71 S.

Forsch.

Dietzenschmidt: *Verfolgung.* Ein Albdruck in sieben Stationen. Berlin und Leipzig: Deutsche Verlags-Anstalt Stuttgart, 1924. 66 S.

UB: 04-ZZV 204917

Ebner-Eschenbach, Marie von (1830-1916)

Marie von Ebner-Eschenbach: *Aphorismen. Aus einem zeitlosen Tagebuch. Altweibersommer. Parabeln und Märchen.* Mit einem Lebensbild der Dichterin von Felix Braun. München: Nymphenburger Verlagshandlung, 1961. 239 S. (=Marie von Ebner-Eschenbach: Gesammelte Werke. Hrsg. von Edgar Groß, Bd. 9)

UB: 11-CPME 1023-9

Ebner-Eschenbach, Marie von

Marie von Ebner-Eschenbach: *Aphorismen, Erzählungen, Theater*. Hrsg. von Roman Roček. [Mit einem Vorwort von Chris Hirte. Mit einem Nachwort und einer Zeittafel des Herausgebers]. Graz, Wien: Böhlau Verlag, 1988. 623 S. (=Österreichische Bibliothek, Bd. 7)

UB: 10- u. 11-CPME 1120

Marie von Ebner-Eschenbach: *Ausgewählte Erzählungen*. 2 Bde. Hrsg. von Paul Friedländer. Berlin: Rütten & Loening, 1968. 536 bzw. 553 S.

UB: 05-ZZV 227240-2

Marie von Ebner-Eschenbach: *Autobiographische Schriften. I: Meine Kinderjahre. Aus meinen Kinder- und Lehrjahren*. Kritisch hrsg. und gedeutet von Christa-Maria Schmidt. Tübingen: Max Niemeyer Verlag, 1989. 317 S. (=Kritische Texte und Deutungen. Hrsg. von Konrad Polheim. Vierter Band: Autobiographische Schriften I)

UB: 11-CPME 1081-4

Marie von Ebner-Eschenbach: *Božena*. Roman. München: Nymphenburger Verlagshandlung, 1961. 288 S. (=Marie von Ebner-Eschenbach: Gesammelte Werke. Hrsg. von Edgar Groß, Bd. 4)

UB: 11-CPME 1023-4

Marie von Ebner-Eschenbach: *Božena*. Kritisch hrsg. und gedeutet von Kurt Binneberg. Bonn: Bouvier Verlag Herbert Grundmann, 1980. 329 S. (=Kritische Texte und Deutungen. Hrsg. von Karl Konrad Polheim, Bd. 2)

UB: 11-CPME 1081

Dorf- und Schloßgeschichten von Marie von Ebner-Eschenbach. 16. Aufl. Berlin: Verlag von Gebrüder Paetel (Dr. Georg Paetel), 1922. 152 S.

Forsch.

Erzählungen von Marie Freiin von Ebner-Eschenbach. Stuttgart: Verlag der J.G. Cotta'schen Buchhandlung, 1875. 345 S.

UB: 04-ZZV 218445

Marie von Ebner-Eschenbach: *Erzählungen I*. Mit einem Nachwort von Josef Hofmiller. München: Nymphenburger Verlagshandlung, 1961. 297 S. (=Marie von Ebner-Eschenbach: Gesammelte Werke. Hrsg. von Edgar Groß, Bd. 1)

UB: 11-CPME 1023-1

Marie von Ebner-Eschenbach: *Erzählungen II*. München: Nymphenburger Verlagshandlung, 1961. 271 S. (=Marie von Ebner-Eschenbach: Gesammelte Werke. Hrsg. von Edgar Groß, Bd. 2)

UB: 11-CPME 1023-2

Marie von Ebner-Eschenbach: *Erzählungen III*. München: Nymphenburger Verlagshandlung, 1961. 321 S. (=Marie von Ebner-Eschenbach: Gesammelte Werke. Hrsg. von Edgar Groß, Bd. 3)

UB: 11-CPME 1023-3

Marie von Ebner-Eschenbach: *Erzählungen. Autobiographische Schriften.* Nach dem Text der ersten Gesamtausgabe, Berlin 1893. Hrsg. und mit einem Nachwort versehen von Johannes Klein. München: Winkler-Verlag, 1958. 930 S.

UB: 11-CPME 1015-3

Marie von Ebner-Eschenbach: *Erzählungen. Božena. Neue Erzählungen. Aphorismen. Die Prinzessin von Banalien. Am Ende.* Berlin-Grunewald: Verlegt bei Gebr. Paetel und Verlagsanstalt Herm. Klemm A.G., o.J. [1920]. 688 S. (=Sämtliche Werke. Erster Band)

UB: 11-CQCE 1555-1

Marie von Ebner-Eschenbach: *Das Gemeindekind*. Mit einem Nachwort, Anmerkung und biographischer Notiz ungekürzt und unter Zugrundelegung der Erstausgabe und der von der Dichterin revidierten Ausgabe hrsg. von Edgar Groß. München: Nymphenburger Verlagshandlung, o.J. [1956]. 279 S.

UB: 11-CQCE 1547

Marie von Ebner-Eschenbach: *Das Gemeindekind*. Roman. München: Nymphenburger Verlagshandlung, 1961. 279 S. (=Marie von Ebner-Eschenbach: Gesammelte Werke. Hrsg. von Edgar Groß, Bd. 6)

UB: 11-CPME 1023-6

Marie von Ebner-Eschenbach: *Das Gemeindekind. Novellen. Aphorismen.* Nach dem Text der ersten Gesamtausgabe, Berlin 1893. Hrsg. und mit einem Nachwort versehen von Johannes Klein. München: Winkler-Verlag, 1956. 992 S.

UB: 11-CPME 1015-1

Marie von Ebner-Eschenbach: *Kleine Romane*. Nach dem Text der ersten Gesamtausgabe, Berlin 1893. Hrsg. und mit einem Nachwort versehen von Johannes Klein. München: Winkler-Verlag, 1957. 959 S.

UB: 11-CPME 1015-2

Marie von Ebner-Eschenbach: *Lotti, die Uhrmacherin. Miterlebtes. Margarete. Drei Novellen. Rittmeister Brand. Prinzessin Leiladin. Hirzepinzchen. Parabeln und Märchen.* Berlin-Grunewald: Verlegt bei Gebr. Paetel und Verlagsanstalt Herm. Klemm A.G., o.J. [1920]. 710 S. (=Sämtliche Werke. Dritter Band)

UB: 11-CQCE 1555-3

Marie von Ebner-Eschenbach: *Lotti, die Uhrmacherin.* Roman. *Glaubenslos?* Roman. München: Nymphenburger Verlagshandlung, 1961. 336 S. (=Marie von Ebner-Eschenbach: Gesammelte Werke. Hrsg. von Edgar Groß, Bd. 5)

UB: 11-CPME 1023-5

Marie von Ebner-Eschenbach: *Meine Kinderjahre.* Biographische Skizzen. *Meine Erinnerungen an Grillparzer.* München: Nymphenburger Verlagshandlung, 1961. 293 S. (=Marie von Ebner-Eschenbach: Gesammelte Werke. Hrsg. von Edgar Groß, Bd. 8)

UB: 11-CPME 1023-8

Marie von Ebner-Eschenbach: *Meistererzählungen.* Mit einem Anhang: *Aphorismen und Erinnerungen.* Hrsg. von Albert Bettex. Zürich: Manesse-Verlag, o.J. [1953]. 490 S. (=Manesse Bibliothek der Weltliteratur)

UB: 11-CQCE 1652

Neue Erzählungen von Marie von Ebner-Eschenbach. Berlin: Verlag von Franz Ebhardt, 1881. 414 S.

UB: 04-ZZV 218461

Marie von Ebner-Eschenbach: *Stille Welt. Aus Spätherbsttagen. Genrebilder. Die arme Kleine.* Berlin-Grunewald: Verlegt bei Gebr. Paetel und Verlagsanstalt Herm. Klemm A.G., o.J. [1920]. 746 S. (=Sämtliche Werke. Fünfter Band)

UB: 11-CQCE 1555-5

Marie von Ebner-Eschenbach: *Tagebücher I.* 6 Bde. Kritisch hrsg. und kommentiert von Karl Konrad Polheim unter Mitwirkung von Rainer Baasner. Bd. 1: 1862-1869. Tübingen: Max Niemeyer Verlag, 1989. 354 S.

UB: 10- u. 11-CPME 1073-1

Marie von Ebner-Eschenbach: *Die unbesiegbare Macht. Bertram Vogelweid. Agave. Altweibersommer. Meine Kinderjahre.* Berlin-Grunewald: Verlegt bei Gebr. Paetel und Verlagsanstalt Herm. Klemm A.G., o.J. [1920]. 723 S. (=Sämtliche Werke. Sechster Band)

UB: 11-CQCE 1555-6

Marie von Ebner-Eschenbach: *Unsühnbar*. Roman. München: Nymphenburger Verlagshandlung, 1961. 271 S. (=Marie von Ebner-Eschenbach: Gesammelte Werke. Hrsg. von Edgar Groß, Bd. 7)

UB: 11-CPME 1023-7

Marie von Ebner-Eschenbach: *Unsühnbar*. Kritisch hrsg. und gedeutet von Burkhard Bittrich. Bonn: Bouvier Verlag Herbert Grundmann, 1978. 361 S. (=Kritische Texte und Deutungen. Hrsg. von Karl Konrad Polheim, Bd. 1)

UB: 11-CPME 1081-1

Marie von Ebner-Eschenbach: *Unsühnbar. Glaubenslos? Das Schädliche. Die Totenwacht. Alte Schule. Gedichte. Meine Erinnerungen an Grillparzer. Aus einem zeitlosen Tagebuch*. Berlin-Grunewald: Verlegt bei Gebr. Paetel und Verlagsanstalt Herm. Klemm A.G., o.J. [1920]. 680 S. (=Sämtliche Werke. Vierter Band)

UB: 11-CQCE 1555-4

Die Unverstandene auf dem Dorfe. Erzählung von Marie von Ebner-Eschenbach. Sechstes und siebentes Tausend. Berlin: Verlag von Gebrüder Paetel (Dr. Georg Paetel), 1922. 95 S.

UB: 04-ZZV 237253

Der Vorzugsschüler. Erzählung. Von Marie von Ebner-Eschenbach. Basel: Verein für Verbreitung guter Schriften, 1972. 44 S. (=Verein für Verbreitung guter Schriften, Basel; 133) [Teilausgabe von Marie von Ebner-Eschenbach: Aus Spätherbsttagen]

UB: 05-CQCE 1539

Bramkamp, Agatha C.

Marie von Ebner-Eschenbach. The Author, Her Time, and Her Critics. By Agatha C. Bramkamp. Bonn: Bouvier Verlag, 1990. 134 S. (=Abhandlungen zur Kunst-, Musik- und Literaturwissenschaft, Bd. 387)

UB: 11-CQCE 1717

Fussenegger, Gertrud [d.i. Gertrud Dietz]

Marie von Ebner-Eschenbach oder Der gute Mensch von Zdißlawitz. Ein Vortrag von Gertrud Fussenegger. München: Delp'sche Verlagsbuchhandlung KG, 1967. 40 S. (=Schriftenreihe der Künstlergilde. Hrsg. von Ernst Schremmer und Hanns Gottschalk, Bd. 9)

UB: 11-CSCF 1970

Snapper, Gerda Hummel

Entfremdung und Isolation in den Prosawerken von Marie von Ebner-Eschenbach. By Gerda Hummel Snapper. Diss. Univ. Berkeley, Calif., 1979. Ann Arbor, Mich. [u.a.]: Univ. Microfilms International, 1980. 149 S.

UB: 06-ZZXX 7715

Ehrenfels, Christian von (1859-1932)

Christian von Ehrenfels: *Ästhetik.* Philosophische Schriften, Bd. 2. Hrsg. von Reinhard Fabian. Mit einer Einleitung von Rudolf Haller. München, Wien: Philosophia Verlag, 1986. 502 S. (=Philosophia Resources Library)

UB: 21-HIIE 1026-2

Christian von Ehrenfels: *Kosmogonie.* Jena: Eugen Diederichs, 1916. 208 S.

UB: 21-JEWF 1003

Christian von Ehrenfels: *Metaphysik.* Philosophische Schriften, Bd. 4. Hrsg. von Reinhard Fabian. Mit einer Einleitung von Roderick M. Chisholm. München, Hamden, Wien: Philosophia Verlag, 1990. 476 S. (=Philosophia Resources Library)

UB: 21-HIIE 1026-4

Christian von Ehrenfels: *Psychologie, Ethik, Erkenntnistheorie.* Philosophische Schriften, Bd. 3. Hrsg. von Reinhard Fabian. Mit einer Einleitung von Peter M. Simons. München, Wien: Philosophia Verlag, 1988. 521 S. (=Philosophia Resources Library)

UB: 21-HIIE 1026-3

Christian von Ehrenfels: *Werttheorie.* Philosophische Schriften, Bd. 1. Hrsg. von Reinhard Fabian. Mit einer Einleitung von Wolfgang Grassl. München, Wien: Philosophia Verlag, 1982. 615 S. (=Philosophia Resources Library)

UB: 21-HIIE 1026-1

Smith, Barry (Hrsg.)

Foundations of Gestalt Theory. With contributions by Christian von Ehrenfels [a.o.]. Edited by Barry Smith. München, Wien: Philosophia Verlag, 1988. 492 S. (=Philosophia Resources Library)

UB: 21-JEWI 1008

Weinhandl, Ferdinand (Hrsg.)

Gestalthaftes Sehen. Ergebnisse und Aufgaben der Morphologie. Zum hundertjährigen Geburtstag von Christian von Ehrenfels. Hrsg. von Ferdinand Weinhandl. 2., unveränd. Aufl. Darmstadt: Wissenschaftliche Buchgesellschaft, 1967. [Reprograph. Nachdruck der Ausg. Darmstadt 1960]. 439 S.

UB: 21-HIHE 1022(2)

Gestalthaftes Sehen. Ergebnisse und Aufgaben der Morphologie. Zum hundertjährigen Geburtstag von Christian von Ehrenfels. Hrsg. von Ferdinand Weinhandl. 3., unveränd. Aufl. Darmstadt: Wissenschaftliche Buchgesellschaft, 1974. 439 S.

UB: 20-HIHE 1022(3)

Eisner, Pavel / Paul (1889-1958)

Paul Eisner: *Gesammelte Werke.* Acht Feuilletons 1927-29. Als Handschrift gedruckt. Prag: Buchdruckerei "Orbis", 1931. 29 S.

Forsch. u. UB: 04-ZZWX 10804

Pavel Eisner: *Milenky.* Německý básník a česká žena. [Die Geliebten. Deutsche Dichter und die tschechische Frau]. Praha: Helios, 1930. 125 S.

Forsch.

Die Tschechen. Eine Anthologie aus fünf Jahrhunderten. Hrsg. von Paul Eisner. München: R. Piper & Co. Verlag, 1928. 442 S.

Forsch.

Fischer, Grete (1893-1977)

Grete Fischer: *Dienstboten, Brecht und andere.* Zeitgenossen in Prag, Berlin, London. Olten und Freiburg im Breisgau: Walter-Verlag, 1966. 397 S.

UB: 11-CQWF 2140

Grete Fischer: *Die Schuld der Gerechten.* Gedichte. Darmstadt: J.G. Bläschke Verlag, 1974. 102 S.

Forsch.

Grete Fischer: *Vermächtnisse.* Späte Gedichte. Darlington: J.W. Brown and Son, o.J. [1977]. 16 S.

Forsch.

Fuchs, Rudolf (1890-1942)

Ein Erntekranz. Aus hundert Jahren tschechischer Dichtung. Übersetzt und hrsg. von Rudolf Fuchs. München: Kurt Wolff Verlag, 1926. 115 S.

Forsch.

Karawane. Gedichte von Rudolf Fuchs. Leipzig: Kurt Wolff Verlag, o.J. [1919]. 127 S.

Kafka-Bibl.

Rudolf Fuchs: *Die Prager Aposteluhr*. Gedichte, Prosa, Briefe. Ausgewählt, kommentiert und mit einem Nachwort versehen von Ilse Seehase. Halle, Leipzig: Mitteldeutscher Verlag, 1985. 478 S.

UB: 10-CQWF 2213

Fürnberg, Louis (1909-1957)

Louis Fürnberg: *Die Begegnung in Weimar*. 4. Auflage. Berlin und Weimar: Aufbau-Verlag, 1982. 119 S.

UB: 11-CSCF 2308

Der Briefwechsel zwischen Louis Fürnberg und Arnold Zweig: Dokumente einer Freundschaft. Berlin und Weimar: Aufbau-Verlag, 1978. 396 S.

UB: 11-CQUC 1002

Louis Fürnberg: *Der Bruder Namenlos*. Ein Leben in Versen. 5. Aufl. Berlin: Dietz Verlag, 1959. 120 S.

UB: 04-ZZV 227193(5)

Louis Fürnberg: *Das Fest des Lebens*. Zürich, New York: Verlag Oprecht, 1939. 91 S.

UB: 04-ZZWX 26368

Louis Fürnberg: *Das Fest des Lebens*. Mit Holzschnitten von Frans Masereel. 1. Aufl. Berlin: Rütten & Loening, 1963. 96 S.

UB: 04-ZZWX 35147

Fürnberg. Ein Lesebuch für unsere Zeit. Von Hans Böhm unter Mitwirkung des Louis-Fürnberg-Archivs. Berlin und Weimar: Aufbau-Verlag, 1974. 452 S. (=Lesebücher für unsere Zeit. Begründet von Walther Victor)

Forsch.

Louis Fürnberg: *Gedichte 1927-1946*. 3. Aufl. Berlin und Weimar: Aufbau-Verlag, 1977. 568 S. (=Gesammelte Werke in sechs Bänden, Bd. 1)

UB: 11-CSCF 1271-1

Louis Fürnberg: *Gedichte 1946-1957*. Berlin und Weimar: Aufbau-Verlag, 1965. 626 S. (=Gesammelte Werke in sechs Bänden, Bd. 2)

UB: 11-CSCF 1271-2

Louis Fürnberg: *Hölle, Haß und Liebe.* Gedichte. Berlin: Dietz Verlag, 1949. 97 S.

UB: 10-CSCF 1938

Louis Fürnberg: *Prosa I.* 2. Aufl. Berlin und Weimar: Aufbau-Verlag, 1976. 487 S. (=Gesammelte Werke in sechs Bänden, Bd. 3)

UB: 11-CSCF 1271(2)-3

Louis Fürnberg: *Prosa II. Stücke.* Berlin und Weimar: Aufbau-Verlag, 1968. 532 S. (=Gesammelte Werke in sechs Bänden, Bd. 4)

UB: 11-CSCF 1271-4

Louis Fürnberg: *Reden. Aufsätze.* Literatur und Kunst. 2. Aufl. Berlin und Weimar: Aufbau-Verlag, 1977. 514 S. (=Gesammelte Werke in sechs Bänden, Bd. 5)

UB: 11-CSCF 1271-5

Louis Fürnberg: *Reden. Aufsätze.* Politik und Kulturpolitik. Berlin und Weimar: Aufbau-Verlag, 1973. 591 S. (=Gesammelte Werke in sechs Bänden, Bd. 6)

UB: 11- CSCF 1271-6

———

Poschmann, Henri

Louis Fürnberg. Leben und Werk. Von Henri Poschmann. Westberlin: deb, verlag das europäische buch, 1982. 183 S.

UB: 11-CQWF 1974

Richter, Hans

Hans Richter: *Das lyrische Werk Louis Fürnbergs.* Berlin: Rütten & Loening, 1966. 397 S. (=Germanistische Studien. Hrsg. von Prof. Dr. Hans Kaufmann, Prof. Dr. Gerhard Scholz u. Prof. Dr. Hans-Günther Thalheim)

Forsch. u. UB: 11-CQWF 1712

Wolf, Gerhard

Gerhard Wolf: *Der Dichter Louis Fürnberg. Leben und Wirken.* Ein Versuch. Mit 8 Bildbeilagen. 1. bis 4. Tsd. Berlin: Dietz Verlag, 1961. 184 S.

UB: 11-CQWF 1940

Fussenegger, Gertrud [d.i. Gertrud Dietz] (*1912)

Bibelgeschichten. Erzählt von Gertrud Fussenegger. Mit vielen Bildern von Janusz Grabianski. Wien, Heidelberg: Ueberreuter, 1972. 384 S.

UB: 10- u. 11-IJSF 1050

Gertrud Fussenegger: *Der Brautraub.* Erzählungen. 15.-19. Tsd. Potsdam: Rütten & Loening Verlag, 1941. 202 S.

UB: 04-ZZV 204161

Gertrud Fussenegger: *Echolot.* Essays, Vorträge, Notizen. Hrsg. vom Adalbert-Stifter-Institut des Landes Oberösterreich. Linz: OLV-Buchverlag, 1982. 180 S. (=Schriften zur oberösterreichischen Literatur, Folge 2)

UB: 11-CSCF 2269

Gertrud Fussenegger: *Fenster / Johann Kräftner.* 1. Aufl. Sankt Pölten: Verlag niederösterreichisches Pressehaus, 1979. 94 S. (=Elemente der Architektur, Bd. 2)

UB: 35-WWY 1599

Gertrud Fussenegger: *In deine Hand gegeben.* Roman. 1. Aufl. Düsseldorf: Eugen Diederichs Verlag, 1954. 267 S.

UB: 05-CSCF 1645

Marie von Ebner-Eschenbach oder Der gute Mensch von Zdißlawitz. Ein Vortrag. München: Delp'sche Verlagsbuchhandlung, 1967. 40 S. (=Schriftenreihe der Künstlergilde. Hrsg. von Ernst Schremmer und Hanns Gottschalk, Bd. 9)

UB: 11-CSCF 1970

Gertrud Fussenegger: *Die Pulvermühle.* Roman. Stuttgart: Deutsche Verlags-Anstalt, 1968. 340 S.

UB: 11-CSCF 1653

Gertrud Fussenegger: *Ein Spiegelbild mit Feuersäule.* Lebensbericht. Stuttgart: Deutsche Verlags-Anstalt, 1979. 444 S.

UB: 11-CSCF 1920

Gertrud Fussenegger: *Das verschüttete Antlitz.* Roman. München: Deutscher Taschenbuch Verlag, 1962. 216 S. (=dtv 73)

UB: 11-CSCF 1988

Gertrud Fussenegger: *Zeit des Raben. Zeit der Taube.* Roman. 3. Aufl. Stuttgart: Deutsche Verlags-Anstalt, 1961. 504 S.

UB: 11-CSCF 1289(3)

Ginzkey, Franz Karl (1871-1963)

Franz Karl Ginzkey: *Prinz Tunora.* Roman. Wien: Donau-Verlag, 1948. 177 S.

UB: 04-ZZV 209836

Die Reise nach Komakuku. Geschichten aus seltsamer Jugend. Von Franz Karl Ginzkey. Wien, Leipzig, München: Rikola Verlag, 1923. 327 S.

Hohlbaum, Robert

Franz Karl Ginzkey. Sein Leben und Schaffen. Von Dr. Robert Hohlbaum. Mit vier Bildbeilagen nach Photos bearbeitet von Herm[ann] Cl[emens] Kosel-Wien. Leipzig: L. Staackmann Verlag, 1921. 58 S.

Grab, Hermann (1903-1949)

Hermann Grab: *Hochzeit in Brooklyn.* Sieben Erzählungen. Mit einem Nachwort von Ernst Schönwiese. Wien: Bergland Verlag, 1957. 117 S. (=Neue Dichtung aus Österreich, Bd. 34/35. Hrsg. Rudolf Felmayer)

Forsch.

Hermann Grab: *Der Stadtpark und andere Erzählungen.* Mit einem Nachwort von Peter Staengle. Frankfurt/Main: Fischer Taschenbuch Verlag, 1985. 207 S. (=Verboten und verbrannt / Exil, hrsg. von Ulrich Walberer, Fischer TB Nr. 5951)

Forsch.

Hobi, Karl

Karl Hobi: *Hermann Grab.* Leben und Werk. Phil. Diss. Freiburg/Ch., 1969. 154 S.

Forsch.

Haas, Rudolf (1877-1943)

Der Alte vom Berge. Ein Roman in zwei Teilen von Rudolf Haas. Leipzig: L. Staackmann Verlag, 1921. 284 S.

Rudolf Haas: *Auf lichter Höhe.* Ein Buch aus dunkeln Tiefen und der Menschheit Gipfelreichen. Leipzig: L. Staackmann Verlag, 1922. 328 S.

Leuchtende Gipfel. Roman. Von Rudolf Haas. Leipzig: L. Staackmann Verlag, 1925. 241 S.

UB: 04-ZZV 204373

Matthias Triebl. Die Geschichte eines verbummelten Studenten. Von Rudolf Haas. 10.-12. Tsd. Leipzig: L. Staackmann Verlag, 1917. 343 S.

UB: 04-ZZV 201969

Die wilden Goldschweine. Von Rudolf Haas. 1.-15. Tsd. Leipzig: L. Staackmann Verlag, 1920. 323 S.

UB: 04-ZZV 203791

Haas, Willy (1891-1973)

Berliner Cocktail. Hrsg. v. Rolf Italiaander und Willy Haas. Mit vielen mehrfarbigen Illustrationen. 7.-9. Tsd. Hamburg, Wien: Paul Zsolnay Verlag, 1959. 685 S.

UB: 10-CJV 3633

Willy Haas: *Fragmente eines Lebens*. [Ausgewählte Essays]. Hommerich u. Frankfurt/Main: Bei Paul Eckhardt, 1960. 112 S.

UB: 11-CQWH 1649

Germans beyond Germany. An Anthology. Edited, with Biographical Notes, and an Introduction by Vilem Haas. Bombay: The International Book House Ltd., 1942. 308 S.

Forsch.

Benedikt F. Dolbin / Willy Haas: *Gesicht einer Epoche*. München, Wien: Albert Langen, Georg Müller, 1962. 175 S. [Zahlr. Ill.]

UB: 05-ZZV 196986

Willy Haas: *Gestalten*. Essays zur Literatur und Gesellschaft. Mit einer Einführung von Hermann Kesten und einem Nachwort von Walter Benjamin. Berlin, Frankfurt/Main, Wien: Propyläen Verlag, 1962. 287 S.

UB: 05-ZZV 42296, 10-BJGH 1016 u. 11-BTMH 1036

Willy Haas: *Gestalten der Zeit*. Berlin: Gustav Kiepenheuer Verlag, 1930. 247 S.

Forsch. u. UB: 04-ZZV 197063

Herder-Blätter. Faksimile-Ausgabe zum 70. Geburtstag von Willy Haas. Hamburg: Freie Akademie der Künste, 1962. 49 u. XV S.

Forsch. u. UB: 10- u. 11-BTNH 1014 (2 Ex.)

Hugo von Hofmannsthal / Willy Haas. Ein Briefwechsel. [Hrsg. von Rolf Italiaander]. Berlin: Propyläen Verlag, 1968. 111 S.

Forsch. u. UB: 11-CPRC 1219

Willy Haas: *Die literarische Welt.* Erinnerungen. München: Paul List Verlag, 1957. 316 S.

Forsch. u. UB: 05-BQO 1089

Willy Haas: *Die literarische Welt.* Erinnerungen. Ungekürzte Ausg. Frankfurt/Main: Fischer Taschenbuch Verlag, 1983. 316 S.

UB: 11-CQWH 3235

Nobelpreisträger der Literatur. Ein Kapitel Weltliteratur des 20. Jahrhunderts. Von Willy Haas. München: Moos-Verlag, 1962. 84 S. (=Forum Imaginum, 1)

UB: 05-BNO 1469

Das Spiel mit dem Feuer. Prosaschriften. Von Willy Haas. Berlin: Verlag Die Schmiede, 1923. 182 S.

UB: 04-ZZWX 2389

Willy Haas: *Über die Fremdlinge.* Vier weltliche Erbauungsreden. Hrsg. von Rolf Italiaander. Hamburg: Freie Akademie der Künste, 1966. 45 S.

Forsch. u. UB: 04-ZZWX 1294 u. 10-CQWH 2441

Willy Haas, zum 70. Geburtstag. Die Tage in Wien. Unserem Freunde Willy Haas. Auf Veranlassung von Dr. Heinrich Schulte zusammengestellt. [Vermutl. 1961] 32 S.

UB: 04-ZZW 19386

Zeitgemäßes aus der 'Literarischen Welt' von 1925-1932. Hrsg. von Willy Haas. Stuttgart: J.G. Cotta'sche Buchhandlung Nachf., 1963. 516 S.

UB: 11-CHM 1379 u. 11-CJU 1563

———

Sandfort-Osterwald, Karin

Willy Haas. Von Karin Sandfort-Osterwald. Eingeleitet von Rolf Italiaander. Hamburg: Hans Christians Verlag, 1969. 82 S. (=Hamburger Bibliographien, Bd. 8. Hrsg. von der Freien Akademie der Künste in Hamburg)

Forsch.

Jacobsen, W., Prümm, Karl und Wenz, B. (Hrsg.)

Willy Haas. Der Kritiker als Mitproduzent. Texte zum Film 1920-1933. Hrsg. von Wolfgang Jacobsen, Karl Prümm und Bruno Wenz. Berlin: Edition Hentrich, 1991. 269 S. (=Beiträge zu Theater, Film und Fernsehen aus dem Institut für Theaterwissenschaft der Freien Universität Berlin, Bd. VI)

UB: 11-CQWH 3293

Reinhardt, Hannes (Hrsg.)

Das bin ich. Ernst Deutsch, Tilla Durieux, Willy Haas, Daniel-Henry Kahnweiler, Joseph Keilberth, Oskar Kokoschka, Heinz Tietjen, Carl Zuckmayer erzählen ihr Leben. Mit 8 Abbildungen. Hrsg. von Hannes Reinhardt. 2. Aufl., 9.-11. Tsd. München: R. Piper & Co. Verlag, 1972. 266 S.

Forsch.

Valentini, Luisa

Luisa Valentini: *Willy Haas*. Der Zeuge einer Epoche. [Aus dem Italienischen von Herta Haas]. Frankfurt/Main, Bern, New York: Peter Lang Verlag, 1986. 176 S. (=Europäische Hochschulschriften, Reihe 1, Bd. 909)

UB: 10- u. 11-CQWH 3057

Hadwiger, Victor (1878-1911)

Abraham Abt. Das Buch der Felsen. Das Buch der Herberge. Das Buch des Gartens. Das Buch der Sonnenuntergänge und der Sterne. Ein Roman von Victor Hadwiger. Berlin-Wilmersdorf: Bei A.R. Meyer, 1912. 220 S.

Forsch.

Victor Hadwiger: *Blanche*. Fünf Kapitel einer Liebesgeschichte. Berlin: Axel Juncker Verlag, o.J. [1922]. 84 S. (=Das siebenunddreißigste der Orplidbücher)

Forsch.

Victor Hadwiger: *Il Pantegan. Abraham Abt*. Prosa. Hrsg. von Hartmut Geerken. München: Edition Text und Kritik, 1984. 307 S. (=Frühe Texte der Moderne)

UB: 11-CQCH 2310

Victor Hadwiger: *Des tragischen Affen Jogo Liebe und Hochzeit*. Eine tragikomische Geschichte. Berlin: Juncker, 1920. 80 S.

UB: 04-ZZWX 23433

Wenn unter uns ein Wandrer ist. Ausgewählte Gedichte von Victor Hadwiger. Aus dem Nachlaß hrsg. von Anselm Ruest. Berlin-Wilmersdorf: A.R. Meyer Verlag, 1912. 16 S.

UB: 04-ZZWX 27097

———

Schneider, Ferdinand Josef

Victor Hadwiger (1878-1911). Ein Beitrag zur Geschichte des Expressionismus in der deutschen Dichtung der Gegenwart. Von Dr. Ferdinand Josef Schneider. Halle (Saale): Max Niemeyer Verlag, 1921. 55 S.

Forsch.

Hafner, Louis (? - ?)

Louis Hafner: *Höre Mensch!* Dichtungen. Prag: Grafia Arbeiterdruckerei und Verlagsanstalt, 1936. 62 S.

Forsch.

Hajek, H[ans] u. Pilz, J[ohann] (1889-1970) u. (1885-1958)

Sprossende Saat. Eine Anthologie deutschböhmischer Dichter. Hrsg. von J. Pilz und H. Hajek. Thale a.H.: Buchdruckerei und Verlagsanstalt (Gebr. Hohenstein), 1911. 465 S.

Forsch.

Hanel, M. (? - ?)

M. Hanel: *Aus einer alten Stadt.* Eine Prager Geschichte. Wien und Leipzig: Wiener Verlag, 1906. 184 S.

Forsch.

Hauschner, Auguste (1850-1924)

Nachtgespräche. Von A. Hauschner. Leipzig: Verlag Paul List, 1919. 232 S.

Forsch.

———

Beradt, Martin u. Bloch-Zavřel, Lotte (Hrsg.)

Briefe an Auguste Hauschner. Hrsg. von Martin Beradt u. Lotte Bloch-Zavřel. Berlin: Ernst Rowohlt, 1929. 255 S.

Forsch. u. UB: 11-CQWH 2661

Heine, Erwin (1899-1947)

Vlasta und ihr Student. Ein Prager deutsches Studentenschicksal aus der Gegenwart. Von Erwin Heine. 5.-10. Aufl. Cassel: Im Max Ahnert Verlag, 1924. 236 S.

Forsch.

Herder, Charlotte (1872-1959)

Charlotte Herder: ... *schaut durch ein farbiges Glas auf die aschfarbene Welt.* Kindheit und Jugend im alten Prag. Freiburg: Verlag Herder, 1954. 284 S.

Forsch.

Hoffmann, Camill (1879-1944)

Die Vase. Neue Gedichte von Camill Hoffmann. Berlin-Charlottenburg: Axel Juncker Verlag, 1910. 75 S.

UB: 04-ZZWX 23572

Camill Hoffmann: *Zuflucht.* Späte Gedichte und Erzählungen. Mit einem Nachwort hrsg. von Dieter Sudhoff. Siegen: Universität-Gesamthochschule Siegen, 1990. 56 S. (=Vergessene Autoren der Moderne. Hrsg. von Marcel Beyer und Karl Riha, Bd. 48)

UB: 05-ZZV 219768

Hohlbaum, Robert (1886-1955)

Brahms – Bruckner – Strauß. Von Robert Hohlbaum. Berlin und Leipzig: Hermann Hillger Verlag, o.J. [1933]. 31 S. (=Deutsche Jugendbücherei Nr. 436. Hrsg. vom Dürerbund)

UB: 11-KJNB 1321

Franz Karl Ginzkey. Sein Leben und Schaffen. Von Dr. Robert Hohlbaum. Mit vier Bildbeilagen nach Photos bearbeitet von Herm[ann] Cl[emens] Kosel-Wien. Leipzig: L. Staackmann Verlag, 1921. 58 S.

UB: 04-ZZV 202965

Robert Hohlbaum: *Helles Abendlied.* Ausgewählte Gedichte. München: Albert Langen, Georg Müller, 1941. 63 S. (=Die kleine Bücherei, Bd. 124)

UB: 04-ZZV 204894

Die Herrgotts-Symphonie. Eine Bruckner-Novelle. Von Robert Hohlbaum. Mit 4 Original-Lithographien von Karl Stratil. Leipzig: Fr. Kistner & C.F.W. Siegel, 1925. 55 S.

UB: 04-ZZWX 26805

Robert Hohlbaum: *Die Königsparade.* Breslau: Schlesien-Verlag, 1942. 128 S.

UB: 04-ZZV 3157

Lombardische Nacht. Eine österreichische Soldatentragödie in drei Akten von Robert Hohlbaum. Leipzig: Gesellschaft der Freunde der Deutschen Bücherei, 1938. 68 S. (=Jahresgabe der Gesellschaft der Freunde der Deutschen Bücherei, 16)

UB: 04-ZZWX 26813

Österreicher. Ein Roman aus dem Jahre 1866 von Robert Hohlbaum. 4. u. 5. Tsd. Leipzig: L. Staackmann Verlag, 1914. 356 S.

UB: 04-ZZWX 26774

Robert Hohlbaum: *Der wilde Christian*. Roman. 3. Aufl. Wien, Berlin, Leipzig, München: Rikola-Verlag, 1921. 183 S.

UB: 04-ZZV 203000(3)

———

Sonnleitner, Johann

Johann Sonnleitner: *Die Geschäfte des Herrn Robert Hohlbaum*. Die Schriftstellerkarriere eines Österreichers in der Zwischenkriegszeit und im Dritten Reich. Wien, Köln: Böhlau Verlag, 1989. 316 S. (=Literatur in der Geschichte, Geschichte in der Literatur. In Verbindung mit Claudio Magris hrsg. von Klaus Amann und Friedbert Aspetsberger, Bd. 18)

UB: 11-CQWH 3188

Hußarek, Paul (*1903)

Hausbuch sudetendeutschen Humors. Im Auftrage des Vereines Deutsche Studentenfürsorge zusammengestellt und eingeleitet von Paul Hußarek. Prag: Selbstverlag Deutsche Studentenfürsorge, 1933. 367 S.

UB: 05-ZZV 174633

Sudetendeutsche Anthologie / Lyrik. Zusammengestellt und eingeleitet von Dr. Paul Hußarek. 2. Aufl. Prag: Verlag Deutsche Studentenfürsorge, o.J. [1930]. 306 S.

Forsch. u. UB: 04-ZZV 203636(2)

Janouch, Gustav (1903-1968)

Gustav Janouch: *Franz Kafka und seine Welt*. Wien, Stuttgart, Zürich: Hans Deutsch Verlag, 1965. 188 S.

Forsch.

Gespräche mit Kafka. Erinnerungen und Aufzeichnungen von Gustav Janouch. 1.-5. Tsd. Frankfurt/Main: S. Fischer Verlag, 1951. 138 S.

Forsch. u. UB: 10- u. 11-CPUC 1059

Gustav Janouch: *Gespräche mit Kafka*. Aufzeichnungen und Erinnerungen. Erweiterte Ausgabe. Frankfurt/Main: S. Fischer Verlag, 1968. 268 S.

Forsch.

Gustav Janouch: *Heckmeck. Prager Nachtstücke*. Berlin: Henssel Verlag, 1968. 176 S.

UB: 11-CQWJ 1403

Gustav Janouch: *Jaroslav Hašek*. Der Vater des braven Soldaten Schwejk. Bern und München: Francke Verlag, 1966. 304 S.

Forsch.

Gustav Janouch: *Prager Begegnungen*. Leipzig: Paul List Verlag, 1959. 306 S.

Forsch.

Janowitz, Franz (1892-1917)

Franz Janowitz: *Auf der Erde*. Gedichte. München: Kurt Wolff Verlag, 1919. 90 S.

Forsch.

Janowitz, Hans (1890-1954)

Hans Janowitz: *Asphaltballaden*. Mit sechzehn Lithographien von Marcel Slodki. 500 numer. Exemplare. Berlin: Verlag Die Schmiede, 1924. 75 S.

Forsch.

Hans Janowitz: *Jazz*. Berlin: Verlag Die Schmiede, 1927. 174 S. (=Die Romane des XX. Jahrhunderts)

UB: 04-ZZV 226529

Jellinek, Oskar (1886-1969)

Oskar Jellinek: *Das ganze Dorf war in Aufruhr*. Novellen. Berlin, Wien, Leipzig: Paul Zsolnay Verlag, 1930. 263 S.

UB: 04-ZZV 223644

Oskar Jellinek: *Die Mutter der Neun*. Novelle. 1.-5. Tsd. Berlin, Wien, Leipzig: Paul Zsolnay Verlag, 1926. 82 S.

Forsch.

Oskar Jellinek: *Der Sohn*. Erzählung. Berlin, Wien, Leipzig: Paul Zsolnay Verlag, 1928. 78 S.

Forsch.

Kafka, Franz (1883-1924)

Franz Kafka: *Die Aeroplane in Brescia* und andere Texte. Mit einem Nachwort von Reinhard Lettau. Frankfurt/Main: S. Fischer Verlag, 1977. 143 S.

Forsch.

Franz Kafka: *Amerika*. Roman. München: Kurt Wolff Verlag, 1927. 391 S.

Forsch.

Franz Kafka: *Amerika*. Roman. Berlin: Schocken Verlag, 1935. 315 S. (=Franz Kafka: Gesammelte Schriften. Hrsg. von Max Brod, Bd. II)

Forsch.

Franz Kafka: *Amerika*. Roman. 3. Ausgabe. New York: Schocken Books, 1946. 315 S. (=Franz Kafka: Gesammelte Schriften. Hrsg. von Max Brod, Bd. II)

Forsch.

Franz Kafka: *Amerika*. Roman. Ungekürzte Ausgabe. Frankfurt/Main und Hamburg: Fischer Bücherei KG., 1956. 235 S. (=Fischer Bücherei, Nr. 132)

UB: 11-CPUD 1004

Franz Kafka: *Amerika*. Roman. 9.-11. Tsd. Frankfurt/Main: S. Fischer Verlag, 1966. 361 S. (=Franz Kafka: Gesammelte Werke. Hrsg. von Max Brod, [Bd. 6])

Forsch. u. UB: 10-CPUA 1033+1

Franz Kafka: *Amerika*. Roman. Frankfurt/Main: Fischer Taschenbuch Verlag, 1976. 262 S. (=Franz Kafka: Gesammelte Werke. Hrsg. von Max Brod. Taschenbuchausgabe in 7 Bänden, [Bd. 1])

Forsch.

Franz Kafka: *Amtliche Schriften*. Mit einem Essay von Klaus Hermsdorf. Hrsg. von Klaus Hermsdorf unter Mitwirkung von Winfried Poßner und Jaromir Loužil. Berlin: Akademie-Verlag, 1984. 453 S.

Forsch. u. UB: 10- u. 11-CPUC 1083

Franz Kafka: *Beim Bau der Chinesischen Mauer*. Ungedruckte Erzählungen und Prosa aus dem Nachlaß. Hrsg. von Max Brod u. Hans Joachim Schoeps. Berlin: Gustav Kiepenheuer Verlag, 1931. 266 S.

Forsch.

Beim Bau der Chinesischen Mauer. Von Franz Kafka. Hrsg. von Max Brod und Hans Joachim Schoeps. Berlin: Gustav Kiepenheuer Verlag, 1948. 252 S.

UB: 10-CPUG 1017

Franz Kafka: *Beschreibung eines Kampfes.* Novellen, Skizzen, Aphorismen aus dem Nachlass. Prag: Verlag Heinrich Mercy Sohn, 1936. 319 S. (=Franz Kafka: Gesammelte Schriften. [Hrsg. von Max Brod, Bd. V])

Forsch.

Franz Kafka: *Beschreibung eines Kampfes.* Novellen, Skizzen, Aphorismen aus dem Nachlaß. 3. Ausgabe. Frankfurt/Main: S. Fischer Verlag, o.J. [1954]. 355 S. (=Franz Kafka: Gesammelte Werke. Hrsg. von Max Brod, [Bd. 8])

Forsch.

Franz Kafka: *Beschreibung eines Kampfes.* Die zwei Fassungen. Parallelausgabe nach den Handschriften. Hrsg. und mit einem Nachwort versehen von Max Brod. Textedition von Ludwig Dietz. Frankfurt/Main: S. Fischer Verlag, 1969. 159 S.

Forsch. u. UB: 11-CPUG 1009

Franz Kafka: *Beschreibung eines Kampfes.* Novellen, Skizzen, Aphorismen aus dem Nachlaß. Frankfurt/Main: Fischer Taschenbuch Verlag, 1976. 268 S. (=Franz Kafka: Gesammelte Werke. Hrsg. von Max Brod. Taschenbuchausgabe in 7 Bänden, [Bd. 5])

Forsch.

Franz Kafka: *Betrachtung.* Leipzig: Ernst Rowohlt Verlag, 1913. 99 S.

Forsch.

Franz Kafka: *Brief an den Vater.* Nachwort von Wilhelm Emrich. 16.-21. Tsd. München: Piper, 1965. 69 S. (=Piper Bücherei, Bd. 146)

UB: 11-CPUI 1009

Franz Kafka: *Brief an den* Vater. Text des Briefes in Faksimile und Transkription. Enthält außerdem: Joachim Unseld: Franz Kafkas "Brief an den Vater". Hrsg. von Joachim Unseld. Hamburg: Hoffmann und Campe, 1986. 80 bzw. 47 S.

UB: 04-ZZWX 30820

Franz Kafka: *Briefe 1902-1924.* 7.-9. Tsd. Frankfurt/Main: S. Fischer Verlag, o.J. [1966]. 531 S. (=Franz Kafka: Gesammelte Werke. Hrsg. von Max Brod [Bd. 9])

Forsch. u. UB: 10- u. 11-CPUA 1067

Franz Kafka: *Briefe 1902-1924*. Hrsg. von Max Brod. Frankfurt/Main: Fischer Taschenbuch Verlag, 1975. 528 S. (=Fischer Taschenbuch, Nr. 1575)

Forsch.

Franz Kafka: *Briefe an die Eltern aus den Jahren 1922-1924*. Hrsg. von Josef Čermák und M. Svatoš. Einleitung und editorische Anmerkungen von Josef Čermák. Aus dem Tschechischen übersetzt von Karl-Heinz Jähn. Praha: Odeon, Verlag der schönen Literatur und Kunst, 1990. 166 S.

Forsch.

Franz Kafka: *Briefe an die Eltern aus den Jahren 1922-1924*. Hrsg. von Josef Čermák und Martin Svatoš. Frankfurt/Main: S. Fischer, 1990. 141 S.

UB: 10- u. 11-CPUL 1122

Franz Kafka: *Briefe an Felice* und andere Korrespondenz aus der Verlobungszeit. Hrsg. von Erich Heller und Jürgen Born. Mit einer Einleitung von Erich Heller. Frankfurt/Main: S. Fischer Verlag, 1967. 782 S. (=Franz Kafka: Gesammelte Werke. Hrsg. von Max Brod, [Bd. 10])

Forsch. u. UB: 10- u. 11-CPUA 1025

Franz Kafka: *Briefe an Felice* und andere Korrespondenz aus der Verlobungszeit. Hrsg. von Erich Heller und Jürgen Born. Ungekürzte Ausgabe. Frankfurt/Main: Fischer Taschenbuch Verlag, 1976. 783 S. (=Fischer Taschenbuch, Nr. 1697)

Forsch.

Franz Kafka: *Briefe an Milena*. Hrsg. und mit einem Nachwort versehen von Willy Haas. 10.-14. Tsd. Frankfurt/Main: S. Fischer Verlag, 1965. 287 S. (=Franz Kafka: Gesammelte Werke. Hrsg. von Max Brod, [Bd. 4])

Forsch. u. UB: 10- u. 11-CPUA 1041

Franz Kafka: *Briefe an Milena*. Hrsg. und mit einem Nachwort versehen von Willy Haas. 1.-22. Tsd. Frankfurt/Main: Fischer Taschenbuch Verlag, 1966. 219 S. (=Fischer Taschenbuch, Nr. 756)

UB: 11-CPUC 1033

Franz Kafka: *Briefe an Milena*. Erweiterte und neu geordnete Ausgabe. Hrsg. von Jürgen Born und Michael Müller. Frankfurt/Main: S. Fischer Verlag, 1983. 423 S.

Forsch. u. UB: 11-CPUC 1075

Franz Kafka: *Briefe an Milena*. Erweiterte und neu geordnete Ausgabe. Hrsg. von Jürgen Born und Michael Müller. 2. Aufl., 5.-6. Tsd. Frankfurt/Main: S. Fischer Verlag, 1986. 423 S.

UB: 10-CPUC 1075(2)

Franz Kafka: *Briefe an Milena*. Erweiterte und neu geordnete Ausgabe. Hrsg. von Jürgen Born und Michael Müller. 9.-18. Tsd. Frankfurt/Main: Fischer Taschenbuch Verlag, 1986. 423 S. (=Fischer Taschenbuch, Nr. 5307)

Forsch.

Franz Kafka: *Briefe an Ottla und die Familie*. Hrsg. von Hartmut Binder und Klaus Wagenbach. Frankfurt/Main: S. Fischer Verlag, 1974. 248 S. (=Franz Kafka: Gesammelte Werke, [Bd. 11])

Forsch.

Er. Prosa von Franz Kafka. (Auswahl und Nachwort von Martin Walser). 28.-37. Tsd. Frankfurt/Main: Suhrkamp Verlag, 1968. 224 S. (=Bibliothek Suhrkamp, Bd. 97)

UB: 11-CPUH 1004

Franz Kafka: *Das erzählerische Werk*. 2 Bde. Hrsg. von Klaus Hermsdorf. 2. Aufl. Berlin: Rütten & Loening, 1988. 643 bzw. 896 S.

UB: 11-CPUX 1216

Franz Kafka: *Erzählungen*. Frankfurt/Main: Fischer Taschenbuch Verlag, 1976. 244 S. (=Franz Kafka: Gesammelte Werke. Hrsg. von Max Brod. Taschenbuchausgabe in 7 Bänden, [Bd. 4])

Forsch.

Franz Kafka: *Erzählungen und kleine Prosa*. Berlin: Schocken Verlag, 1935. 280 S. (=Franz Kafka: Gesammelte Schriften. Hrsg. von Max Brod, Bd. I)

Forsch.

Franz Kafka: *Der Heizer*. Ein Fragment. [1. Aufl.] Leipzig: Kurt Wolff Verlag, 1913. 47 S. (=3. Bd. der Bücherei "Der jüngste Tag")

Forsch.

Franz Kafka: *Hochzeitsvorbereitungen auf dem Lande* und andere Prosa aus dem Nachlaß. 1.-6. Tsd. Frankfurt/Main: S. Fischer Verlag, 1953. 455 S. (=Franz Kafka: Gesammelte Werke. Hrsg. von Max Brod [Bd. 7])

Forsch.

Franz Kafka: *Hochzeitsvorbereitungen auf dem Lande* und andere Prosa aus dem Nachlaß. Frankfurt/Main: Fischer Taschenbuch Verlag, 1976. 358 S. (=Franz Kafka: Gesammelte Werke. Hrsg. von Max Brod. Taschenbuchausgabe in 7 Bänden, [Bd. 6])

Forsch.

Franz Kafka: *Ein Hungerkünstler*. Vier Geschichten. Berlin: Verlag Die Schmiede, 1924. 86 S. (=Die Romane des XX. Jahrhunderts)

Forsch.

Franz Kafka: *In der Strafkolonie*. Leipzig: Kurt Wolff Verlag, 1919. 68 S.

UB: 04-ZZWX 10773

Franz Kafka: *In der Strafkolonie*. Mit sechs reproduzierten Radierungen und fünfzehn Abbildungen nach Lederzeichnungen von Wolfgang Bier. Hrsg. von Galerie Hartwig. Hartwig & Bethke. Galerie Haus 11. Beate Nieschlag. Berlin: Anabis Verlag, 1979. 33 S.

UB: 04-ZZW 30138

Franz Kafka: *In der Strafkolonie*. Mit Zeichnungen von Hans Fronius. Hrsg. von E. Hilger jun. Wien: Edition E. Hilger, 1982. 30 S. [u. Ill.]

UB: 04-ZZV 196407

Franz Kafka: *Ein Landarzt*. Kleine Erzählungen. München und Leipzig: Kurt Wolff Verlag, 1919. 189 S.

Forsch.

Max Brod / Franz Kafka. Eine Freundschaft. Reiseaufzeichnungen. Unter Mitarbeit von Hannelore Rodlauer hrsg. von Malcolm Pasley. Frankfurt/Main: S. Fischer Verlag, 1987. 323 S.

Forsch. u. UB: 11-CPUC 1106-1

Max Brod / Franz Kafka. Eine Freundschaft. Briefwechsel. Hrsg. von Malcolm Pasley. Frankfurt/Main: S. Fischer Verlag, 1989. 539 S.

Forsch. u. UB: 10- u. 11-CPUC 1106-2

Franz Kafka: *Der Proceß*. Hrsg. von Malcolm Pasley. Frankfurt/Main: S. Fischer, 1990. [357] S. (=Franz Kafka: Schriften, Tagebücher, Briefe. Kritische Ausgabe. Hrsg. von Jürgen Born, Gerhard Neumann, Malcolm Pasley und Jost Schillemeit unter Beratung von Nahum Glatzer, Rainer Gruenter, Paul Raabe und Marthe Robert)

Forsch. u. UB: 10- u. 11-CPUA 1075-4,1

Franz Kafka: *Der Proceß*. Apparatband. Hrsg. von Malcolm Pasley. Frankfurt/Main: S. Fischer, 1990. 351 S. (=Franz Kafka: Schriften, Tagebücher, Briefe. Kritische Ausgabe)

Forsch. u. UB: 10- u. 11-CPUA 1075-4,2

Franz Kafka: *Der Prozeß*. Roman. Berlin: Verlag Die Schmiede, 1925. 411 S. (=Die Romane des XX. Jahrhunderts)

Forsch.

Franz Kafka: *Der Prozeß*. Roman. Berlin: Schocken Verlag, 1935. 286 S. (=Franz Kafka: Gesammelte Schriften. Hrsg. von Max Brod, Bd. 3)

Forsch.

Franz Kafka: *Der Prozeß*. Roman. 3. Ausgabe. New York: Schocken Books, 1946. 287 S. (=Franz Kafka: Gesammelte Schriften. Hrsg. von Max Brod, Bd. 3)

Forsch.

Franz Kafka: *Der Prozeß*. Roman. 22.-26. Tsd. Frankfurt/Main: S. Fischer Verlag, 1958. 327 S. (=Franz Kafka: Gesammelte Werke. Hrsg. von Max Brod)

Forsch. u. UB: 10-CPUA 1059+1

Franz Kafka: *Der Prozeß*. Roman. Mit einem Nachwort von Walther Killy. Frankfurt/Main: S. Fischer Verlag, 1960. 170 S. (=Exempla Classica 3), (Fischer Bibliothek der hundert Bücher)

UB: 05-BJP 1052-3

Franz Kafka: *Der Prozeß*. Roman. 32.-37. Tsd. Frankfurt/Main: S. Fischer Verlag, 1965. 328 S. (=Franz Kafka: Gesammelte Werke. Hrsg. von Max Brod, [Bd. 1])

Forsch. u. UB: 11-CPUA 1059

Franz Kafka: *Der Prozeß*. Roman. Frankfurt/Main: Fischer Taschenbuch Verlag, 1976. 321 S. (=Franz Kafka: Gesammelte Werke. Hrsg. von Max Brod. Taschenbuchausgabe in 7 Bänden, [Bd. 2])

Forsch.

Franz Kafka: *Der Prozeß*. Roman. Hrsg. von Max Brod. [o.O].: Deutscher Bücherbund, [o.J.]. 311 S.

Forsch.

Franz Kafka: *Sämtliche Erzählungen*. Hrsg. von Paul Raabe. [Sonderausgabe]. Frankfurt/Main: S. Fischer Verlag, 1972. 446 S.

UB: 11-CPUB 1012 (2 Ex.)

Franz Kafka: *Sämtliche Erzählungen.* Hrsg. von Paul Raabe. 16.-25. Tsd. Frankfurt/Main: S. Fischer Verlag, 1973. 466 S.

Forsch. u. UB: 10- u. 11-CPUB 1012 (2 Ex.)

Franz Kafka: *Sämtliche Erzählungen.* Hrsg. von Paul Raabe. 193.-212. Tsd. Frankfurt/Main: Fischer Taschenbuch Verlag, 1974. 406 S. (=Fischer Taschenbuch, Nr. 1078)

Forsch.

Franz Kafka: *Das Schloss.* Roman. München: Kurt Wolff Verlag, 1926. 503 S.

Forsch.

Franz Kafka: *Das Schloß.* Roman. Berlin: Schocken Verlag, 1935. 425 S. (=Franz Kafka: Gesammelte Schriften. Hrsg. von Max Brod, Bd. IV)

Forsch.

Franz Kafka: *Das Schloß.* Roman. 9.-13. Tsd. Frankfurt/Main: S. Fischer Verlag, 1946. 597 S. (=Franz Kafka: Gesammelte Werke. Hrsg. von Max Brod [Bd. IV])

UB: 05-CPUF 1012

Franz Kafka: *Das Schloß.* Roman. 22.-26. Tsd. Frankfurt/Main: S. Fischer Verlag, 1967. 544 S. (=Franz Kafka: Gesammelte Werke. Hrsg. von Max Brod, [Bd. 2])

Forsch. u. UB: 11-CPUA 1017

Franz Kafka: *Das Schloß.* Roman. Ungek. Ausgabe. Frankfurt/Main und Hamburg: Fischer Bücherei GmbH, 1968. 310 S. (=Fischer Bücherei, Nr. 900)

UB: 11-CPUF 1004

Franz Kafka: *Das Schloß.* Roman. 146.-162. Tsd. Frankfurt/Main: Fischer Taschenbuch Verlag, 1974. 311 S. (=Fischer Taschenbuch, Nr. 900)

Forsch.

Franz Kafka: *Das Schloß.* Roman. Frankfurt/Main: Fischer Taschenbuch Verlag, 1976. 357 S. (=Franz Kafka: Gesammelte Werke. Hrsg. von Max Brod. Taschenbuchausgabe in 7 Bänden, Bd. 3)

Forsch.

Franz Kafka: *Das Schloß*. Hrsg. von Malcolm Pasley. Frankfurt/Main: S. Fischer, 1982. 495 S. (=Franz Kafka: Schriften, Tagebücher, Briefe. Kritische Ausgabe)

Forsch. u. UB: 10- u. 11-CPUA 1075-1,1

Franz Kafka: *Das Schloß*. Apparatband. Hrsg. von Malcolm Pasley. Frankfurt/Main: S. Fischer, 1982. 488 S. (=Franz Kafka: Schriften, Tagebücher, Briefe. Kritische Ausgabe)

Forsch. u. UB: 10- u. 11-CPUA 1075-1,2

Franz Kafka: *Das Schloß*. Roman in der Fassung der Handschrift. Hrsg. von Malcolm Pasley. Frankfurt/Main: S. Fischer, 1982. 501 S.

Forsch. u. UB: 10- u. 11-CPUF 1020

Franz Kafka: *Tagebücher 1910-1923*. 1.-5. Tsd. Frankfurt/Main: S. Fischer Verlag, 1951. 734 S. (=Franz Kafka: Gesammelte Werke. Hrsg. von Max Brod, [Bd. 3])

Forsch. u. UB: 05-CPUC 1041

Franz Kafka: *Tagebücher 1910-1923*. [Hrsg. von Max Brod]. Darmstadt: Moderner Buch-Club, 1962. 607 S.

Forsch.

Franz Kafka: *Tagebücher 1910-1923*. Hrsg. von Max Brod. Frankfurt/Main: S. Fischer Verlag, 1967. 542 S.

Forsch. u. UB: 10- u. 11-CPUC 1017

Franz Kafka: *Tagebücher 1910-1923*. Hrsg. von Max Brod. 23.-27. Tsd. Frankfurt/Main: Fischer Taschenbuch Verlag, 1974. 469 S. (=Fischer Taschenbuch, Nr. 1346)

Forsch.

Franz Kafka: *Tagebücher 1910-1923*. Frankfurt/Main: Fischer Taschenbuch Verlag, 1976. 575 S. (=Franz Kafka: Gesammelte Werke. Hrsg. von Max Brod. Taschenbuchausgabe in 7 Bänden, [Bd. 7])

Forsch.

Franz Kafka: *Tagebücher*. Hrsg. von Hans-Gerd Koch, Michael Müller und Malcolm Pasley. Frankfurt/Main: S. Fischer, 1990. 1065 S. (=Franz Kafka: Schriften, Tagebücher, Briefe. Kritische Ausgabe)

Forsch. u. UB: 10- u. 11-CPUV 1054

Franz Kafka: *Tagebücher*. Apparatband. Hrsg. von Hans-Gerd Koch, Michael Müller und Malcolm Pasley. Frankfurt/Main: S. Fischer, 1990. 341 S. (=Franz Kafka: Schriften, Tagebücher, Briefe. Kritische Ausgabe)

Forsch. u. UB: 10- u. 11-CPUV 1054

Franz Kafka: *Tagebücher*. Kommentarband. Hrsg. von Hans-Gerd Koch, Michael Müller und Malcolm Pasley. Frankfurt/Main: S. Fischer, 1990. 341 S. (=Franz Kafka: Schriften, Tagebücher, Briefe. Kritische Ausgabe)

Forsch. u. UB: 10- u. 11-CPUA 1075-3

Franz Kafka: *Tagebücher und Briefe*. Prag: Verlag Heinr. Mercy Sohn, 1937. 349 S. (=Franz Kafka: Gesammelte Schriften. [Hrsg. von Max Brod], Bd. VI)

Forsch.

Das Urteil. Eine Geschichte von Franz Kafka. Leipzig: Kurt Wolff Verlag, 1916. 29 S. (=34. Bd. der Bücherei "Der jüngste Tag")

Forsch.

Franz Kafka: *Das Urteil und andere Erzählungen*. 904.-933. Tsd. Frankfurt/Main: Fischer Taschenbuch Verlag, 1974. 137 S. (=Fischer Taschenbuch, Nr. 19)

Forsch.

Franz Kafka: *Der Verschollene*. Hrsg. von Jost Schillemeit. Frankfurt/Main: S. Fischer, 1983. 419 S. (=Franz Kafka: Schriften, Tagebücher, Briefe. Kritische Ausgabe)

Forsch. u. UB: 10- u. 11-CPUA 1075

Franz Kafka: *Der Verschollene*. Apparatband. Hrsg. von Jost Schillemeit. Frankfurt/Main: S. Fischer, 1983. 272 S. (=Franz Kafka: Schriften, Tagebücher, Briefe. Kritische Ausgabe)

Forsch. u. UB: 10- u. 11-CPUA 1075

Franz Kafka: *Der Verschollene*. Roman in der Fassung der Handschrift. Hrsg. von Jost Schillemeit. Frankfurt/Main: S. Fischer, 1983. 426 S.

Forsch. u. UB: 10- u. 11-CPUD 1012

Die Verwandlung. Von Franz Kafka mit einem Titelbild von Ottomar Starke. Leipzig: Kurt Wolff Verlag, 1915. 73 S. (=Band 22/23 'Doppelband' der Bücherei "Der jüngste Tag")

Forsch.

Die Verwandlung. Von Franz Kafka. Leipzig: Kurt Wolff Verlag, o.J. [1918]. 75 S. (=Bücherei "Der jüngste Tag", Bd. 22/23)

Forsch.

Franz Kafka: *Die Verwandlung*. Mit den Zeichnungen von Fritz Huhnen. Krefeld: Krefelder Kunstverein, 1980. 70 S.

UB: 04-ZZW 27559

Franz Kafka: *Die Verwandlung* und andere Tiergeschichten. Hrsg. und mit Anmerkungen von Klaus Hermsdorf und 15 Reproduktionen nach Stichen von Christa Jahr. 2. Aufl. Berlin: Buchverlag Der Morgen, 1986. 207 S.

UB: 10-CPUG 1059(2)

Franz Kafka: *Vor dem Gesetz*. (Dieser Band ist von Heinz Politzer aus den Schriften Franz Kafkas zusammengestellt). Berlin: Schocken Verlag, 1934. 80 S. (=Bücherei des Schocken Verlags: 19)

Forsch. u. UB: 10-CPUG 1033

Caputo-Mayr, Maria Luise u. Herz, Julius M.

Maria Luise Caputo-Mayr und Julius M. Herz: *Franz Kafkas Werke*. Eine Bibliographie der Primärliteratur (1908-1980). Bern, München: Francke Verlag, 1982. 94 S.

UB: 10- u. 11-CPUK 1041

Caputo-Mayr, Maria Luise u. Herz, Julius M.

Maria Luise Caputo-Mayr und Julius M. Herz: *Franz Kafka*. Eine kommentierte Bibliographie der Sekundärliteratur (1955-1980, mit einem Nachtrag 1985). Bern, Stuttgart: Francke Verlag, 1987. 692 S.

UB: 10- u. 11-CPUK 1059

Dietz, Ludwig

Ludwig Dietz: *Franz Kafka. Die Veröffentlichungen zu seinen Lebzeiten (1908-1924)*. Eine textkritische und kommentierte Bibliographie. Heidelberg: Lothar Stiehm Verlag, 1982. 151 S. (=Repertoria Heidelbergensia IV)

UB: 10- u. 11-CPUK 1033

Flores, Angel

Angel Flores: *A Kafka Bibliography 1908-1976*. New York: Gordian Press, 1976. 193 S.

Forsch. u. UB: 11-CPUK 1025

Hemmerle, Rudolf

Rudolf Hemmerle: *Franz Kafka*. Eine Bibliographie. München: Verlag Robert Lerche, 1958. 138 S.

Forsch. u. UB: 10-CPU 1004

Järv, Harry

Die Kafka-Literatur. Eine Bibliographie von Harry Järv. Malmö, Lund: Bo Cavefors, 1961. 381 S.

Forsch. u. UB: 10-CPUK 1017

Tabery, Françoise

Kafka en France. Essai de bibliographie annotée par Françoise Tabery. Paris: Lettres modernes, 1991. 256 S. (=l'intersiècle, 3)

Forsch.

Abraham, Ulf

Ulf Abraham: *Der verhörte Held*. Verhöre, Urteile und die Rede von Recht und Schuld im Werk Franz Kafkas. München: Wilhelm Fink Verlag, 1985. 246 S.

UB: 11-CPUS 1059

Ajtony, Arpad [u.a.]

Arpad Ajtony [u.a.]: *Analyses & Réflexions sur Kafka, Le Château*. Theme d'Etude: "L'Existence". Paris: Éd. Marketing, 1984. 222 S.

UB: 11-CPUW 1041

Almási, Miklós [u.a.]

Miklós Almási [u.a.]: *Franz Kafka:* Nachwirkungen eines Dichters. München: J. Pfeiffer Verlag, 1984. 87 S.

UB: 10- u. 11-CPUL 1428

Alter, Robert

Necessary Angels. Tradition and Modernity in Kafka, Benjamin, and Scholem. Cambridge, Mass.: Harvard University Press, Cincinnati: Hebrew Union College Press, 1991. 131 S.

UB: 11-CPUN 1224

Amann, Jürg Johannes

Jürg Johannes Amann: *Das Symbol Kafka.* Eine Studie über den Künstler. Bern u. München: Francke Verlag, 1974. 171 S.

Forsch. u. UB: 11-CPUL 1258

Anders, Günther

Günther Anders: *Kafka pro und contra.* Die Prozeß-Unterlagen. 4. Aufl. München: Verlag C.H. Beck, 1972. 109 S. (=Beck'sche Schwarze Reihe, Bd. 21)

Forsch. u. UB: 10- u. 11-CPUL 1096

Anderson, Mark (Hrsg.)

Reading Kafka. Prague, Politics, and the Fin de Siècle. Edited by Mark Anderson. New York: Schocken Books, 1989. 287 S.

UB: 11-CPUN 1232

Anz, Thomas

Thomas Anz: *Franz Kafka.* München: C.H. Beck, 1989. 143 S. (=Beck'sche Reihe, Bd. 615: Autorenbücher)

UB: 11-CPUL 1575

Asher, Evelyn W.

Evelyn W. Asher: *Urteil ohne Richter.* Psychische Integration oder Charakterentfaltung im Werke Franz Kafkas. New York, Berne, Frankfort on the Main, Nancy: Peter Lang, 1984. 139 S. (=Stanford German Studies, vol. 20)

UB: 11-CPUT 1151

Association des germanistes (Hrsg.)

Autour de Kafka. Actes du congrès de Toulouse, 23-24 avril 1983. Association des germanistes de l'enseignement supérieur. Toulouse: L'Université de Toulouse, 1983. 216 S.

Forsch.

Bauer, Johann [d.i. Josef Čermák]

Kafka and Prague. Text by Johann Bauer. Photographs by Isidor Pollak. Design by Jaroslav Schneider. Translated by P.S. Falla. New York, Washington, London: Praeger Publishers, Inc., 1971. 191 S.

UB: 11-CPUM 1067

Bauer, Johann [d.i. Josef Čermák]

Kafka und Prag. Text: Johann Bauer. Fotos: Isidor Pollak. Gestaltung: Jaroslav Schneider. Stuttgart: Belser, 1971. 190 S.

UB: 11-CPUM 1245

Bauer-Wabnegg, Walter

Walter Bauer-Wabnegg: *Zirkus und Artisten in Franz Kafkas Werk*. Ein Beitrag über Körper und Literatur im Zeitalter der Technik. Erlangen: Verlag Palm & Enke, 1986. 193 S. (=Erlanger Studien, Bd. 68)

UB: 11-CPUS 1075

Baumer, Franz

Franz Baumer: *Franz Kafka*. Berlin: Colloquium Verlag, 1960. 94 S. (=Köpfe des XX. Jahrhunderts, Bd. 18)

Forsch.

Baumer, Franz

Franz Kafka: *Sieben Prosastücke*. Ausgewählt und interpretiert von Franz Baumer. München: Kösel-Verlag, 1965. 136 S. (=Dichtung im Unterricht. Hrsg. von Ludwig Voit und Michael Scherer, Bd. 9: Franz Kafka)

Forsch.

Beck, Evelyn Torton

Evelyn Torton Beck: *Kafka and the Yiddish Theater*. Its impact on his work. Madison, Milwaukee, and London: The Univ. of Wisconsin Press, 1971. 248 S.

Forsch. u. UB: 11-CPUN 1054

Beicken, Peter (Hrsg.)

Franz Kafka, Die Verwandlung. Erläuterungen und Dokumente. Hrsg. von Peter Beicken. Stuttgart: Philipp Reclam jun., 1984. 181 S. (=Universal-Bibliothek 8155)

UB: 11-CPUX 1135

Beicken, Peter U.

Peter U. Beicken: *Franz Kafka – Eine kritische Einführung in die Forschung*. Frankfurt/Main: Athenäum Fischer Taschenbuch Verlag, 1974. 453 S. (=Fischer Athenäum Taschenbücher Literaturwissenschaft, Nr. 2014)

Forsch. u. UB: 11-CPUL 1070

Beicken, Peter

Franz Kafka / Leben und Werk dargestellt von Peter Beicken. Stuttgart: Ernst Klett Verlage GmbH u. Co. KG, 1986. 152 S. (=Editionen für den Literaturunterricht. Hrsg.: Dietrich Steinbach)

Forsch.

Beißner, Friedrich

Der Erzähler Franz Kafka. Ein Vortrag von Friedrich Beißner. Stuttgart: W. Kohlhammer Verlag, 1952. 51 S.

Forsch.

Beißner, Friedrich

Friedrich Beißner: *Der Erzähler Franz Kafka* und andere Vorträge. Mit einer Einführung von Werner Keller. Frankfurt/Main: Suhrkamp, 1983. 150 S.

UB: 10- u. 11-CPUL 1355

Beißner, Friedrich

Kafka, der Dichter. Ein Vortrag von Friedrich Beißner. 2., unveränderte Auflage. Stuttgart: W. Kohlhammer Verlag, 1961. 44 S.

Forsch. u. UB: 11-CPUL 1038(2)

Beißner, Friedrich

Friedrich Beißner: *Kafkas Darstellung des "traumhaften innern Lebens"*. Ein Vortrag. Bebenhausen: Verlag Lothar Rotsch, 1972. 43 S.

Forsch.

Beißner, Friedrich

Der Schacht von Babel. Aus Kafkas Tagebüchern. Ein Vortrag von Friedrich Beißner. Stuttgart: W. Kohlhammer Verlag, 1963. 48 S.

Forsch. u. UB: 10- u. 11-CPUX 1020

Benjamin, Walter

Benjamin über Kafka. Texte, Briefzeugnisse, Aufzeichnungen. Hrsg. von Hermann Schweppenhäuser. Frankfurt/Main: Suhrkamp, 1981. 176 S.

UB: 11-JBQI 1021

Bernheimer, Charles

Flaubert and Kafka. Studies in Psychopoetic Structure. Charles Bernheimer. New Haven and London: Yale University Press, 1982. 261 S.

UB: 11-CPUN 1119

Beutner, Barbara

Barbara Beutner: *Die Bildsprache Franz Kafkas*. München: Wilhelm Fink Verlag, 1973. 327 S.

Forsch. u. UB: 11-CPUR 1020

Beutner, Barbara

Barbara Beutner: *Musik und Einsamkeit bei Grillparzer, Kafka und del Castillo*. Ein Vergleich zwischen "Armen Spielmann", "Verwandlung" und "Gitarre". Eine literaturwissenschaftliche Untersuchung. Köln: Ellenberg, 1975. 134 S.

UB: 11-CPAO 1009

Bezzel, Christoph

Kafka-Chronik. Daten zu Leben und Werk. Zusammengestellt von Chris Bezzel. München, Wien: Carl Hanser Verlag, 1975. 217 S. (=Reihe Hanser 178)

Forsch. u. UB: 11-CPUM 1033

Binder, Hartmut

Hartmut Binder: *Franz Kafka. Leben und Persönlichkeit.* Ungekürzte und rev. Fassung der Kafka-Biographie aus dem 1. Bd. des Kafka-Handbuchs. Sonderausgabe: Aus Anlaß von Kafkas 100. Geburtstag. Stuttgart: Alfred Kröner Verlag, 1983. 492 S.

UB: 11-CPUM 1122

Binder, Hartmut (Hrsg.)

Franz Kafka und die Prager deutsche Literatur. Deutungen und Wirkungen. Die Vorträge der 3. Literarischen Fachtagung der deutschen Vertriebenen vom 3.-4. Juni 1988 in Königswinter. Hrsg. von Hartmut Binder. Bonn: Kulturstiftung der deutschen Vertriebenen, 1988. 159 S.

Forsch. u. UB: 11-CPUN 1177

Binder, Hartmut

Kafka. Der Schaffensprozeß. Von Hartmut Binder. Frankfurt/Main: Suhrkamp Verlag, 1983. 406 S. (=Suhrkamp-Taschenbuch: Materialien, Bd. 2026)

UB: 11-CPUL 1313

Binder, Hartmut u. Parik, Jan

Kafka. Ein Leben in Prag. Text und Bilddokumentation: Hartmut Binder. Idee und Photos: Jan Parik. München: Mahnert-Lueg bei Langen-Müller, 1982. 244 S.

Forsch. u. UB: 11-CPUM 1106

Binder, Hartmut (Hrsg.)

Kafka-Handbuch. In 2 Bänden. Unter Mitarbeit zahlreicher Fachwissenschaftler hrsg. von Hartmut Binder. Bd. 1: Der Mensch und seine Zeit. Bd. 2: Das Werk und seine Wirkung. Stuttgart: Alfred Kröner Verlag, 1979. 611 bzw. 951 S.

Forsch. u. UB: 10-CPUJ 1054

Binder, Hartmut

Hartmut Binder: *Kafka in neuer Sicht.* Mimik, Gestik und Personengefüge als Darstellungsformen des Autobiographischen. Mit 21 Abbildungen. Stuttgart: J.B. Metzler, 1976. 677 S.

Forsch. u. UB: 11-CPUL 1622

Binder, Hartmut

Kafka-Kommentar zu den Romanen, Rezensionen, Aphorismen und zum Brief an den Vater. Von Hartmut Binder. München: Winkler Verlag, 1976. 491 S.

Forsch.

Binder, Hartmut

Kafka-Kommentar zu den Romanen, Rezensionen, Aphorismen und zum Brief an den Vater. Von Hartmut Binder. 2., bibliographisch ergänzte Aufl. München: Winkler Verlag, 1982. 495 S.

UB: 10-CPUJ 1046(2)

Binder, Hartmut

Kafka-Kommentar zu sämtlichen Erzählungen. Von Hartmut Binder. München: Winkler Verlag, 1975. 346 S.

Forsch.

Binder, Hartmut

Kafka-Kommentar zu sämtlichen Erzählungen. Von Hartmut Binder. 2., durchges. Aufl. München: Winkler Verlag, 1977. 346 S.

Forsch. u. UB: 10-CPUJ 1046

Binder, Hartmut

Motiv und Gestaltung bei Franz Kafka. Von Hartmut Binder. Bonn: H. Bouvier u. Co. Verlag, 1966. 406 S. (=Abhandlungen zur Kunst-, Musik- und Literaturwissenschaft, Bd. 37)

Forsch. u. UB: 11-CPUR 1101

Blanchot, Maurice

Maurice Blanchot: *De Kafka à Kafka.* Paris: Gallimard, 1981. 248 S.

UB: 11-CPUL 1282

Bloom, Harold (Hrsg.)

Franz Kafka's "The Castle". Edited and with an introduction by Harold Bloom. New York, New Haven, Philadelphia: Chelsea House Publ., 1988. 159 S. (=Modern Critical Interpretations)

UB: 05-ZZV 192128

Bloom, Harold (Hrsg.)

Franz Kafka's "The Metamorphosis". Edited and with an introduction by Harold Bloom. New York, New Haven, Philadelphia: Chelsea House Publ., 1988. 149 S. (=Modern Critical Interpretations)

UB: 11-GVGU 1122

Bloom, Harold (Hrsg.)

Franz Kafka's "The Trial". Edited and with an introduction by Harold Bloom. New York, New Haven, Philadelphia: Chelsea House Publ., 1987. 142 S. (=Modern Critical Interpretations)

UB: 05-ZZV 194049

Bloom, Harold

Harold Bloom: *Kafka – Freud – Scholem*. Aus dem amerikanischen Englisch von Angelika Schweikhart. Basel, Frankfurt/Main: Stroemfeld/Roter Stern, 1990. 80 S.

UB: 11-CPUN 1216

Bödeker, Karl-Bernhard

Karl-Bernhard Bödeker: *Frau und Familie im erzählerischen Werk Franz Kafkas*. Frankfurt/Main, Bern: Lang, 1974. 177 S. (=Europäische Hochschulschriften, Reihe I: Deutsche Literatur und Germanistik, Bd. 108)

UB: 11-CPUS 1017

Bokhove, Niels

Niels Bokhove: *Reiziger in scheerapparaten*. Kafka in Nederland en Vlaanderen. Overzicht, bloemlezing en bibliografie van de receptie van Franz Kafka's werk in het nederlandse Taalgebied. Amsterdam: Em. Querido's Uitgeverij B.V., 1984. 409 S.

Forsch.

Bonner, Marie Luise

Das Künstlerproblem in Franz Kafkas Erzählungen. Eine vergleichende Studie zur Entwicklung des Problemkreises in der deutschsprachigen Literatur. By Marie Luise Bonner. Diss. Berkeley, Calif., 1979. 259 S.

UB: 06-ZZXX 7480 u. 9678

Borchardt, Alfred

Alfred Borchardt: *Kafkas zweites Gesicht. Der Unbekannte.* Das große Theater von Oklahoma. Nürnberg: Glock und Lutz, 1960. 203 S.

UB: 11-CPUU 1025

Born, Jürgen

Jürgen Born: *"Daß zwei in mir kämpfen ..."* und andere Aufsätze zu Kafka. Wuppertal: Bergische Universität - Gesamthochschule, 1988. 129 S. (=Wuppertaler Broschüren zur Allgemeinen Literaturwissenschaft, Nr. 2)

Forsch. u. UB: 11-CPUL 1541

Born, Jürgen (Hrsg.)

Franz Kafka. Kritik und Rezeption zu seinen Lebzeiten 1912-1924. Hrsg. von Jürgen Born unter Mitwirkung von Herbert Mühlfeit und Friedemann Spikker. Frankfurt/Main: S. Fischer, 1979. 213 S.

Forsch. u. UB: 10- u. 11-CPUO 1025

Born, Jürgen (Hrsg.)

Franz Kafka. Kritik und Rezeption 1924-1938. Hrsg. von Jürgen Born unter Mitwirkung von Elke Koch, Herbert Mühlfeit und Mercedes Treckmann. Frankfurt/Main: S. Fischer, 1983. 508 S.

Forsch. u. UB: 10- u. 11-CPUO 1025+1

Born, Jürgen [u.a.]

Jürgen Born / Ludwig Dietz / Malcolm Pasley / Paul Raabe / Klaus Wagenbach: *Kafka-Symposion.* Mit 8 Abbildungen im Text und 5 Tafeln. 1.-2. Tsd. Berlin: Verlag Klaus Wagenbach, 1965. 189 S.

Forsch.

Born, Jürgen [u.a.]

Jürgen Born / Ludwig Dietz / Malcolm Pasley / Paul Raabe / Klaus Wagenbach: *Kafka-Symposion.* 2., veränderte Aufl. Berlin: Verlag Klaus Wagenbach, 1966. 187 S.

UB: 10- u. 11-CPUL 1046(2)

Born, Jürgen [u.a.]

Jürgen Born / Ludwig Dietz / Malcolm Pasley / Paul Raabe / Klaus Wagenbach: *Kafka-Symposion.* München: Deutscher Taschenbuch Verlag GmbH & Co., 1969. 142 S. (=dtv Sonderreihe, Bd. 77)

Forsch. u. UB: 11-CPUL 1290

Born, Jürgen

Jürgen Born: *Kafkas Bibliothek.* Ein beschreibendes Verzeichnis. Mit einem Index aller in Kafkas Schriften erwähnten Bücher, Zeitschriften und Zeitschriftenbeiträge. Zusammengestellt unter Mitarbeit von Michael Antreter, Waltraud John und Jon Shepherd. Frankfurt/Main: S. Fischer, 1990. 255 S.

Forsch. u. UB: 10-CPUJ 1062

Brenner, Gerd

Gerd Brenner: *Der poetische Text als System.* Ein Beitrag kritischer Systemtheorie zur Begründung des Poetischen. Anmerkungen zu Kafka. Frankfurt/Main: Haag und Herchen, 1978. 349 S.

UB: 11-CPUL 1177

Bridgwater, Patrick

Kafka and Nietzsche. By Patrick Bridgwater. Bonn: Bouvier, 1974. 166 S. (=Studien zur Germanistik, Anglistik und Komparatistik, Bd. 23)

UB: 11-CPUN 1012 (2 Ex.)

Brod, Max

The Castle. A play by Max Brod. Based on a novel of Franz Kafka. Tel Aviv: Cameri Theatre, 1955. 18 S.

UB: 04-ZZWX 30553

Brod, Max

Franz Kafka. A Biography by Max Brod. Fifth Printing. New York: Schocken Books, 1973. 252 S.

Forsch.

Brod, Max

Franz Kafka. Eine Biographie. (Erinnerungen und Dokumente). Von Max Brod. Prag: Verlag Heinr. Mercy Sohn, 1937. 295 S.

UB: 04-ZZWX 32987

Brod, Max

Franz Kafka. Eine Biographie. Erinnerungen und Dokumente von Max Brod. 2. Aufl. New York: Schocken Books, 1946. 287 S.

Forsch. u. UB: 04-ZZWX 29120(2)

Brod, Max

Max Brod: *Franz Kafka. Eine Biographie.* 3., erw. Aufl. Berlin, Frankfurt/Main: S. Fischer Verlag, 1954. 357 S.

Forsch.

Brod, Max

Max Brod: *Franz Kafkas Glauben und Lehre*. Kafka und Tolstoi. Eine Studie. Mit einem Anhang "Religiöser Humor bei Franz Kafka" von Felix Weltsch. München: Verlag Kurt Desch, 1948. 195 S.

Forsch.

Brod, Max

Max Brod: *Über Franz Kafka*. Franz Kafka. Eine Biographie. Franz Kafkas Glauben und Lehre. Verzweiflung und Erlösung im Werk Franz Kafkas. Frankfurt/Main: Fischer Taschenbuch Verlag, 1966. 407 S. (=Fischer Taschenbuch, Nr. 735)

UB: 05-CPUM 1041

Brod, Max

Max Brod: *Über Franz Kafka*. Franz Kafka – Eine Biographie. Franz Kafkas Glauben und Lehre. Verzweiflung und Erlösung im Werk Franz Kafkas. 1.-15. Tsd. Frankfurt/Main: Fischer Taschenbuch Verlag, 1974. 407 S. (=Fischer Taschenbuch, Nr. 1496)

Forsch.

Brod, Max

Max Brod: *Verzweiflung und Erlösung im Werk Franz Kafkas*. Frankfurt/Main: S. Fischer Verlag, 1959. 88 S.

Forsch. u. UB: 11-CPUS 1033

Bruggisser, Andreas

Andreas Bruggisser: *Franz Kafkas "Prozess"*. Eine Lektüre. Bern, Frankfurt/Main, New York, Paris: Peter Lang, 1989. 391 S. (=Europäische Hochschulschriften, Reihe I: Deutsche Sprache und Literatur, Bd. 1240)

UB: 11-CPUV 1046

Buber-Neumann, Margarete

Margarete Buber-Neumann: *Kafkas Freundin Milena*. München: Gotthold Müller Verlag, 1963. 315 S.

UB: 11-CPUO 1009

Buber-Neumann, Margarete

Margarete Buber-Neumann: *Milena, Kafkas Freundin*. München, Wien: Albert Langen, Georg Müller Verlag, 1977. 317 S.

Forsch.

Camus, Albert

Albert Camus: *Der Mythos von Sisyphos.* Ein Versuch über das Absurde. Mit einem kommentierenden Essay von Liselotte Richter. Hrsg. von Ernesto Grassi, Universität München. Hamburg: Rowohlt Taschenbuch Verlag, 1972. 151 S. (=rororo Taschenbuch, Nr. 90)

Forsch.

Canetti, Elias

Elias Canetti: *Der andere Prozeß.* Kafkas Briefe an Felice. 14.-16. Tsd. München: Carl Hanser Verlag, 1973. 127 S. (=Reihe Hanser, Nr. 23)

Forsch. u. UB: 10-CQWC 1068(4)

Canetti, Elias

Elias Canetti: *Kafka's other Trial.* The letters to Felice. Transl. by Christopher Middleton. New York: Schocken Books, 1974. 121 S.

Forsch.

Caputo-Mayr, Maria Luise (Hrsg.)

Franz Kafka. Eine Aufsatzsammlung nach einem Symposium in Philadelphia. Hrsg. u. eingeleitet von Maria Luise Caputo-Mayr. Berlin, Darmstadt: Agora Verlag, 1978. 245 S. (=29. Bd. der Schriftenreihe Agora. Hrsg. Manfred Schlösser)

Forsch. u. UB: 11-CPUL 1143

Caputo-Mayr, Maria Luise (Hrsg.)

Journal of Modern Literature. Franz Kafka Special Number. Guest Ed.: Maria Luise Caputo-Mayr. Philadelphia, Pennsylvania: Temple University, 1978. 140 S.

UB: 11-CPUL 1224

Caputo-Mayr, Maria Luise [u.a.]

Modern Austrian Literature. Vol. 11, Nos. 3/4, 1978. Special Franz Kafka Issue. University of California at Riverside: International Arthur Schnitzler Research Association, 1978. 352 S.

Forsch.

Cavarocchi, Marina (Hrsg.)

La certezza che toglie la speranza. Contributi per l'approfondimento dell'aspetto ebraico in Kafka. Con saggi di Hartmut Binder, Stéphane Mosès e Ulf Abraham. Firenze: Giuntina, 1988. 193 S. (Serie Critica, 2)

Forsch.

Centre Georges Pompidou (Hrsg.)

Le siècle de Kafka. Centre Georges Pompidou. En coproduction avec la Fondation Transculturelle Internationale et avec le concours de la Bibliothèque Publique d'Information. Paris: Centre Georges Pompidou, 1984. 294 S.

UB: 11-CPUL 1436

Cersowsky, Peter

Peter Cersowsky: *"Mein ganzes Wesen ist auf Literatur gerichtet." Franz Kafka im Kontext der literarischen Dekadenz.* Würzburg: Königshausen und Neumann, 1983. 94 S.

UB: 11-CPUT 1143

Citati, Pietro

Kafka. Pietro Citati. Translated from the Italian by Raymond Rosenthal. London: Secker & Warburg, 1990. 320 S.

UB: 11-CPUL 1630

Citati, Pietro

Pietro Citati: *Kafka.* Verwandlungen eines Dichters. Aus dem Italienischen von Sabina Kienlechner. München, Zürich: Piper, 1990. 346 S.

UB: 11-CPUM 1253

Cohen, Laurent

Variations autour de K. Pour une lecture juive de Franz Kafka. Laurent Cohen. Paris: Intertextes éditeur, 1991. 147 S.

UB: 11-CPUQ 1198

Collins, R.G. u. McRobbie, Kenneth (Hrsg.)

New Views of Franz Kafka. Edited by R.G. Collins and Kenneth McRobbie. Winnipeg: University of Manitoba Press, 1970. 190 S. (=New Views: A Mosaic Series in Literature, No. 10)

Forsch.

Corngold, Stanley

Stanley Corngold: *The Commentators' Despair*. The Interpretation of Kafka's 'Metamorphosis'. Port Washington, N.Y. and London: Kennikat Press, 1973. 267 S. (=National University Publications Series On Literary Criticism. General Editor Eugene Goodheart, Prof. of Literature, Massachusetts Institute of Technology)

Forsch. u. UB: 11-CPUX 1054

Corngold, Stanley

Franz Kafka. The Necessity of Form. By Stanley Corngold. Ithaca and London: Cornell University Press, 1988. 321 S.

UB: 11-CPUR 1143

Crawford, Deborah

Franz Kafka. Man Out of Step by Deborah Crawford. New York: Crown Publishers, Inc., 1973. 183 S.

Forsch.

Danès, Jean-Pierre

Jean-Pierre Danès: *Prague, Kafka, Chweïk.* (Etudes). Versailles: Marie-Josée Danès-Editions, 1989. 87 S.

Forsch.

Dangelmayr, Siegfried

Siegfried Dangelmayr: *Der Riß im Sein oder die Unmöglichkeit des Menschen.* Interpretationen zu Kafka und Sartre. Frankfurt/Main, Bern, New York, Paris: Peter Lang, 1988. 562 S. (=Europäische Hochschulschriften, Reihe XX: Philosophie, Bd. 228)

UB: 11-CPUQ 1172

David, Claude (Hrsg.)

Franz Kafka: Themen und Probleme. [Beiträge zu einem Kafka-Kolloquium, das 1978 im Centre Universitaire du Grand Palais (Univ. de Paris, Sorbonne) stattfand]. Mit Beiträgen von Beda Allemann [u.a.]. Hrsg. von Claude David. Göttingen: Vandenhoeck & Ruprecht, 1980. 257 S. (=Kleine Vandenhoeck-Reihe, 1451)

UB: 11-CPUL 1240 u. -CPU 1020

Dehne, Doris

The Formative Years of Kafka Criticism. Max Brod's interpretation of Franz Kafka. By Doris Dehne. Ann Arbor, Mich. (u.a.): Univ. Microfilm International, 1980. 134 S.

UB: 05-BUB 8472

Deleuze, Gilles u. Guattari, Félix

Gilles Deleuze, Félix Guattari: *Kafka. Für eine kleine Literatur*. Aus dem Französischen übersetzt von Burkhart Kroeber. Frankfurt/Main: Suhrkamp Verlag, 1976. 133 S. (=Edition Suhrkamp, 807)

UB: 11-CPUQ 1091

Demetz, Petr [u.a.]

Franz Kafka a Praha. Vzpomínky/ Úvahy/ Dokumenty. Praha: Vladimír Žikeš, 1947. 61 S.

Forsch.

Demmer, Jürgen

Jürgen Demmer: *Franz Kafka. Der Dichter der Selbstreflexion*. Ein Neuansatz zum Verstehen der Dichtung Kafkas. Dargestellt an der Erzählung "Das Urteil". München: Wilhelm Fink Verlag, 1973. 203 S.

Forsch. u. UB: 11-CPUQ 1059

Deppisch, Hans-Joachim

Hans-Joachim Deppisch: *Hypothese und Appell, Franz Kafka und seine Romane "Der Prozeß" und "Das Schloß"*. Analyse der Aussage im weiteren Rahmen der Abklärung verständnisleitender Fragen. Frankfurt/Main, Bern, New York, Paris: Peter Lang, 1991. 604 S. (=Würzburger Hochschulschriften zur neueren deutschen Literaturgeschichte, Bd. 12)

UB: 11-CPUV 1101

Dietz, Ludwig

Ludwig Dietz: *Franz Kafka*. Stuttgart: J.B. Metzlersche Verlagsbuchhandlung, 1975. 117 S. (=Sammlung Metzler, Bd. 138)

Forsch. u. UB: 11-CPUL 1274

Dietz, Ludwig

Ludwig Dietz: *Franz Kafka*. 2., ergänzte und verbesserte Auflage. Stuttgart: J.B. Metzler, 1990. 170 S. (=Sammlung Metzler, Bd. 138)

UB: 11-CPUL 1274(2)

Dietzfelbinger, Konrad

Konrad Dietzfelbinger: *Kafkas Geheimnis*. Eine Interpretation von Franz Kafkas "Betrachtungen über Sünde, Leid, Hoffnung und den wahren Weg". Freiburg i.Br.: Aurum Verlag, 1987. 270 S.

UB: 11-CPUY 1017

Durusoy, Gertrude

Gertrude Durusoy: *L'incidence de la littérature et de la langue tchèques sur les nouvelles de Franz Kafka*. Berne, Francfort/M., Las Vegas: Peter Lang, 1981. 134 S. (=Publications Universitaires Européennes, Série XVI: Langues et littératures slaves, vol. 19)

UB: 11-CPUN 1096

Eisner, Pavel

Pavel Eisner: *Franz Kafka and Prague*. Translated from the German by Lowry Nelson and René Wellek. New York: Golden Griffin Books, 1950. 100 S.

Forsch.

Elling, Barbara (Hrsg.)

Kafka-Studien. Hrsg. von Barbara Elling. New York, Berne, Frankfurt/Main: Peter Lang, 1985. 201 S. (=New Yorker Studien zur Neueren Deutschen Literaturgeschichte, 5)

UB: 10- u. 11-CPUL 1478

Emrich, Wilhelm

Franz Kafka. Von Wilhelm Emrich. Bonn: Athenäum Verlag, 1958. 445 S.

Forsch. u. UB: 11-CPUJ 1012 u. 1020

Emrich, Wilhelm u. Goldmann, Bernd (Hrsg.)

Franz Kafka. Symposium 1983. Akademie der Wissenschaften und der Literatur zu Mainz. Hrsg. von Wilhelm Emrich und Bernd Goldmann. Mainz: von Hase & Koehler, 1985. 378 S.

UB: 11-CPUL 1486

Engerth, Ruediger

Ruediger Engerth: *Im Schatten des Hradschin*. Kafka und sein Kreis. Graz, Wien, Köln: Stiasny Verlag, 1965. 124 S. (=Stiasny Bücherei, Bd. 1004)

Forsch.

Enklaar, Jattie u. Küpper, Peter (Hrsg.)

Kafka-Kolloquium. Utrecht, Mai 1984. Hrsg. von Jattie Enklaar, Peter Küpper. Amsterdam: Rodopi, 1984. 72 S.

UB: 11-CPUL 1494

Eschweiler, Christian

Christian Eschweiler: *Die unerfüllbare Hoffnung auf Selbsterlösung.* (Eine Interpretation und die Neuordnung der Kapitelfolge von Kafkas Roman "Der Prozeß"). Phil. Diss. Bonn, 1988. 320 S.

Forsch.

Eschweiler, Christian

Christian Eschweiler: *Der verborgene Hintergrund in Kafkas "Der Prozeß".* Bonn: Bouvier Verlag, 1990. 172 S.

UB: 11-CPUV 1096

Faber, Marion

Angels of Daring. Tightrope Walker and Acrobat in Nietzsche, Kafka, Rilke and Thomas Mann. By Marion Faber. Stuttgart: Akademischer Verlag Hans-Dieter Heinz, 1979. 176 S. (=Stuttgarter Arbeiten zur Germanistik, hrsg. von Ulrich Müller, Franz Hundsnurscher und Cornelius Sommer, Nr. 72)

Forsch.

Falk, Walter

Walter Falk: *Franz Kafka und die Expressionisten im Ende der Neuzeit.* Frankfurt/Main, Bern, New York, Paris: Peter Lang, 1990. 423 S. (=Beiträge zur neuen Epochenforschung, Bd. 10)

UB: 11-CPUN 1185

Falk, Walter

Walter Falk: *Leid und Verwandlung.* Rilke, Kafka, Trakl und der Epochenstil des Impressionismus und Expressionismus. Salzburg: Otto Müller Verlag, 1961. 499 S. (=Trakl-Studien, Bd. VI. Hrsg. von Dr. Ignaz Zangerle)

Forsch. u. UB: 11-CHL 1277 (2 Ex.)

Farese, Giuseppe (Hrsg.)

Kafka oggi. [Mit Beiträgen von Binder, Cusatelli, Goldstücker, Farese, Freschi, Pasley, Schillemeit, Schwarz u.a., hrsg. von Giuseppe Farese]. Bari: Adriatica Editrice, 1986. 368 S.

Forsch.

Fehlmann, Ralph

Ralph Fehlmann: *Geschichtlichkeit und Widerstand.* Die Dialektik der Aufklärung im Erzählwerk Franz Kafkas. Bern, Frankfurt/Main: Peter Lang, 1981. 429 S. (=Europäische Hochschulschriften, Reihe I: Deutsche Sprache und Literatur, Bd. 441)

UB: 11-CPUT 1062

Ferenczi, Rose-Marie

Rose-Marie Ferenczi: *Kafka: Subjectivité, Histoire et Structures.* Paris: Klincksieck, 1975. 216 S.

UB: 11-CPUL 1347

Fickert, Kurt J.

Kurt J. Fickert: *Kafka's Doubles.* Bern, Frankfurt/Main, Las Vegas: Peter Lang, 1979. 105 S. (=Utah Studies in Literature and Linguistics, vol. 15)

UB: 11-CPUT 1004

Fiechter, Hans Paul

Hans Paul Fiechter: *Kafkas fiktionaler Raum.* Erlangen: Palm & Enke, 1980. 206 S.

UB: 10- u. 11-CPUT 1038

Fingerhut, Karlheinz

Karlheinz Fingerhut: *Franz Kafka – Klassiker der Moderne.* Literarische Texte und historische Materialien, Lehrerband. Stuttgart: J.B. Metzlersche Verlagsbuchhandlung, 1981. 136 S. (=Deutsch in der Sekundarstufe II. Hrsg. von Karlheinz Fingerhut, Eduard Haueis und Otfried Hoppe, Kurs 10)

Forsch. u. UB: 11-CPUQ 1130

Fingerhut, Karlheinz

Karlheinz Fingerhut: *Franz Kafka – Klassiker der Moderne.* Literarische Texte und historische Materialien, Schülerarbeitsbuch. Stuttgart: J.B. Metzlersche Verlagsbuchhandlung, 1981. 221 S. (=Deutsch in der Sekundarstufe II. Hrsg. von Karlheinz Fingerhut, Eduard Haueis und Otfried Hoppe, Kurs 10)

Forsch. u. UB: 11-CPUQ 1130

Fingerhut, Karlheinz

Die Funktion der Tierfiguren im Werke Franz Kafkas. Offene Erzählgerüste und Figurenspiele. Von Karlheinz Fingerhut. Bonn: Bouvier Verlag, 1969. 325 S. (=Abhandlungen zur Kunst-, Musik- und Literaturwissenschaft, Bd. 89)

UB: 11-CPUS 1041

Fischer, Dagmar

Dagmar Fischer: *Der Rätselcharakter der Dichtung Kafkas*. Frankfurt/Main, Bern, New York: Peter Lang, 1985. 443 S. (=Berliner Beiträge zur neueren deutschen Literaturgeschichte, Bd. 7)

UB: 11-CPUT 1193

Fischer, Ernst

Ernst Fischer: *Von Grillparzer zu Kafka*. Sechs Essays. 1. Aufl. Frankfurt/Main: Suhrkamp Verlag, 1975. 383 S. (=Suhrkamp-Taschenbücher, 284)

UB: 11-BTO 1154

Flach, Brigitte

Kafkas Erzählungen. Strukturanalyse und Interpretation von Brigitte Flach. 2., um ein Nachwort erweiterte Auflage. Bonn: Bouvier Verlag Herbert Grundmann, 1972. 180 S. (=Abhandlungen zur Kunst-, Musik- und Literaturwissenschaft, Bd. 43)

Forsch.

Flach, Brigitte

Kafkas Erzählungen. Strukturanalyse und Interpretation von Brigitte Flach. 3., um ein Zweites Nachwort erweiterte Auflage. Bonn: Bouvier Verlag Herbert Grundmann, 1983. 190 S. (=Abhandlungen zur Kunst-, Musik- und Literaturwissenschaft, Bd. 43)

UB: 11-CPUX 1012(3)

Flores, Angel u. Swander, Homer (Hrsg.)

Franz Kafka Today. Edited by Angel Flores and Homer Swander. Madison: The University of Wisconsin Press, 1964. 290 S.

UB: 11-CPUL 1559

Flores, Angel (Hrsg.)

The Kafka Debate. New Perspectives For Our Time. Edited by Angel Flores. New York: Gordian Press, 1977. 453 S.

Forsch.

Flores, Angel (Hrsg.)

The Kafka Problem. An anthology of criticism about Kafka. Edited by Angel Flores. New York: Gordian Press, 1975. 503 S.

UB: 11-CPUL 1614

Flores, Angel (Hrsg.)

The Problem of The Judgment. Eleven Approaches to Kafka's Story. Edited by Angel Flores, with a new translation of "The Judgment" by Malcolm Pasley. New York: Gordian Press, 1977. 266 S.

Forsch.

Foulkes, A.P.

The Reluctant Pessimist. A Study of Franz Kafka. By A.P. Foulkes. The Hague, Paris: Mouton, 1967. 176 S. (=Stanford Studies in Germanics and Slavics, vol. 5)

UB: 11-CPUJ 1038

Freschi, Marino (Hrsg.)

Saggi di letteratura Praghese a cura di Marino Freschi. Napoli: Istituto Universitario Orientale, 1987. 135 S.

Forsch.

Frey, Eberhard

Eberhard Frey: *Franz Kafkas Erzählstil.* Eine Demonstration neuer stilanalytischer Methoden an Kafkas Erzählung "Ein Hungerkünstler". 2., verb. und vermehrte Aufl. Bern, Frankfurt/Main: H. Lang, P. Lang, 1974. 374 S. (=Europäische Hochschulschriften, Reihe I: Deutsche Literatur und Germanistik, Bd. 31)

Forsch. u. UB: 11-CPUR 1046(2)

Fronius, Hans

Hans Fronius: *Kafka-Mappe.* Zeichnungen zu den Werken Franz Kafkas. Mit einer Parabel von Franz Kafka und einem Vorwort von Otto Mauer. Zweite Auflage. Wien: Amandus-Edition, 1947. 10 S., X Bl.

UB: 04-ZZWX 28873(2)

Fronius, Hans

Hans Fronius: *Kunst zu Kafka.* Mit einem Text von Hans Fronius. Einführung: Wolfgang Hilger. Bildtexte: Helmut Stutzmann. Wien: Edition Hilger, Lübeck: Lucifer-Verlag, 1983. 145 S.

UB: 10-CPUT 1224 u. 35-KDLF 1139

Frynta, Emanuel u. Lukas, Jan

Franz Kafka lebte in Prag. Text von Emanuel Frynta. Photographien von Jan Lukas. Deutsch von Lotte Elsnerová. Graphische Gestaltung von Pavel Hrdlička. Prag: Artia Verlag, 1960. 148 S.

Forsch.

Gide, André u. Barrault, Jean-Louis

André Gide & Jean-Louis Barrault: *The Trial.* A Dramatization Based on Franz Kafka's Novel. (Translated by Leon Katz and Joseph Katz). 4. Aufl. New York: Schocken Books, 1974. 140 S.

Forsch. u. UB: 11-CPUC 1114

Gilli, Y.

Y. Gilli: *A propos du texte littéraire et de F. Kafka* (théories et pratique) ou encore faut–il brûler le structuralisme? Paris: Les Belles Lettres, 1985. 156 S.

Forsch. u. UB: 11-CPUT 1208

Giudice, Gaspare

Franz Kafka: Sogni. A cura di Gaspare Giudice. Palermo: Sellerio editore, 1990. 159 S.

UB: 11-CPUB 1054

Glatzer, Nahum N[orbert]

Nahum N. Glatzer: *Frauen in Kafkas Leben.* Aus dem Amerikanischen von Otto Bayer. Zürich: Diogenes Verlag, 1987. 131 S.

UB: 10- u. 11-CPUM 1198

Glatzer, Nahum N[orbert] (Hrsg.)

I Am a Memory Come Alive. Autobiographical Writings by Franz Kafka. Edited by Nahum N. Glatzer. New York: Schocken Books, 1974. 264 S.

Forsch.

Glatzer, Nahum N[orbert]

The Loves of Franz Kafka. Nahum N. Glatzer. New York: Schocken Books, 1986. 85 S.

UB: 11-CPUM 1211

Goebel, Rolf J.

Rolf J. Goebel: *Kritik und Revision.* Kafkas Rezeption mythologischer, biblischer und historischer Traditionen. Frankfurt/Main, Bern, New York: Peter Lang, 1986. 147 S. (=Beiträge zur Literatur und Literaturwissenschaft des 20. Jahrhunderts, Bd. 5)

UB: 11-CPUN 1135

Göhler, Hulda

Franz Kafka: Das Schloß, "Ansturm gegen die Grenze." Entwurf einer Deutung. Von Hulda Göhler. Bonn: Bouvier, 1982. 262 S.

UB: 11-CPUW 1033

Goldstücker, Eduard [u.a.]

Franz Kafka aus Prager Sicht 1963. Redaktion des Sammelbandes: Eduard Goldstücker, František Kautmann, Paul Reimann, Leoš Houska. Prag: Verlag der Tschechoslowakischen Akademie der Wissenschaften, 1965. 305 S.

UB: 10-CPUN 1208

Goldstücker, Eduard [u.a.]

Franz Kafka aus Prager Sicht. Redaktion des Sammelbandes: Eduard Goldstücker, František Kautmann, Paul Reimann, Leoš Houska. Berlin: Voltaire Verlag, 1966. 305 S.

Forsch. u. UB: 10- u. 11-CPUQ 1148

Goth, Maja

Maja Goth: *Franz Kafka et les Lettres Françaises (1928-1955).* Paris: Librairie José Corti, 1956. 285 S.

Forsch. u. UB: 11-CPUO 1041

Gradmann, Stefan

Stefan Gradmann: *Topographie / Text.* Zur Funktion räumlicher Modellbildung in den Werken von Adalbert Stifter und Franz Kafka. Frankfurt/Main: Anton Hain, 1990. 219 S. (=athenäums monografien: Literaturwissenschaft, Bd. 96)

UB: 11-CPKO 1017

Grandin, John M.

John M. Grandin: *Kafka's Prussian Advocate.* A Study of the Influence of Heinrich von Kleist on Franz Kafka. Drawer, Columbia: Camden House, 1987. 191 S. (=Studies in German literature, linguistics and culture, vol. 31)

UB: 11-CPUN 1193

Gray, Richard T.

Richard T. Gray: *Constructive Destruction.* Kafka's Aphorisms: Literary Tradition and Literary Transformation. Tübingen: Niemeyer, 1987. 308 S. (=Studien zur deutschen Literatur, 91)

UB: 11-CPUY 1009

Gray, Ronald (Hrsg.)

Kafka. A Collection of Critical Essays. Edited by Ronald Gray. Englewood Cliffs, N.J.: Prentice-Hall, Inc., 1962. 182 S. (Twentieth Century Views. Series Editor: Maynard Mack)

Forsch.

Gregor-Dellin, Martin

Martin Gregor-Dellin: *Im Zeitalter Kafkas.* Essays. München, Zürich: R. Piper & Co. Verlag, 1979. 284 S.

Forsch. u. UB: 11-BNO 1508

Grözinger, Karl Erich [u.a.] (Hrsg.)

Franz Kafka und das Judentum. Hrsg. von Karl Erich Grözinger, Stéphane Mosès und Hans Dieter Zimmermann. Frankfurt/Main: Jüdischer Verlag bei Athenäum, 1987. 260 S.

Forsch. u. UB: 11-CPUN 1151

Gronius, Jörg W.

Jörg W. Gronius: *Kafka im Theater.* Über Adaptationen des 'Prozeß' und 'Menschen im Hotel'. Diss. Berlin, 1983. 236 S.

UB: 05-ZZX 85462

Gruša, Jiří

Jiří Gruša: *Franz Kafka aus Prag.* Frankfurt/Main: S. Fischer, 1983. 127 S.

UB: 11-CPUM 1114

Guntermann, Georg

Georg Guntermann: *Vom Fremdwerden der Dinge beim Schreiben.* Kafkas Tagebücher als literarische Physiognomie des Autors. Tübingen: Max Niemeyer Verlag, 1991. 342 S. (=Studien zur deutschen Literatur, Bd. 111)

UB: 11-CPUZ 1004

Hackermüller, Rotraut

Rotraut Hackermüller: *Kafkas letzte Jahre. 1917-1924.* München: Kirchheim, 1990. 174 S.

Forsch. u. UB: 11-CPUM 1237

Hackermüller, Rotraut

Rotraut Hackermüller: *Das Leben, das mich stört.* Eine Dokumentation zu Kafkas letzten Jahren 1917-1924. Wien, Berlin: Medusa Verlag, 1984. 168 S.

Forsch. u. UB: 11-CPUM 1148

Hamm, Christian

Christian Hamm: *Textinterpretation und ästhetische Erfahrung.* Zu den Möglichkeiten und Grenzen eines 'realistischen' Umgangs mit Franz Kafka. Diss. Hamburg, 1980. 265 S.

Hanlin, Todd C.

Todd C. Hanlin: *Franz Kafka. Kunstprobleme.* Bern, Frankfurt/Main, Las Vegas: P. Lang, 1977. 90 S. (=Europäische Hochschulschriften, Reihe I: Deutsche Literatur und Germanistik, Bd. 184)

Hasselblatt, Dieter

Dieter Hasselblatt: *Zauber und Logik. Eine Kafka-Studie.* Köln: Verlag Wissenschaft und Politik, 1964. 215 S.

Forsch.

Havel, Václav

Havel – Kafka. Václav Havel: Kurze Danksagung für Ehrendoktorat der hebräischen Universität in Jerusalem am 26.4.1990. Franz Kafka: Aus dem Tagebuch. Übersetzung: Petr Kučera. Graphische Darstellung: Karel Haloun. 1. Ausg. Praha: Evropský Kulturní Klub, 1990. 16. S.

Hayman, Ronald

K. A Biography of Kafka. Ronald Hayman. London: Weidenfeld and Nicolson, 1981. 349 S.

Hayman, Ronald

Ronald Hayman: *Kafka.* Sein Leben, seine Welt, sein Werk. Einzig berecht. Übersetzung aus dem Englischen von Karl A. Klewer. Bern, München: Scherz, 1983. 399 S.

Hebell, Claus

Rechtstheoretische und geistesgeschichtliche Voraussetzungen für das Werk Franz Kafkas, analysiert an dem Roman 'Der Prozeß'. Von Claus Hebell. Diss. München, 1981. 315 S.

Heintz, Günter

Günter Heintz: *Franz Kafka*. Sprachreflexion als dichterische Einbildungskraft. Würzburg: Königshausen und Neumann, 1983. 128 S.

UB: 11-CPUR 1096

Heinz, Bernd

Bernd Heinz: *Die Auflösung des Subjekts bei Franz Kafka*. Untersuchung einer bürgerlichen Sozialisation anhand einer Schriftsteller-Biographie. Diss. Marburg, 1983. 161 S.

UB: 05-ZZX 103468

Heller, Erich

Erich Heller: *Franz Kafka*. New York: Viking Press, 1975. 140 S.

Forsch.

Heller, Erich u. Beug, Joachim (Hrsg.)

Franz Kafka. Hrsg. von Erich Heller und Joachim Beug. München: Heimeran/S. Fischer Verlag, 1969. 186 S. (=Dichter über ihre Dichtungen. Verantwortl. Hrsg. Rudolf Hirsch und Werner Vordtriede)

Forsch. u. UB: 11-CPUC 1025

Heller, Erich u. Beug, Joachim (Hrsg.)

Franz Kafka: Über das Schreiben. Hrsg. von Erich Heller und Joachim Beug. Frankfurt/Main: Fischer Taschenbuch Verlag, 1983. 185 S. (=Fischer Taschenbuch, Nr. 2528)

UB: 10- u. 11-CPUB 1038

Heller, Paul

Paul Heller: *Franz Kafka*. Wissenschaft und Wissenschaftskritik. Tübingen: Stauffenburg Verlag, 1989. 254 S. (=Stauffenburg Colloquium, Bd.10)

UB: 11-CPUT 1282

Hermsdorf, Klaus

Klaus Hermsdorf: *Kafka. Weltbild und Roman*. Berlin: Rütten & Loening, 1961. 301 S. (=Germanistische Studien. Hrsg. von Dr. Hans Kaufmann u. Dr. Hans-Günther Thalheim)

Forsch.

Hesse, Silke M.

Argument and Ambiguity. The Works of Franz Kafka. Silke M. Hesse. Melbourne: Monash University, 1970. 321 S. (Dissertation)

Forsch.

Hibberd, John

Kafka: Die Verwandlung. John Hibberd. London: Grant & Cutler, 1985. 78 S. (=Critical Guides to German Texts. Ed. by Martin Swales)

UB: 11-CPUX 1193

Hiebel, Hans Helmut

Hans Helmut Hiebel: *Franz Kafka: "Ein Landarzt"*. München: Wilhelm Fink Verlag, 1984. 181 S. (=Uni-Taschenbücher, Nr. 1289)

UB: 11-CPUX 1143

Hiebel, Hans Helmut

Hans Helmut Hiebel: *Die Zeichen des Gesetzes: Recht und Macht bei Franz Kafka*. München: Wilhelm Fink Verlag, 1983. 287 S.

UB: 11-CPUT 1135

Hiepe, Richard (Hrsg.)

Bilder und Graphik zu Werken von Franz Kafka. Hrsg. und mit einer Einleitung von Richard Hiepe. München: Neue Münchner Galerie, 1966. 83 S.

Forsch.

Hillmann, Heinz

Franz Kafka. Dichtungstheorie und Dichtungsgestalt von Heinz Hillmann. 2., erw. Aufl. Bonn: Bouvier Verlag Herbert Grundmann, 1973. 257 S. (=Bonner Arbeiten zur Deutschen Literatur. Hrsg. Benno von Wiese, Bd. 9)

Forsch. u. UB: 11-CPUP 1012(2)

Hodin, Josef Paul

Josef Paul Hodin: *Kafka und Goethe*. Zur Problematik unseres Zeitalters. London, Hamburg: Odysseus Verlag, o.J. [1968]. 100 S.

Forsch.

Hoffer, Klaus

Klaus Hoffer: *Methoden der Verwirrung*. Betrachtungen zum Phantastischen bei Franz Kafka. Wien, Graz: Droschl, 1986. 152 S. (=Grazer Poetik-Vorlesung 1985/86)

UB: 11-CPUT 1290

Hoffmann, Werner

Werner Hoffmann: *"Ansturm gegen die letzte irdische Grenze". Aphorismen und Spätwerk Kafkas*. Bern und München: Francke Verlag, 1984. 280 S.

UB: 10-CPUQ 1156 u. 11-CPUT 1169

Hoffmann, Werner

Werner Hoffmann: *Kafkas Aphorismen*. Bern und München: Francke Verlag, 1975. 128 S.

Forsch. u. UB: 11-CPUT 1046

Honegger, Jürg Beat

Das Phänomen der Angst bei Franz Kafka. Von Jürg Beat Honegger. Berlin: E. Schmidt Verlag, 1975. 340 S. (=Phil. Studien u. Quellen, H. 81)

UB: 11-CPUS 1009

Horák, Petr u. Glebocki, Walter

Kafkas Prag – heute. Text und Bild-Ideen: Petr Horák. Fotos: Hans Walter Glebocki und Petr Horák. Kassel: Stauda Verlag, 1982. 104 S.

UB: 11-CPUT 1101

Hornschuh, Manfred

Manfred Hornschuh: *Die Tagebücher Franz Kafkas*. Funktionen – Formen – Kontraste. Frankfurt/Main, Bern, New York, Paris: Peter Lang Verlag, 1987. 327 S. (=Europäische Hochschulschriften, Reihe 1: Deutsche Sprache und Literatur, Bd. 978)

Forsch. u. UB: 10- u. 11-CPUM 1180

Hughes, Kenneth (Hrsg.)

Franz Kafka. An Anthology of Marxist Criticism. Edited and translated by Kenneth Hughes. Hanover, NH; London: Univ. Press of New England, 1981. 290 S.

UB: 11-CPUO 1033

Jaffe, Adrian

The Process of Kafka's "Trial" by Adrian Jaffe. Michigan: State University Press, 1967. 150 S.

Forsch.

Jahn, Wolfgang

Wolfgang Jahn: *Kafkas Roman "Der Verschollene" ("Amerika")*. Stuttgart: J.B. Metzlersche Verlagsbuchhandlung, 1965. 158 S. (=Germanistische Abhandlungen 11)

Forsch. u. UB: 11-CPUN 1070

Jahnke, Uwe

Die Erfahrung von Entfremdung. Sozialgeschichtliche Studien zum Werk Franz Kafkas. Von Uwe Jahnke. Stuttgart: Heinz, 1988. 473 S. (=Stuttgarter Arbeiten zur Germanistik, Bd. 209)

UB: 11-CPUT 1305

Jahnke, Uwe

Uwe Jahnke: *Franz Kafkas Erzählung "Die Verwandlung"*. Ein literatur-didaktisches Konzept. Frankfurt/Main, Bern, New York, Paris: Peter Lang, 1990. 131 S. (=Europäische Hochschulschriften, Reihe I: Deutsche Sprache und Literatur, Bd. 1192)

UB: 11-CPUX 1224

Jakob, Dieter

Dieter Jakob: *Das Kafka-Bild in England.* Eine Studie zur Aufnahme des Werkes in der journalistischen Kritik (1928-1966). Darstellung, Dokumente, Bibliographie. 2 Bde. Oxford und Erlangen, 1971. 709 S.

Forsch.

Janouch, Gustav

Gustav Janouch: *Franz Kafka und seine Welt.* Wien, Stuttgart, Zürich: Hans Deutsch Verlag, 1965. 188 S.

Forsch.

Janouch, Gustav

Gespräche mit Kafka. Erinnerungen und Aufzeichnungen von Gustav Janouch. Frankfurt/Main: S. Fischer Verlag, 1951. 138 S.

Forsch. u. UB: 10- u. 11-CPUC 1059

Janouch, Gustav

Gustav Janouch: *Gespräche mit Kafka.* Aufzeichnungen und Erinnerungen. Erweiterte Ausgabe. Frankfurt/Main: S. Fischer Verlag, 1968. 268 S.

Forsch.

Jofen, Jean

Jean Jofen: *The Jewish Mystic in Kafka.* New York, Berne, Frankfurt/Main: Peter Lang, 1987. 249 S. (=American University Studies. Series I: Germanic Languages and Literature, vol. 41)

UB: 11-CPUT 1232

Kaiser, Hellmuth

Franz Kafkas Inferno. Eine psychologische Deutung seiner Strafphantasie. Von Hellmuth Kaiser, Berlin. Wien: Internationaler Psychoanalytischer Verlag, 1931. 65 S. (=Sonderabdruck aus "Imago, Zeitschrift für Anwendung der Psychoanalyse auf die Natur- und Geisteswissenschaften", hrsg. von Sigm. Freud, Bd. XVII, 1931)

Forsch.

Kassel, Norbert

Norbert Kassel: *Das Groteske bei Franz Kafka.* München: Wilhelm Fink Verlag, 1969. 176 S.

Forsch.

Keller, Karin

Karin Keller: *Gesellschaft in mythischem Bann.* Studien zum Roman "Das Schloß" und anderen Werken Franz Kafkas. Wiesbaden: Akademische Verlagsgesellschaft Athenaion, 1977. 273 S. (=Athenaion Literaturwissenschaft, Bd. 7)

Forsch. u. UB: 11-CPUW 1025

Kellerwessel, Wulf

Wulf Kellerwessel: *Kafkas "Prozeß" – eine sprachphilosophische Deutung.* Frankfurt/Main, Bern, New York, Paris: Lang, 1990. 170 S. (=Europäische Hochschulschriften, Reihe I: Deutsche Sprache und Literatur, Bd. 1197)

UB: 11-CPUV 1062

Kessler, Susanne

Susanne Kessler: *Kafka – Poetik der sinnlichen Welt.* Strukturen sprachkritischen Erzählens. Stuttgart: J.B. Metzlersche Verlagsbuchhandlung, 1983. 214 S. (=Germanistische Abhandlungen, 53)

UB: 11-CPUR 1088

Kienlechner, Sabina

Sabina Kienlechner: *Negativität der Erkenntnis im Werk Franz Kafkas.* Eine Untersuchung zu seinem Denken anhand einiger später Texte. Tübingen: Max Niemeyer Verlag, 1981. 165 S. (=Studien zur Deutschen Literatur. Hrsg. von Wilfried Barner, Richard Brinkmann und Friedrich Sengle, Bd. 66)

Forsch. u. UB: 11-CPUN 1088 (2 Ex.)

Kim, Jeong-Suk

Franz Kafka. Darstellung und Funktion des Raumes in "Der Prozeß" und "Das Schloß". Von Jeong-Suk Kim. Bonn: Bouvier, 1983. 173 S. (=Bonner Arbeiten zur deutschen Literatur, 39)

UB: 11-CPUV 1012

Kirchberger, Lida

Lida Kirchberger: *Franz Kafka's Use of Law in Fiction.* A New Interpretation of "In der Strafkolonie", "Der Prozess", and "Das Schloss". New York, Berne, Frankfurt/Main: Peter Lang, 1986. 212 S. (=New York University Ottendorfer Series, NF, Bd. 22)

UB: 11-CPUS 1067

Kittler, Wolf u. Neumann, Gerhard (Hrsg.)

Franz Kafka: Schriftverkehr. Hrsg. von Wolf Kittler und Gerhard Neumann. Freiburg im Breisgau: Rombach Verlag, 1990. 439 S. (=Rombach Wissenschaft, Reihe Litterae)

UB: 11-CPUL 1656

Kittler, Wolf

Wolf Kittler: *Der Turmbau zu Babel und das Schweigen der Sirenen*. Über das Reden, das Schweigen, die Stimme und die Schrift in vier Texten von Franz Kafka. Erlangen: Palm & Enke, 1985. 303 S. (=Erlanger Studien, 58)

UB: 11-CPUX 1177

Klingsberg, Reuben (Hrsg.)

Reuben Klingsberg (Hrsg.): *Exhibition Franz Kafka 1883-1924*. Catalogue. Jerusalem: Berman Hall, The Jewish National and University Library, 1969. 49 S.

Forsch.

Kobs, Jörgen

Jörgen Kobs: *Kafka. Untersuchungen zu Bewußtsein und Sprache seiner Gestalten* hrsg. von Ursula Brech. Bad Homburg v.d.H.: Athenäum Verlag, 1970. 559 S.

Forsch. u. UB: 11-CPUR 1012

Koelb, Clayton

Kafka's Rhetoric. The Passion of Reading. Clayton Koelb. Ithaca and London: Cornell University Press, 1989. 263 S.

UB: 11-CPUR 1127 (2 Ex.)

Köppel, Peter

Peter Köppel: *Die Agonie des Subjekts*. Das Ende der Aufklärung bei Kafka und Blanchot. Wien: Passagen Verlag, 1991. 128 S.

UB: 11-CPUT 1321

Kolman, Maria A.

The Literary Fortune of Franz Kafka. A Critical Survey of the German, English, and Slavic Secondary Literature. By Maria Antoinette Kolman. Diss. Boulder, Col., 1973. 208 S.

UB: 05-BUB 6535

Kraft, Herbert

Herbert Kraft: *Kafka*. Wirklichkeit und Perspektive. Bebenhausen: Verlag Lothar Rotsch, 1972. 82 S. (=Thesen und Analysen, Bd. 2)

Forsch.

Kraft, Herbert

Herbert Kraft: *Kafka*. Wirklichkeit und Perspektive. 2. Aufl. Bern: Peter Lang, 1983. 82 S.

UB: 11-CPUL 1363

Kraft, Herbert

Herbert Kraft: *Mondheimat – Kafka*. Pfullingen: Verlag Günther Neske, 1983. 279 S.

UB: 11-CPUL 1305

Kraft, Herbert

Herbert Kraft: *Someone like K*. Kafka's Novels. Translated from the German by R.J. Kavanagh in Conjunction with the Author. Würzburg: Königshausen & Neumann; Amsterdam: Rodopi, 1991. 201 S.

UB: 11-CPUQ 1180

Kraft, Werner

Werner Kraft: *Franz Kafka*. Durchdringung und Geheimnis. Frankfurt/Main: Suhrkamp Verlag, 1968. 214 S. (=Suhrkamp Bibliothek 211)

UB: 11-CPUQ 1033

Kraft, Werner

Werner Kraft: *Noch einmal Kafka*. Bonn: Georg Heusch Verlag, 1990. 207 S.

UB: 11-CPUL 1664

Kreis, Rudolf

Ästhetische Kommunikation als Wunschproduktion. Goethe, Kafka, Handke. Literaturanalyse am "Leitfaden des Leibes". Von Rudolf Kreis. 1. Aufl. Bonn: Bouvier, 1978. 202 S. (=Abhandlungen zur Kunst-, Musik- und Literaturwissenschaft, Bd. 264)

UB: 11-CGQ 1163

Kreis, Rudolf

Rudolf Kreis: *Die doppelte Rede des Franz Kafka*. Eine textlinguistische Analyse. Paderborn: Ferdinand Schöningh, 1976. 167 S.

Forsch.

Kremer, Detlef

Detlef Kremer: *Kafka. Die Erotik des Schreibens*. Schreiben als Lebensentzug. Frankfurt/Main: Athenäum, 1989. 182 S. (=Athenäum-Taschenbücher, Bd. 125)

UB: 11-CPUL 1583

Krock, Marianne

Oberflächen- und Tiefenschicht im Werke Kafkas. Der Jäger Gracchus als Schlüsselfigur. Von Marianne Krock. Marburg: Elwert, 1974. 169 S.

UB: 11-CPUX 1046

Krolop, Kurt

Kurt Krolop: *Kafkas vollkommener Narr und Goethes entsetzliches Wesen*. Variationen zu zwei Tagebuchthemen. Wien: Verlag der Österreichischen Akademie der Wissenschaften, 1989. 24 S. (=Sitzungsberichte der Österreichischen Akademie der Wissenschaften, philosophisch-historische Klasse, Bd. 542)

UB: 00-01 A 692 -542

Krusche, Dietrich

Dietrich Krusche: *Kafka und Kafka-Deutung: Die problematisierte Interaktion*. München: Wilhelm Fink Verlag, 1974. 172 S. (=Kritische Information, Bd. 5)

Forsch. u. UB: 11-CPUL 1020, 1062 u. 1088

Kühne, Jörg

Jörg Kühne: *"Wie das Rascheln in gefallenen Blättern"*. Versuch zu Franz Kafka. Tübingen-Bebenhausen: Verlag Lothar Rotsch, 1975. 87 S.

Forsch. u. UB: 11-CPUX 1038

Die Künstlergilde (Hrsg.)

Kunst zu Kafka. Eine Ausstellung der Künstlergilde (Sitz Esslingen). 17. Dez. 1974 bis 26. Jan. 1975. Ausstellungskatalog. 15 S.

Forsch.

Küter, Bettina

Bettina Küter: *Mehr Raum als sonst*. Zum gelebten Raum im Werk Franz Kafkas. Frankfurt/Main, Bern, New York, Paris: Lang, 1989. 237 S. (=Europäische Hochschulschriften, Reihe I: Deutsche Sprache und Literatur, Bd. 1154)

UB: 11-CPUS 1091

Kuna, Franz

Kafka. Literature as Corrective Punishment. Franz Kuna. London: Paul Elek, 1974. 196 S. (Novelists and Their World. General Editor: Graham Hough, Prof. of English at the University of Cambridge)

Forsch.

Kuna, Franz (Hrsg.)

On Kafka. Semi-Centenary Perspectives. Edited by Franz Kuna. London: Paul Elek, 1976. 195 S.

Forsch.

Kuniszen, Klaus

Klaus Kuniszen: *Kampfbeschreibungen*. Melancholische Konflikte im literarischen Werk Franz Kafkas. Dürnau: Verlag der Kooperative Dürnau, 1985. 190 S.

UB: 11-CPUS 1106

Kurz, Gerhard (Hrsg.)

Der junge Kafka. Hrsg. von Gerhard Kurz. 1. Aufl. Frankfurt/Main: Suhrkamp Verlag, 1984. 253 S. (=Suhrkamp Taschenbuch, Nr. 2035)

UB: 10- u. 11-CPUL 1410

Kurz, Gerhard

Gerhard Kurz: *Traum-Schrecken*. Kafkas literarische Existenzanalyse. Stuttgart: J.B. Metzlersche Verlagsbuchhandlung, 1980. 262 S.

Forsch. u. UB: 11-CPUL 1232

Lamberechts, Luc u. De Vos, Jaak (Hrsg.)

Jenseits der Gleichnisse. Kafka und sein Werk. Akten des Internationalen Kafka-Kolloquiums, Gent 1983. In Verbindung mit Edward Verhofstadt hrsg. von Luc Lamberechts und Jaak De Vos. Bern, Frankfurt/Main, New York: Peter Lang Verlag, 1986. 260 S. (=Jahrbuch für Internationale Germanistik. Reihe A: Kongressberichte, Bd. 17)

UB: 11-CPUL 1509

Lasine, Stuart

Stuart Lasine: *Sight, Body and Motion in Plato and Kafka*. A Study of Projective and Topological Experience. Diss. Madison, Wis., 1977. 724 S.

UB: 06-ZZXX 8931

Laule, Ulrike

Ulrike, Laule: *Über das Funktionieren einer Erziehung zur Körperlosigkeit*. Lüneburg: Schmidt-Neubauer, 1985. 165 S.

UB: 21-CPUX 1169

Lee, Joo-Dong

Joo-Dong Lee: *Taoistische Weltanschauung im Werke Franz Kafkas.* Frankfurt/Main, Bern, New York: Peter Lang, 1985. 291 S. (=Würzburger Hochschulschriften zur neueren deutschen Literaturgeschichte, Bd. 8)

UB: 11-CPUT 1177

Leisegang, Dieter

Lücken im Publikum. Relatives und Absolutes bei Kafka. Von Dieter Leisegang. Frankfurt/Main: Horst Heiderhoff Verlag, 1972. 56 S. ("Philosophie als Beziehungswissenschaft". Festschrift für Julius Schaaf. Hrsg. von W.F. Niebel und D. Leisegang, 16. Beitrag) (="eidos" Beiträge zur Kultur, Bd. 19)

Forsch. u. UB: 11-CPUT 1096

Lévy, Ghyslain u. Sabinus, Serge

Ghyslain Lévy et Serge Sabinus: *Kafka. Le Corps dans la Tête.* Paris: Scarabée, A.M. Métaillé, 1983. 282 S.

UB: 11-CPUL 1389

Loose, Gerhard

Gerhard Loose: *Franz Kafka und Amerika.* Frankfurt/Main: Vittorio Klostermann, 1968. 90 S.

Forsch. u. UB: 11-CPUU 1033

Lunzer, Heinz (Hrsg.)

Franz Kafka 1883 - 1924. Katalog zu einer Ausstellung des Bundesministeriums für Auswärtige Angelegenheiten, zusammengestellt von Heinz Lunzer mit Beiträgen von Ilse Aichinger, Elias Canetti, Peter Handke. "Zirkular", Sondernummer 3, Mai 1983. 44 S. Verleger: Dokumentationsstelle für neuere österreichische Literatur.

Forsch.

Mecke, Günter

Günter Mecke: *Franz Kafkas offenbares Geheimnis.* Eine Psychopathographie. München: Fink, 1982. 201 S.

UB: 11-CPUT 1088

Mendoza, Ramón G.

Outside Humanity. A Study of Kafka's Fiction. Ramón G. Mendoza. Lanham, New York, London: University Press of America, 1986. 295 S.

UB: 11-CPUQ 1164

Meng, Weiyan

Weiyan Meng: *Kafka und China.* München: Iudicium Verlag, 1986. 288 S. (=Studien Deutsch, Bd. 4)

Forsch. u. UB: 11-CPUO 1059

Mense, Josef Hermann

Die Bedeutung des Todes im Werk Franz Kafkas. Von Josef Hermann Mense. Frankfurt/Main, Bern, Las Vegas: Peter Lang, 1978. 276 S.

UB: 10- u. 11-CPUS 1025

Meurer, Reinhard

Franz Kafka. Erzählungen. Interpretation von Reinhard Meurer. 1. Aufl. München: Oldenbourg, 1984. 114 S. (=Interpretationen für Schule und Studium)

UB: 11-CPUX 1127

Meurer, Reinhard

Franz Kafka. Erzählungen. Interpretation von Reinhard Meurer. 2., überarbeitete und ergänzte Aufl. München: Oldenbourg, 1988. 127 S. (=Oldenbourg-Interpretationen, 18)

UB: 11-CPUX 1127(2)

Müller, Hartmut

Franz Kafka. Leben – Werk – Wirkung. Von Hartmut Müller. Düsseldorf: Econ-Taschenbuch-Verlag, 1985. 175 S.

UB: 11-CPUL 1460

Müller, Michael

Michael Müller: *Franz Kafka.* Pordenone: Edizioni Studio Tesi, 1990. 269 S. (=Iconografia, 1)

Forsch.

Müller-Seidel, Walter

Walter Müller-Seidel: *Die Deportation des Menschen.* Kafkas Erzählung "In der Strafkolonie" im europäischen Kontext. Stuttgart: J.B. Metzlersche Verlagsbuchhandlung, 1986. 193 S.

UB: 10- u. 11-CPUX 1185

Nagel, Bert

Bert Nagel: *Franz Kafka. Aspekte zur Interpretation und Wertung.* Berlin: E. Schmidt Verlag, 1974. 336 S.

UB: 11-CPUQ 1075

Nagel, Bert

Bert Nagel: *Kafka und die Weltliteratur:* Zusammenhänge und Wechselwirkungen. München: Winkler Verlag, 1983. 447 S.

UB: 11-CPUN 1101 (2 Ex.)

Nagel, Bert

Bert Nagel: *Kafka und Goethe*. Stufen der Wandlung von der Klassik zur Moderne. Berlin: E. Schmidt Verlag, 1977. 306 S.

UB: 11-CPUN 1046

Neesen, Peter

Vom Louvrezirkel zum Prozeß. Franz Kafka und die Psychologie Franz Brentanos. Von Peter Neesen. Phil. Diss. Göppingen: Verlag Alfred Kümmerle, 1972. 235 S. (=Göppinger Arbeiten zur Germanistik, Nr. 81)

Forsch. u. UB: 11-CPUN 1020

Neider, Charles

The Frozen Sea. A Study of Franz Kafka by Charles Neider. New York: Oxford University Press, 1948. 195 S.

UB: 11-CPUL 1680

Nemec, Friedrich

Friedrich Nemec: *Kafka-Kritik*. Die Kunst der Ausweglosigkeit. München: Wilhelm Fink Verlag, 1981. 97 S. (=Kritische Information, 104)

UB: 11-CPUX 1062

Neumann, Gerhard

Gerhard Neumann: *Franz Kafka. Das Urteil*. Text, Materialien, Kommentar. München, Wien: Carl Hanser Verlag, 1981. 239 S. (=Literatur-Kommentare unter red. Mitarbeit von Hans-Joachim Simm, hrsg. von Wolfgang Frühwald, Bd. 16)

UB: 10- u. 11-CPUX 1096

Neumeyer, Peter F. (Hrsg.)

Twentieth Century Interpretations of The Castle. A Collection of Critical Essays. Edited by Peter F. Neumeyer. Englewood Cliffs, N.J.: Prentice-Hall, Inc., 1969. 122 S.

Forsch.

Nicolai, Ralf R.

Ralf R. Nicolai: *Ende oder Anfang*. Zur Einheit der Gegensätze in Kafkas Schloß. München: Fink, 1977. 205 S.

UB: 11-CPUW 1009

Nicolai, Ralf R.

Ralf R. Nicolai: *Kafkas Amerika-Roman "Der Verschollene"*. Motive und Gestalten. Würzburg: Königshausen und Neumann, 1981. 272 S.

UB: 11-CPUU 1041

Nicolai, Ralf R.

Ralf R. Nicolai: *Kafkas "Beim Bau der Chinesischen Mauer" im Lichte themenverwandter Texte.* Würzburg: Königshausen und Neumann, 1991. 112 S.

UB: 11-CPUX 1240

Nicolai, Ralf R.

Ralf R. Nicolai: *Kafkas "Prozess".* Motive und Gestalten. Würzburg: Königshausen und Neumann, 1986. 282 S.

UB: 11-CPUV 1020

Nicolin, Günther (Hrsg.)

Kunst zu Kafka: Ausstellung zum 50. Todestag. Hrsg. von Günther Nicolin. Bonn: Bücherstube am Theater, 1974. 112 S.

Forsch.

Northey, Anthony

Anthony Northey: *Kafkas Mischpoche.* Berlin: Wagenbach, 1988. 91 S. (=Kleine kulturwissenschaftliche Bibliothek, Bd. 6)

UB: 11-CPUM 1229

Northey, Anthony

Kafka's Relatives. Their Lives and His Writing. Anthony Northey. New Haven and London: Yale University Press, 1991. 115 S.

UB: 11-CPUM 1261

Österreichische Franz Kafka-Gesellschaft (Hrsg.)

Was bleibt von Franz Kafka? Positionsbestimmung. Kafka-Symposion, Wien 1983. Hrsg. von Wendelin Schmidt-Dengler unter Mitwirkung von Georg Kranner. Wien: Braumüller Verlag, 1985. 210 S. (=Schriftenreihe der Franz Kafka-Gesellschaft, Bd. 1)

UB: 10- u. 11-CPUL 1444

Österreichische Franz Kafka-Gesellschaft (Hrsg.)

Prager deutschsprachige Literatur zur Zeit Kafkas. Hrsg. von der österreichischen Franz Kafka-Gesellschaft, Wien-Klosterneuburg. Wien: Braumüller, 1989. 181 S. (=Schriftenreihe der Franz Kafka-Gesellschaft, Bd. 3)

UB: 10- u. 11-CKQP 1118 u. 11-CPUL 1444

Ott, Ulrich (Hrsg.)

Franz Kafka. Der Proceß. Die Handschrift redet. Bearbeitet von Malcolm Pasley. Hrsg. und mit einem Beitrag von Ulrich Ott. Marbach/Neckar: Deutsche Schillergesellschaft, 1990. 103 S. (=Marbacher Magazin 52/1990)

UB: 10- u. 11-CPUV 1054 (3 Ex.)

Pascal, Roy

Kafka's Narrators. A study of his stories and sketches. Roy Pascal. Cambridge: University Press, 1982. 251 S.

UB: 11-CPUX 1101

Pawel, Ernst

Ernst Pawel: *Das Leben Franz Kafkas.* Aus dem Amerikanischen von Michael Müller. München, Wien: Hanser, 1986. 517 S.

UB: 11-CPUM 1172

Pawel, Ernst

The Nightmare of Reason. A Life of Franz Kafka. By Ernst Pawel. London: Harvill, 1984. 466 S.

UB: 11-CPUM 1164

Pawelka, Claus

Formen der Entwirklichung bei Franz Kafka. Von Claus Pawelka. Diss. Konstanz, 1978. 105 S.

UB: 05-ZZX 20446

Pelletier, Nicole

Franz Kafka et Robert Walser. Etude d'une relation littéraire. Par Nicole Pelletier. Stuttgart: Heinz, Akad. Verlag, 1985. 368 S. (=Stuttgarter Arbeiten zur Germanistik, Nr. 148)

UB: 11-CPUN 1143

Peters, Heinrike

Heinrike Peters: *Die Wahrheit im Werk Franz Kafkas.* Phil. Diss. Tübingen, 1967. 112 S.

Forsch.

Pocar, Ervino (Hrsg.)

Introduzione a Kafka. Antologia di saggi critici a cura di Ervino Pocar. Milano: il Saggiatore, 1974. 275 S. (=La Cultura. Saggi di arte e di letterature 31)

Forsch.

Politzer, Heinz (Hrsg.)

Franz Kafka. Hrsg. von Heinz Politzer. Darmstadt: Wissenschaftliche Buchgesellschaft, 1973. 560 S. (=Wege der Forschung, Bd. 322)

Forsch. u. UB: 10- u. 11-CPUL 1402

Politzer, Heinz

Heinz Politzer: *Franz Kafka, der Künstler*. Frankfurt/Main: S. Fischer Verlag, 1965. 536 S.

Forsch.

Politzer, Heinz

Heinz Politzer: *Franz Kafka. Der Künstler*. Frankfurt/Main: Suhrkamp Verlag, 1978. 383 S. (=Suhrkamp Taschenbuch, Nr. 433)

UB: 11-CPUL 1151

Politzer, Heinz (Hrsg.)

Das Kafka-Buch. Eine innere Biographie in Selbstzeugnissen. Hrsg. von Heinz Politzer. Frankfurt/Main: Fischer Bücherei, 1965. 271 S. (=Fischer Taschenbuch, Nr. 708)

UB: 10-CPUL 1012

Pongs, Hermann

Hermann Pongs: *Franz Kafka, Dichter des Labyrinths*. Heidelberg: Wolfgang Rothe Verlag, 1960. 136 S.

Forsch.

Preisner, Rio

Rio Preisner: *Aspekte einer provokativen tschechischen Germanistik*. Teil I: Kafka – Nestroy. Würzburg: Jal-Verlag, 1977. 223 S. (=Colloquium Slavicum. Beiträge zur Slavistik, Bd. 8)

UB: 11-CPUL 1169

Pütz, Jürgen

Jürgen Pütz: *Kafkas 'Verschollener' – ein Bildungsroman?* Die Sonderstellung von Kafkas Romanfragment 'Der Verschollene' in der Tradition des Bildungsromans. Frankfurt/Main, Bern, New York: Peter Lang, 1983. 84 S. (=Europäische Hochschulschriften, Reihe I: Deutsche Sprache und Literatur, Bd. 690)

UB: 11-CPUU 1059

Raboin, Claudine (Hrsg.)

Claudine Raboin (Hrsg.): *Les critiques de notre temps et Kafka*. Paris: Garnier Frères, 1973. 191 S.

Forsch. u. UB: 11-CPUL 1339

Rader, Wendy Elizabeth

The Quest Motif in Kafka's 'Das Schloss' and Beckett's 'Trilogy'. Von Wendy Elizabeth Rader. Diss. Hannover, 1982. 130 S.

UB: 05-ZZX 69026

Rajec, Elizabeth M.

Elizabeth M. Rajec: *Namen und ihre Bedeutungen im Werke Franz Kafkas.* Ein interpretatorischer Versuch. Bern, Frankfurt/Main, Las Vegas: Peter Lang, 1977. 211 S. (=Europäische Hochschulschriften, Reihe I: Deutsche Literatur und Germanistik, Bd. 186)

Forsch.

Ramm, Klaus

Klaus Ramm: *Reduktion als Erzählprinzip bei Kafka.* Frankfurt/Main: Athenäum-Verlag, 1971. 172 S. (=Literatur und Reflexion, Bd. 6)

UB: 11-CPUR 1038

Rattner, Josef

Josef Rattner: *Kafka und das Vater-Problem.* Ein Beitrag zum tiefenpsychologischen Problem der Kinder-Erziehung. Interpretation von Kafkas "Brief an den Vater". München, Basel: Reinhardt, 1964. 58 S.

UB: 05-ZZV 64769 u. 11-CPUT 1127

Reiss, H[ans] S[iegbert]

H.S. Reiss: *Franz Kafka.* Eine Betrachtung seines Werkes. Heidelberg: Verlag Lambert Schneider, 1952. 195 S.

UB: 11-CPUQ 1122

Reiss, H[ans] S[iegbert]

H.S. Reiss: *Franz Kafka.* Eine Betrachtung seines Werkes. Ergänzter Neudruck. Heidelberg: Verlag Lambert Schneider, 1956. 223 S.

Forsch.

Rey, Jean-Michel

Jean-Michel Rey: *Quelqu'un danse.* Les noms de F. Kafka. Lille: Presses Universitaires de Lille, 1985. 124 S.

UB: 11-CPUT 1216

Richter, Helmut

Helmut Richter: *Franz Kafka.* Werk und Entwurf. Berlin: Rütten & Loening, 1962. 347 S. (=Neue Beiträge zur Literaturwissenschaft. Hrsg. von Prof. Dr. Werner Krauss u. Prof. Dr. Hans Mayer, Bd. 14)

Forsch.

Richter, Peter

Variation als Prinzip. Untersuchungen an Franz Kafkas Romanwerk. Von Peter Richter. Bonn: Bouvier Verlag Herbert Grundmann, 1975. 367 S. (=Abhandlungen zur Kunst-, Musik- und Literaturwissenschaft, Bd. 166)

UB: 11-CPUQ 1041

Ries, Wiebrecht

Wiebrecht Ries: *Franz Kafka*. Eine Einführung. München (u.a.): Artemis-Verlag, 1987. 137 S.

UB: 11-CPUL 1525

Ries, Wiebrecht

Wiebrecht Ries: *Transzendenz als Terror*. Eine religionsphilosophische Studie über Franz Kafka. Heidelberg: Verlag Lambert Schneider, 1977. 159 S. (=Phronesis. Eine Schriftenreihe, Bd. 4)

Forsch. u. UB: 21-CPUN 1038

Ritzmann, Annelise

Winter und Untergang. Zu Franz Kafkas Schloßroman. Von Annelise Ritzmann. Bonn: Bouvier Verlag Herbert Grundmann, 1978. 112 S. (=Studien zur Germanistik, Anglistik und Komparatistik, Bd. 78)

UB: 11-CPUW 1017

Robert, Marthe

Marthe Robert: *Das Alte im Neuen*. Von Don Quichotte zu Franz Kafka. München: Carl Hanser Verlag, 1968. 292 S. (=Literatur als Kunst. Eine Schriftenreihe, hrsg. von Walter Höllerer)

Forsch.

Robert, Marthe

Marthe Robert: *Das Alte im Neuen*. Von Don Quichotte zu Franz Kafka. Autorisierte Übers. aus dem Französischen von Karl August Horst. Ungekürzte Ausgabe. Frankfurt/Main: Fischer Taschenbuch Verlag, 1984. 292 S. (=Fischer Taschenbuch, Nr. 7346)

UB: 11-BJGR 1082

Robert, Marthe

Marthe Robert: *L'Ancien et le Nouveau* de Don Quichotte à Kafka. Paris: Petite Bibliothèque Payot, 1967. 312 S. (=Petite Bibliothèque Payot, Nr. 105)

Forsch.

Robert, Marthe

Marthe Robert: *Einsam wie Franz Kafka*. Aus dem Französischen von Eva Michel-Moldenhauer. Frankfurt/Main: S. Fischer Verlag, 1985. 232 S.

UB: 10- u. 11-CPUL 1452

Robert, Marthe

Marthe Robert: *Franz Kafka's Loneliness*. Translated from the French by Ralph Manheim. London: Faber and Faber, 1982. 251 S.

UB: 11-CPUL 1371

Robert, Marthe

Marthe Robert: *Kafka*. [Paris]: Gallimard, 1960. 218 S. (=pour une bibliothèque idéale)

Forsch. u. UB: 11-CPUL 1101

Robert, Marthe

Marthe Robert: *Seul, comme Franz Kafka*. Paris: Calmann-Lévy, 1979. 257 S. (="Diaspora" dirigée par Roger Errera)

UB: 11-CPUL 1193

Robertson, Ritchie

Kafka. Judaism, Politics, and Literature. Ritchie Robertson. Oxford: Clarendon Press, 1985. 330 S.

Forsch. u. UB: 10- u. 11-CPUT 1185

Robertson, Ritchie

Ritchie Robertson: *Kafka*. Judentum, Gesellschaft, Literatur. Aus dem Englischen von Josef Billen. Stuttgart: J.B. Metzlersche Verlagsbuchhandlung, 1988. 415 S.

UB: 11-CPUT 1266

Robin, Régine

Régine Robin: *Kafka*. Paris: Pierre Belfond, 1989. 366 S.

UB: 11-CPUL 1591

Rohner, Wolfgang

Wolfgang Rohner: *Franz Kafka*. Mühlacker: Stieglitz-Verlag, E. Händle, 1967. 140 S. (=Genius der Deutschen)

Forsch.

Rolleston, James

Kafka's Narrative Theater. James Rolleston. University Park and London: The Pennsylvania State University Press, 1974. 165 S. (=The Penn State Series in German Literature)

Forsch.

Rothe, Wolfgang

Wolfgang Rothe: *Kafka in der Kunst*. Stuttgart und Zürich: Belser Verlag, 1979. 128 S.

Forsch. u. UB: 21-CPUO 1017

Ruf, Urs

Franz Kafka. Das Dilemma der Söhne. Das Ringen um die Versöhnung eines unlösbaren Widerspruchs in den drei Werken "Das Urteil", "Die Verwandlung" und "Amerika" von Urs Ruf. Berlin: Erich Schmidt Verlag, 1974. 103 S. (=Philologische Studien und Quellen. Hrsg. von Wolfgang Binder und Hugo Moser, Heft 79)

Forsch. u. UB: 11-CPUU 1009

Sandbank, Shimon

After Kafka. The Influence of Kafka's Fiction. Shimon Sandbank. Athens and London: The University of Georgia Press, 1989. 182 S.

UB: 11-CPUO 1075

Schild, Kurt Wilhelm

Formen des Verschlüsselns in Franz Kafkas Erzählkunst. Von Kurt Wilhelm Schild. Diss. Köln, 1970. 234 S.

UB: 11-CPUR 1054

Schirrmacher, Frank (Hrsg.)

Verteidigung der Schrift. Kafkas "Prozeß". Hrsg. von Frank Schirrmacher. Frankfurt/Main: Suhrkamp Verlag, 1987. 220 S. (=Edition Suhrkamp, 1386 - NF 386)

UB: 11-CPUV 1038

Schoeps, Hans Joachim

Hans Joachim Schoeps: *Gestalten an der Zeitenwende*. Burckhardt, Nietzsche, Kafka. Berlin: Vortrupp Verlag, 1936. 77 S.

Forsch.

Schoeps, Hans Joachim

Im Streit um Kafka und das Judentum. Max Brod, Hans Joachim Schoeps, Briefwechsel. Hrsg. und eingeleitet von Julius H. Schoeps. Königstein/Ts.: Jüdischer Verlag bei Athenäum, 1985. 248 S.

UB: 11-CQWB 5449

Scholz, Rüdiger u. Herrmann, Hans Peter

Rüdiger Scholz und Hans Peter Herrmann: *Literatur und Phantasie*. Schöpferischer Umgang mit Kafka-Texten in Schule und Universität. Stuttgart: J.B. Metzlersche Verlagsbuchhandlung, 1990. 216 S.

UB: 10- u. 11-CPUO 1083

Schreiber, Michael

Michael Schreiber: *"Ihr sollt euch kein Bild – ...".* Untersuchungen zur Denkform der negativen Theologie im Werk Franz Kafkas. Frankfurt/Main, Bern, New York: Peter Lang, 1986. 408 S. (=Europäische Hochschulschriften, Reihe I: Deutsche Sprache und Literatur, Bd. 899)

UB: 11-CPUT 1240

Schulz, Christiane

Christiane Schulz: *Der Schreibprozeß bei Thomas Mann und Franz Kafka und seine didaktischen Implikationen.* Frankfurt/Main, Bern, New York: Peter Lang Verlag, 1985. 263 S. (=Europäische Hochschulschriften, Reihe 1: Deutsche Sprache und Literatur, Bd. 837)

UB: 10-CQPR 1138

Sellinger, Beatrice

Beatrice Sellinger: *Die Unterdrückten als Anti-Helden.* Zum Widerstreit kultureller Traditionen in den Erzählwelten Kafkas. Frankfurt/Main, Bern: Peter Lang, 1982. 203 S. (=Europäische Hochschulschriften, Reihe I: Deutsche Sprache und Literatur, Bd. 460)

UB: 11-CPUT 1070

Sharp, Daryl

The Secret Raven. Conflict and transformation in the life of Franz Kafka. Daryl Sharp. Toronto: Inner City Books, 1980. 128 S. (=Studies in Jungian Psychology by Jungian Analysts)

UB: 11-CPUM 1279

Sheppard, Richard

Richard Sheppard: *On Kafka's Castle.* A Study. London: Croom Helm, 1973. 234 S.

Forsch.

Siefken, Hinrich

Hinrich Siefken: *Kafka. Ungeduld und Lässigkeit.* Zu den Romanen "Der Prozeß" und "Das Schloß". München: Wilhelm Fink Verlag, 1977. 118 S.

Forsch. u. UB: 11-CPUL 1266

Slochower, Harry [u.a.]

Harry Slochower [u.a.]: *A Franz Kafka Miscellany.* Pre Fascist Exile. Revised enlargend second edition. New York: Twice A Year Press, 1946. 120 S.

UB: 11-CPUL 1606(2)

Smith, David E.

David E. Smith: *Gesture as a Stylistic Device in Kleist's 'Michael Kohlhaas' and Kafka's 'Der Prozess'*. Frankfurt/Main, Bern: Lang, 1976. 168 S. (=Stanford German Studies, vol. 11)

UB: 11-CNOW 1017 (2 Ex.)

Sokel, Walter H.

Walter H. Sokel: *Franz Kafka – Tragik und Ironie*. Zur Struktur seiner Kunst. München, Wien: Albert Langen, Georg Müller Verlag, 1964. 586 S.

Forsch.

Sokel, Walter H.

Walter H. Sokel: *Franz Kafka – Tragik und Ironie*. Zur Struktur seiner Kunst. Ungekürzte Ausgabe. 18.-20. Tsd. Frankfurt/Main: Fischer Taschenbuch Verlag, 1983. 636 S. (=Fischer Taschenbücher, Bd. 1790)

UB: 11-CPUL 1672

Soldo, Ivan

Ivan Soldo: *Franz Kafka: Offene Lebensform – Offene Kunstform*. Frankfurt/Main, Bern, New York: Peter Lang, 1984. 225 S. (=Europäische Hochschulschriften, Reihe I: Deutsche Sprache und Literatur, Bd. 749)

UB: 11-CPUL 1397

Spann, Meno

Franz Kafka. By Meno Spann. London: George Prior Publishers, Boston: Twayne Publishers, 1976. 205 S.

UB: 11-CPUL 1135

Speidel, Walter

A Complete Contextual Concordance to Franz Kafka 'Der Prozeß' by Walter Speidel. Prof. of German at Brigham Young University. Leeds: W.S. Maney & Son Ltd., 1978. 1004 S. (=Compendia Computer-Generated Aids to Literary and Linguistic Research. General Editor: R.A. Wisbey, vol. 9)

Forsch.

Spilka, Mark

Dickens and Kafka. A mutual interpretation by Mark Spilka. Gloucester, Mass.: Smith, 1969. 315 S.

UB: 11-EAGN 1188

Stach, Reiner

Reiner Stach: *Kafkas erotischer Mythos*. Eine ästhetische Konstruktion des Weiblichen. Frankfurt/Main: Fischer Taschenbuch Verlag, 1987. 276 S. (=Fischer Taschenbuch Nr. 7370)

UB: 11-CPUT 1258

Staroste, Wolfgang

Wolfgang Staroste: *Raum und Realität in dichterischer Gestaltung*. Studien zu Goethe und Kafka. Hrsg. von Gotthart Wunberg. Heidelberg: Lothar Stiehm Verlag, 1971. 163 S. (=Poesie und Wissenschaft, XVII)

Forsch.

Steffan, Jürgen

Darstellung und Wahrnehmung der Wirklichkeit in Franz Kafkas Romanen von Jürgen Steffan. Nürnberg: Verlag Hans Carl, 1979. 200 S. (=Erlanger Beiträge zur Sprach- und Kunstwissenschaft, Bd. 60)

Forsch. u. UB: 11-CPUR 1062

Stein, Gerd-Dieter (Hrsg.)

Kafka-Nachlese. Hrsg. von Gerd-Dieter Stein. Stuttgart: Heinz, 1988. 312 S. (=Stuttgarter Arbeiten zur Germanistik, Nr. 208; Salzburger Beiträge, Nr. 14)

UB: 11-CPUL 1567

Steinmetz, Horst

Horst Steinmetz: *Suspensive Interpretation*. Am Beispiel Franz Kafkas. Göttingen: Vandenhoeck & Ruprecht, 1977. 153 S.

UB: 11-CPUQ 1114

Stern, J[oseph] P[eter] u. White, J.J. (Hrsg.)

Paths and Labyrinths. Nine Papers read at the Franz Kafka Symposium held at the Institute of Germanic Studies on 20 and 21 October 1983. Ed. by J.P. Stern and J.J. White. London: Inst. of Germanic Studies, Univ. of London, 1985. 159 S.

UB: 11-CPUL 1517

Stern, J[oseph] P[eter] (Hrsg.)

The World of Franz Kafka. Ed. by J.P. Stern. London: George Weidenfeld and Nicolson, 1980. 263 S.

UB: 10- u. 11-CPUN 1062

Stölzl, Christoph

Christoph Stölzl: *Kafkas böses Böhmen*. Zur Sozialgeschichte eines Prager Juden. München: edition text u. kritik GmbH, 1975. 147 S.

Forsch. u. UB: 11-CPUQ 1067

Stolte, Gerhard

Gerhard Stolte: *Franz Kafka*. Eine Geometrie der Wahrheit. Frankfurt/Main, Bern, Las Vegas: Peter Lang Verlag, 1979. 81 S. (=Europäische Hochschulschriften, Reihe 1: Deutsche Literatur und Germanistik, Bd. 292)

UB: 11-CPUL 1208

Strauss, Walter A.

Walter A. Strauss: *On the Threshold of a New Kabbalah.* Kafka's Later Tales. New York, Bern, Frankfurt/Main, Paris: Peter Lang, 1988. 229 S. (=American University Studies, series I: Germanic Languages and Literature, vol. 66)

UB: 11-CPUX 1208

Sussman, Henry

Franz Kafka, Geometrician of Metaphor. By Henry Sussman. Ann Arbor, Mich. (u.a.): Univ. Microfilms International, 1980. 265 S.

UB: 05-BUB 8456

Suter, Rudolf

Rudolf Suter: *Kafkas 'Prozess' im Lichte des 'Buches Hiob'.* Frankfurt/Main, Berlin: Lang, 1976. 177 S.

UB: 11-CPUV 1004

Tantow, Lutz

Lutz Tantow: *Franz Kafka und Friedrich Dürrenmatt.* Eine Dramaturgie der Konfrontation. St. Ingbert: W.J. Röhrig Verlag, 1988. 414 S. (=Saarbrücker Beiträge zur Literaturwissenschaft, Bd. 18)

Forsch. u. UB: 11-CPUO 1067

Tauber, Herbert

Franz Kafka. Eine Deutung seiner Werke von Herbert Tauber. Zürich/ New York: Verlag Oprecht, 1941. 239 S.

Forsch.

Tauber, Herbert

Franz Kafka. An Interpretation of his Works by Herbert Tauber. Translated by G. Humphreys Roberts and Roger Senhouse. New Haven: Yale University Press, 1948. 252 S.

UB: 11-CPUL 1698

Thalmann, Jörg

Jörg Thalmann: *Wege zu Kafka.* Eine Interpretation des Amerikaromans. Frauenfeld u. Stuttgart: Verlag Huber & Co. AG, 1966. 298 S.

Forsch.

Thiébaut, Claude

Franz Kafka. La métamorphose et autres récits. Par Claude Thiébaut. [Paris]: Éditions Gallimard, 1991. 251 S. (=Foliothèque)

UB: 11-CPUX 1258

Triffitt, Gregory B.

Gregory B. Triffitt: *Kafka's 'Landarzt' Collection*. Rhetoric and Interpretation. New York, Berne, Frankfurt/Main: Peter Lang, 1985. 236 S. (=Australian and New Zealand Studies in German Language and Literature, vol. 13)

UB: 11-CPUX 1151

Udoff, Alan (Hrsg.)

Kafka and the Contemporary Critical Performance. Centenary Readings. Edited by Alan Udoff. Bloomington and Indianapolis: Indiana Univ. Press, 1987. 277 S.

UB: 11-CPUL 1533

Udoff, Alan (Hrsg.)

Kafka's Contextuality. Edited by Alan Udoff. A Joint Publication of Gordian Press and Baltimore Hebrew College, 1986. 393 S.

Forsch. u. UB: 11-CPUN 1169

Unseld, Joachim

Joachim Unseld: *Franz Kafka. Ein Schriftstellerleben*. Die Geschichte seiner Veröffentlichungen. Mit einer Bibliographie sämtlicher Drucke und Ausgaben der Dichtungen Franz Kafkas 1908-1924. München, Wien: Carl Hanser Verlag, 1982. 316 S.

Forsch. u. UB: 11-CPUM 1091

Urzidil, Johannes

Johannes Urzidil: *Da geht Kafka*. Erw. Ausgabe. München: Deutscher Taschenbuch Verlag GmbH & Co., 1966. 125 S. (=dtv Bd. 390)

Forsch. u. UB: 11-CPUM 1075

Uyttersprot, H[erman]

H. Uyttersprot: *Eine neue Ordnung der Werke Kafkas?* Zur Struktur von "Der Prozeß" und "Amerika". Antwerpen: C. de Vries-Brouwers, 1957. 85 S.

Forsch. u. UB: 10-CPUK 1070

Verhaar, Herman

Herman Verhaar: *Franz Kafka of Schrijven uit onmacht*. Amsterdam: Wetenschappelijke Uitgeverij bv, 1975. 224 S. (='Unofficial History')

Forsch.

Vogl, Joseph

Joseph Vogl: *Ort der Gewalt*. Kafkas literarische Ethik. München: Fink, 1990. 254 S. (=Münchner Germanistische Beiträge, Bd. 38)

UB: 11-CPUR 1135

Wagenbach, Klaus

Franz Kafka. 1883-1924. Manuskripte, Erstdrucke, Dokumente, Photographien. Ausstellung der Akademie der Künste (16. Januar - 20. Februar 1966) anläßlich ihres Franz-Kafka-Colloquiums vom 17.-19. Februar 1966. Hrsg.: Akademie der Künste. Zusammenstellung und Texte: Klaus Wagenbach. Berlin: Akadmie der Künste, 1966. 110 S.

Forsch.

Wagenbach, Klaus

Klaus Wagenbach: *Franz Kafka. Bilder aus seinem Leben*. 16.-25. Tsd. Berlin: Verlag Klaus Wagenbach, 1983. 192 S.

Forsch. u. UB: 11-CPUM 1130

Wagenbach, Klaus

Klaus Wagenbach: *Franz Kafka. Bilder aus seinem Leben*. Erweiterte und veränderte Neuausgabe. Berlin: Verlag Klaus Wagenbach, 1989. 221 S.

UB: 10- u. 11-CPUM 1130 +1 u. +2

Wagenbach, Klaus

Klaus Wagenbach: *Franz Kafka*. Eine Biographie seiner Jugend 1883-1912. Bern: Francke Verlag, 1958. 345 S.

Forsch. u. UB: 11-CPUM 1017

Wagenbach, Klaus

Franz Kafka in Selbstzeugnissen und Bilddokumenten. Dargestellt von Klaus Wagenbach. 66.-75. Tsd. Reinbek b. Hamburg: Rowohlt Taschenbuch Verlag, 1969. 154 S. (=Rowohlts Monographien, hrsg. von Kurt Kusenberg, Nr. 91)

UB: 10-CPUL 1127

Wagenbach, Klaus

Franz Kafka in Selbstzeugnissen und Bilddokumenten. Dargestellt von Klaus Wagenbach. 156.-163. Tsd. Reinbek b. Hamburg: Rowohlt Taschenbuch Verlag, 1978. 157 S. (=Rowohlts Monographien, hrsg. von Kurt Kusenberg, Nr. 91)

Forsch.

Wagenbach, Klaus

Franz Kafka: *In der Strafkolonie*. Eine Geschichte aus dem Jahre 1914. Mit Quellen, Materialien aus der Arbeiter-Unfall-Versicherungsanstalt. Chronik und Anm. von Klaus Wagenbach. 23.-26. Tsd. Berlin: Wagenbach, 1982. 94 S. (=Wagenbachs Taschenbücherei, 1)

UB: 11-CPUG 1025

Walser, Martin

Martin Walser: *Beschreibung einer Form*. Versuch über Franz Kafka. Frankfurt/Main, Berlin, Wien: Ullstein Verlag, 1972. 124 S. (=Ullstein Buch, Nr. 2878)

Forsch. u. UB: 11-CPUL 1216

Walter-Schneider, Margret

Margret Walter-Schneider: *Denken als Verdacht*. Untersuchungen zum Problem der Wahrnehmung im Werk Franz Kafkas. Zürich und München: Artemis Verlag, 1980. 163 S. (=Zürcher Beiträge zur deutschen Literatur- und Geistesgeschichte. Hrsg. von Wolfgang Binder und Emil Staiger im Artemis Verlag, 52)

Forsch. u. UB: 10- u. 11-CPUT 1020

Walther, Hans

Franz Kafka. Die Forderung der Transzendenz. Von Hans Walther. Bonn: Bouvier Verlag Herbert Grundmann, 1977. 159 S. (=Abhandlungen zur Kunst-, Musik- und Literaturwissenschaft, Bd. 212)

UB: 21-CPUQ 1106

Weber, Albrecht [u.a.]

Interpretationen zu Franz Kafka. Das Urteil. Die Verwandlung. Ein Landarzt. Kleine Prosastücke. Von Albrecht Weber, Carsten Schlingmann, Gert Kleinschmidt. 4. Aufl. München: R. Oldenbourg Verlag, 1973. 140 S. (=Interpretationen zum Deutschunterricht. Hrsg. von Rupert Hirschenauer und Albrecht Weber)

Forsch. u. UB: 11-CPUX 1088

Weinberg, Helen

The New Novel in America. The Kafkan Mode in Contemporary Fiction. By Helen Weinberg. Ithaca and London: Cornell Univ. Press, 1970. 248 S.

Forsch. u. UB: 11-EHF 1320

Weinberg, Kurt

Kurt Weinberg: *Kafkas Dichtungen.* Die Travestien des Mythos. Bern und München: Francke Verlag, 1963. 509 S.

Forsch. u. UB: 11-CPUQ 1017

Weitzmann, Siegfried

Siegfried Weitzmann: *Studie über Kafka.* Mit einem Vorwort von Robert Weltsch. Tel Aviv: Olamenu, 1970. 130 S.

Forsch.

Weltsch, Felix

Felix Weltsch: *Religion und Humor im Leben und Werk Franz Kafkas.* Berlin: F.A. Herbig Verlagsbuchhandlung, 1957. 95 S.

UB: 10-CPUT 1313

Wirkner, Alfred

Alfred Wirkner: *Kafka und die Außenwelt.* Quellenstudien zum "Amerika"-Fragment. Mit einem Anhang: Der Reisebericht des Dr. Soukup. Ausgewählt und übersetzt von Tomáš-Karel Černý. Stuttgart: Ernst Klett Verlag, 1976. 113 S. (=Literaturwissenschaft – Gesellschaftswissenschaft. Materialien und Untersuchungen zur Literatursoziologie, hrsg. von Theo Buck und Dietrich Steinbach, Bd. 21)

Forsch. u. UB: 11-CPUU 1017

Yu, Sun Shim

Yu Sun Shim-Lee: *Die Bildlichkeit bei Franz Kafka.* Eine Strukturanalyse von den Erzählbildern Kafkas im Vergleich mit der surrealistischen Malerei. Konstanz: Hartung-Gorre, 1987. 236 S.

UB: 05-ZZX 194223 u. 11-CPUR 1119

Zimmermann, Hans Dieter

Hans Dieter Zimmermann: *Der babylonische Dolmetscher.* Zu Franz Kafka und Robert Walser. Frankfurt/Main: Suhrkamp Verlag, 1985. 329 S. (=Edition Suhrkamp, 1316)

UB: 11-CPUN 1127

Zimmermann, Ulrike

Ulrike Zimmermann: *Die dramatische Bearbeitung von Kafkas "Prozeß" durch Peter Weiss*. Frankfurt/Main, Bern, New York, Paris: Peter Lang, 1990. 208 S. (=Literarhistorische Untersuchungen, Bd. 17)

UB: 11-CPUV 1088

Kassner, Rudolf (1873-1959)

Rudolf Kassner: *Anschauung und Beobachtung*. Zur vierten Dimension. (Ein Essay). Berlin: Verlag Die Rabenpresse, 1938. 63 S. (=Die Kunst des Wortes, Bd. 6/7)

UB: 05-ZZV 251469

Rudolf Kassner: *Buch der Erinnerung*. Leipzig: Im Insel-Verlag, MCMXXXVIII. 368 S.

UB: 11-CQCK 1238

Rudolf Kassner: *Der Einzelne und der Kollektivmensch*. Hrsg. von Ernst Zinn und Klaus E. Bohnenkamp. Pfullingen: Verlag Günther Neske, 1977. 55 S. (=Opuscula aus Wissenschaft und Dichtung, Bd. 46)

UB: 21-JISF 1009

Rudolf Kassner: *Die Geburt Christi*. Eine Trilogie der Deutung. Erlenbach-Zürich: Eugen Rentsch Verlag, 1951. 225 S.

UB: 21-IOH 3487

Die Grundlagen der Physiognomik. Von Rudolf Kassner. Leipzig: Insel-Verlag, 1922. 106 S.

UB: 21-JISD 1009

Rudolf Kassner: *Melancholia*. Eine Trilogie des Geistes. 3. Aufl. Erlenbach-Zürich: Eugen Rentsch Verlag, 1953. 203 S.

UB: 11-CQCK 1301(3)

Rudolf Kassner: *Die Nacht des ungeborgenen Lebens*. Aus den Schriften. Wiesbaden: Im Insel-Verlag, MCML. 247 S.

UB: 11-CQCK 1733

Rudolf Kassner: *Das neunzehnte Jahrhundert*. Ausdruck und Größe. Erlenbach-Zürich: Eugen Rentsch Verlag, 1947. 363 S.

UB: 05-ZZV 79748

Rudolf Kassner: *Rilke*. Gesammelte Erinnerungen 1926-1956. Hrsg. von Klaus E. Bohnenkamp. Pfullingen: Verlag Günther Neske, 1976. 113 S.

UB: 11-CPWL 1078

Rudolf Kassner: *Sämtliche Werke*. Im Auftrag der Rudolf Kassner Gesellschaft hrsg. von Ernst Zinn. 10 Bde. Pfullingen: Verlag Günther Neske, 1969-1991.

UB: 11-CQCK 1042

Rudolf Kassner: *Umgang der Jahre*. Gleichnis – Gespräch – Essay – Erinnerung. Erlenbach-Zürich: Eugen Rentsch Verlag, 1949. 398 S.

UB: 11-CQWK 2022

Rudolf Kassner: *Von der Eitelkeit*. Zwei Essays. Wiesbaden: Im Insel-Verlag, 1951. 64 S. (=Insel-Bücherei, 110)

UB: 05-CQCK 1319

Rudolf Kassner: *Zahl und Gesicht*. Nebst einer Einleitung: Der Umriß einer universalen Physiognomik. 5. Tsd. Wiesbaden: Im Insel-Verlag, 1956. 163 S.

UB: 11-CQCK 1741

Rudolf Kassner: *Der Zauberer*. Gespräch und Gleichnis. Erlenbach-Zürich und Stuttgart: Eugen Rentsch Verlag, 1955. 244 S.

UB: 21-JISE 1004

Rudolf Kassner: *Die zweite Fahrt*. Erinnerungen. Erlenbach-Zürich: Eugen Rentsch Verlag, 1946. 293 S.

UB: 11-CQCK 1652

Baumann, Gerhart

Gerhart Baumann: *Rudolf Kassner – Hugo von Hofmannsthal*. Kreuzwege des Geistes. Rede zum 90. Geburtstag von Rudolf Kassner, gehalten am 30. Oktober 1963 im Palais Wilczek zu Wien. Stuttgart: W. Kohlhammer Verlag, 1964. 44 S.

UB: 11-CPRL 1052

Cha, Bong-Hi

Bong-Hi Cha: *Das Erstlingswerk Rudolf Kassners: Ansätze zu seinem "physiognomischen Weltbild"*. Diss. Tübingen, 1976. 220 S.

UB: 21-JISU 1004

Kensik, A[lphons] Cl. und Bodmer, D. (Hrsg.)

Rudolf Kassner zum achtzigsten Geburtstag. Gedenkbuch. Hrsg. von A.Cl. Kensik und D. Bodmer. o.O. [Erlenbach-Zürich]: Im Eugen Rentsch Verlag, o.J. [1953]. 250 S.

UB: 11-CQCK 1814

Rilke-Gesellschaft (Hrsg.)

Rilke und Kassner. Hrsg. von der Rilke-Gesellschaft. Red.: Hansgeorg Schmidt-Bergmann. Sigmaringen: Jan Thorbecke Verlag, 1989. 110 S. (=Blätter der Rilke-Gesellschaft, H. 15/1988)

UB: 11-CPWN 1125

Katz, Richard (1888-1968)

Ein Bummel um die Welt. Zwei Jahre Weltreise auf Kamel und Schiene, Schiff und Auto. Von Richard Katz. Neubearb. und erw. Auflage. 86.-90. Tsd. Berlin: Ullstein Verlag, 1932. 278 S.

UB: 11-CQWK 2381

Ernte. Des Bummels um die Welt zweite Folge. Von Richard Katz. Berlin: Ullstein, 1932. 275 S.

UB: 11-CQWK 2399

Funkelnder Ferner Osten. Erlebtes in China, Korea, Japan. Von Richard Katz. Berlin: Ullstein, 1931. 298 S.

UB: 11-CQWK 2373

Richard Katz: *Leid in der Stadt.* 1.-6. Tsd. Erlenbach-Zürich und Leipzig: Eugen Rentsch Verlag, 1938. 255 S.

UB: 04-ZZWX 36436

Kisch, Egon Erwin (1885-1948)

Egon Erwin Kisch: *Asien gründlich verändert.* Berlin: Erich Reiss Verlag, 1932. 260 S.

Forsch.

Egon Erwin Kisch: *Aus Prager Gassen und Nächten. Prager Kinder. Die Abenteuer in Prag.* Berlin, Weimar: Aufbau-Verlag, 1975. 591 S. (=Egon Erwin Kisch: Gesammelte Werke in Einzelausgaben. Hrsg. von Bodo Uhse und Gisela Kisch, Bd. II/1)

Forsch.

Australian Landfall. By Egon Erwin Kisch. Transl. from the German by John Fisher and Irene and Kevin Fitzgerald. With a Forew. by A.T. Yarwood. Sydney: Australasian Book Soc., 1969. 320 S.

UB: 11-CQWK 3191

Egon Erwin Kisch: *Briefe an den Bruder Paul und an die Mutter 1905-1936.* (Hrsg. und mit einem Nachwort von Josef Poláček unter Mitarbeit von Fritz Hofmann). Berlin, Weimar: Aufbau-Verlag, 1978. 503 S.

Forsch.

Egon Erwin Kisch berichtet: *China geheim.* Berlin: Erich Reiss Verlag, 1933. 280 S.

Forsch.

Der Fall des Generalstabschefs Redl. Von Egon Erwin Kisch. 6.-10. Tsd. Berlin: Die Schmiede, 1924. 90 S. (=Außenseiter der Gesellschaft: Die Verbrechen der Gegenwart, Bd. 2)

UB: 04-ZZV 226537

Egon Erwin Kisch: *Geschichten aus sieben Ghettos.* Amsterdam: Allert de Lange, 1934. 216 S.

UB: 04-ZZWX 18632

Egon Erwin Kisch: *Geschichten aus sieben Ghettos. Eintritt verboten. Nachlese.* Berlin und Weimar: Aufbau-Verlag, 1973. 475 S. (=Egon Erwin Kisch: Gesammelte Werke in Einzelausgaben. Hrsg. von Bodo Uhse und Gisela Kisch, Bd. 6)

UB: 11-CQWK 1034-6

Egon Erwin Kisch: *Hetzjagd durch die Zeit.* 1.-10. Tsd. Berlin: Reiss, 1926. 359 S.

UB: 04-ZZWX 35139

Egon Erwin Kisch: *Hetzjagd durch die Zeit.* Berlin: Universum-Bücherei für alle, 1931. 359 S. (=Universum-Bücherei für alle, Bd. 90)

UB: 04-ZZV 238071

Klassischer Journalismus. Die Meisterwerke der Zeitung. Gesammelt und hrsg. von Egon Erwin Kisch. Berlin: Rudolf Kaemmerer Verlag, 1923. 758 S.

Forsch.

Klassischer Journalismus. Die Meisterwerke der Zeitung. Gesammelt und hrsg. von Egon Erwin Kisch. Nachwort Christian Siegel. München: Rogner & Bernhard Verlag, 1974. 683 S.

UB: 01-ALY 1002

Klassischer Journalismus. Die Meisterwerke der Zeitung. Gesammelt und hrsg. von Egon Erwin Kisch. Mit einem Nachwort von Fritz Hofmann. Berlin und Weimar: Aufbau-Verlag, 1982. 584 S.

UB: 11-CQWK 3523

Kriminalistisches Reisebuch. Von Egon Erwin Kisch. Berlin: Verlag Die Schmiede, 1927. 112 S. (=Berichte aus der Wirklichkeit. Hrsg. von Eduard Trautner, Bd. 1)

Forsch.

Egon Erwin Kisch: *Läuse auf dem Markt.* Vermischte Prosa. Berlin und Weimar: Aufbau-Verlag, 1985. 783 S. (=Egon Erwin Kisch: Gesammelte Werke in Einzelausgaben. Hrsg. von Bodo Uhse und Gisela Kisch. Fortgeführt von Fritz Hofmann und Josef Poláček, Bd. 10)

Forsch. u. UB: 11-CQWK 1034-10

Egon Erwin Kisch: *Landung in Australien.* Amsterdam: Allert de Lange, 1937. 373 S.

Forsch.

Egon Erwin Kisch: *Landung in Australien.* Berlin: Aufbau-Verlag, 1948. 366 S.

UB: 04-ZZWX 36070

Egon Erwin Kisch: *Der Mädchenhirt. Schreib das auf, Kisch! Komödien.* 3. Aufl. Berlin und Weimar: Aufbau-Verlag, 1976. 631 S. (=Egon Erwin Kisch: Gesammelte Werke in Einzelausgaben. Hrsg. von Bodo Uhse und Gisela Kisch)

UB: 11-CQWK 1034(3)-1

Egon Erwin Kisch: *Marktplatz der Sensationen.* 11. - 20. Tsd. Berlin: Aufbau-Verlag, 1947. 300 S.

UB: 04-ZZWX 36062

Egon Erwin Kisch: *Marktplatz der Sensationen.* Berlin: Aufbau-Verlag, 1949. 297 S.

Forsch.

Egon Erwin Kisch: *Marktplatz der Sensationen. Entdeckungen in Mexiko.* 3. Aufl. Berlin und Weimar: Aufbau-Verlag, 1974. 727 S. (=Egon Erwin Kisch: Gesammelte Werke in Einzelausgaben. Hrsg. von Bodo Uhse und Gisela Kisch, Bd. 7)

UB: 11-CQWK 1034(3)

Egon Erwin Kisch: *Mein Leben für die Zeitung 1906-1925.* Journalistische Texte 1. Berlin, Weimar: Aufbau-Verlag, 1983. 535 S. (=Egon Erwin Kisch: Gesammelte Werke in Einzelausgaben. Hrsg. von Bodo Uhse und Gisela Kisch. Fortgeführt von Fritz Hofmann und Josef Poláček, Bd. 8)

Forsch. u. UB: 11-CQWK 1034

Mein Leben für die Zeitung 1926-1947. Journalistische Texte 2. Berlin und Weimar: Aufbau-Verlag, 1983. 581 S. (=Egon Erwin Kisch: Gesammelte Werke in Einzelausgaben. Hrsg. von Bodo Uhse und Gisela Kisch. Fortgeführt von Fritz Hofmann und Josef Poláček, Bd. 9)

Forsch.

Egon Erwin Kisch: *Nichts ist erregender als die Wahrheit.* Reportagen aus vier Jahrzehnten. In 2 Bänden. (Hrsg. von Walther Schmieding). Köln: Kiepenheuer und Witsch Verlag, 1979. 320 S. bzw. 288 S.

UB: 10- u. 11-CQWK 1979

Egon Erwin Kisch: *Paradies Amerika.* Berlin: Erich Reiss Verlag, 1930. 347 S.

Forsch. u. UB: 04-ZZWX 23247

Egon Erwin Kisch: *Prager Pitaval.* Berlin: Erich Reiss Verlag, 1931. 342 S.

Forsch.

Egon Erwin Kisch: *Prager Pitaval. Späte Reportagen.* Berlin und Weimar: Aufbau-Verlag, 1969. 435 S. (=Egon Erwin Kisch: Gesammelte Werke in Einzelausgaben. Hrsg. von Bodo Uhse und Gisela Kisch, Bd. II/2)

UB: 11-CQWK 1034

Egon Erwin Kisch: *Der rasende Reporter.* Berlin: Erich Reiss Verlag, 1925. 317 S.

Forsch.

Egon Erwin Kisch: *Der rasende Reporter.* Berlin: Sieben-Stäbe-Verlag, 1930. 380 S.

UB: 11-CQWK 2878

Egon Erwin Kisch: *Der rasende Reporter. Hetzjagd durch die Zeit. Wagnisse in aller Welt. Kriminalistisches Reisebuch.* 2. Aufl. Berlin und Weimar: Aufbau-Verlag, 1974. 679 S. (=Egon Erwin Kisch: Gesammelte Werke in Einzelausgaben. Hrsg. von Bodo Uhse und Gisela Kisch, Bd. 5)

UB: 11-CQWK 1034(2)-5

"Schreib das auf, Kisch!" Das Kriegstagebuch von Egon Erwin Kisch. Berlin: Erich Reiss Verlag, 1930. 294 S.

Forsch.

Egon Erwin Kisch: *Soldat im Prager Korps*. 3. Auflage. Leipzig, Prag: Verlag der K. Andréschen Buchhandlung, 1922. 316 S.

Forsch.

Egon Erwin Kisch: *Das tätowierte Porträt:* Reportagen aus fünf Kontinenten. Auswahl und Nachwort von Joachim Schreck. 1. Aufl. Frankfurt/Main: Röderberg-Verlag, 1984. 409 S. (=Röderberg-Taschenbuch, Bd. 127)

UB: 11-CQWK 3303

Egon Erwin Kisch: *Unter den Uhren von Prag*. Bildreportagen aus aller Welt. Hrsg. von Fritz Hofmann. Berlin und Weimar: Aufbau-Verlag, 1985. 63 S.

Forsch. u. UB: 05-ZZW 26244

Egon Erwin Kisch: *Wagnisse in aller Welt.* Mit zwölf Originalzeichnungen von Rudolf Schlichter. Berlin: Universum-Bücherei für alle, 1929. 319 S.

UB: 04-ZZWX 3080

Egon Erwin Kisch: *Zaren. Popen. Bolschewiken*. Berlin: Erich Reiss Verlag, 1927. 314 S.

Forsch.

Arnold, Heinz Ludwig (Hrsg.)

Egon Erwin Kisch. Text + Kritik. Zeitschrift für Literatur. Juli 1980. Heft 67. 63 S.

Forsch.

Geissler, Rudolf

Rudolf Geissler: *Die Entwicklung der Reportage Egon Erwin Kischs in der Weimarer Republik.* Köln: Pahl-Rugenstein Verlag, 1982. 126 S. (=Pahl-Rugenstein Hochschulschriften, Gesellschafts- und Naturwissenschaften: Serie Literatur und Geschichte, Bd. 92)

UB: 11-CQWK 3094

Haupt, Klaus u. Wessel, Harald

Klaus Haupt und Harald Wessel: *Kisch war hier*. Reportagen über den »Rasenden Reporter«. Berlin: Verlag der Nation, 1985. 339 S.

Forsch. u. UB: 10- u. 11-CQWK 3337

Hofmann, Fritz

Egon Erwin Kisch. Der rasende Reporter. Biografie von Fritz Hofmann. Berlin: Verlag Neues Leben, 1988. 410 S.

UB: 10- u. 11-CQWK 3468

Hofmann, Fritz (Hrsg.)

Servus, Kisch! Erinnerungen, Rezensionen, Anekdoten. Hrsg. von Fritz Hofmann unter Mitarbeit von Josef Poláček. Berlin und Weimar: Aufbau-Verlag, 1985. 412 S.

Forsch. u. UB: 11-CQWK 3345

Horowitz, Michael

Michael Horowitz: *Ein Leben für die Zeitung*. Der rasende Reporter Egon Erwin Kisch. Sammelband. Wien: Orac, 1985. 279 S.

UB: 11-CQWK 3361

Kisch, Egon Erwin

Egon Erwin Kisch. 1885-1948. Erinnerungen zum 90. Geburtstag. Prag: Verlag Internationale Organisation der Journalisten, o.J. [1975]. 36 S.

Forsch.

Kisch, Egon Erwin

Egon Erwin Kisch zum 60. Geburtstag. Stimmen aus Böhmen. London: Verlag der Einheit, 1945. 48 S. (=Schriftenreihe der Vertretung der demokratischen Deutschen aus der Tschechoslowakei)

Forsch.

Mayer Hammond, Theresa

Theresa Mayer Hammond: *American Paradise, German Travel Literature from Duden to Kisch.* Heidelberg: Carl Winter Universitätsverlag, 1980. 192 S. (=Reihe Siegen. Beiträge zur Literatur- und Sprachwissenschaft, Bd. 18)

UB: 11-CII 1030

Prokosch, Erdmute

Erdmute Prokosch: *Egon Erwin Kisch, Reporter einer rasenden Zeit.* [Biographie]. Bonn: Keil Verlag, 1985. 268 S.

UB: 11-CQWK 2234

Reimann, Paul

Paul Reimann: *Von Herder bis Kisch.* Studien zur Geschichte der deutsch-österreichisch-tschechischen Literaturbeziehungen. Berlin: Dietz Verlag, 1961. 290 S.

Forsch.

Reinerová, Lenka

Lenka Reinerová: *Es begann in der Melantrichgasse.* Erinnerungen an Weiskopf, Kisch, Uhse und die Seghers. Berlin und Weimar: Aufbau-Verlag, 1985. 211 S.

Forsch. u. UB: 11-CQWR 2289

Schlenstedt, Dieter

Egon Erwin Kisch. Leben und Werk. Von Dieter Schlenstedt. 2. Aufl. Berlin: Volk und Wissen. Volkseigener Verlag, 1972. 102 S. (=Schriftsteller der Gegenwart. Deutsche Reihe, Bd. 11)

Forsch.

Schlenstedt, Dieter [u.a.]

Egon Erwin Kisch / F.C. Weiskopf. Leben und Werk. Hrsg. vom Kollektiv für Literaturgeschichte im volkseigenen Verlag Volk und Wissen. Berlin/Ost, 1963. 159 S. (=Schriftsteller der Gegenwart, 11)

Forsch.

Schlenstedt, Dieter

Dieter Schlenstedt: *Die Reportage bei Egon Erwin Kisch.* Berlin: Rütten & Loening, 1959. 123 S.

UB: 11-CQWK 1539

Siegel, Christian Ernst

Christian Ernst Siegel: *Egon Erwin Kisch.* Reportage und politischer Journalismus. Bremen: Schünemann, 1973. 382 S. (=Studien zur Publizistik: Bremer Reihe, Bd. 18)

UB: 01-AMC 1080

Tomáš, Jiří u. Žemličková, Gabriela

Jiří Tomáš, Gabriela Žemličková: *Egon Ervín Kisch.* Novinář a bojovnik. Vydavatelství a nakladatelství Novinář, 1984, 157 S.

Forsch.

Utitz, Emil

Emil Utitz: *Egon Erwin Kisch.* Der klassische Journalist. Berlin: Aufbau-Verlag, 1956. 212 S.

Forsch.

Walter, Hans-Albert

Hans-Albert Walter: *Ein Reporter, der keiner war.* Rede über Egon Erwin Kisch. Stuttgart: J.B. Metzlersche Verlagsbuchhandlung, 1988. 31 S.

UB: 11-CQWK 3565

Weiskopf, F.C. (Hrsg.)

Kisch-Kalender. Hrsg. von F.C. Weiskopf unter Mitarbeit von Dieter Noll. Berlin: Aufbau-Verlag, 1955. 286 S.

UB: 04-ZZV 22775

Kisch, E. Heinrich (1841-1918)

Erlebtes und Erstrebtes. Erinnerungen von Dr. E. Heinrich Kisch. Stuttgart, Berlin: Deutsche Verlags-Anstalt, 1914. 308 S.

Forsch.

Kisch, Paul (1883-1944)

Der Kampf um die Königinhofer Handschrift. Von Paul Kisch. Prag: Haase, o.J. [1918]. 36 S.

UB: 04-ZZWX 27657

König, Barbara (* 1925)

Barbara König: *Der Beschenkte*. Roman. München, Wien: Hanser, 1980. 120 S.

UB: 11-CSCK 5440

Barbara König: *Ich bin ganz Ohr*. Hörspiele. Mit einem Nachwort von Bernd Goldmann. Hrsg. von der Akademie der Wissenschaften und Literatur. Mainz: v. Hase & Koehler, 1985. 229 S. (=Mainzer Reihe, Bd. 60)

UB: 11-CSCK 5432

Barbara König: *Das Kind und sein Schatten*. Erzählung. Ungekürzte Ausgabe. Frankfurt/Main, Berlin, Wien: Ullstein, 1984. 164 S. (=Ullstein-Buch, Nr. 26103, Literatur heute)

UB: 11-CSCK 5424

Barbara König: *Die Personenperson*. Roman. München: Deutscher Taschenbuch Verlag, 1967. 141 S.

UB: 11-CSCK 4143

Barbara König: *Schöner Tag, dieser 13*. Ein Liebesroman. München: Carl Hanser Verlag, 1973. 384 S.

UB: 11-CSCK 1292

Körner, Josef (1888-1950)

Josef Körner: *Bibliographisches Handbuch des deutschen Schrifttums*. Dritte, völlig umgearbeitete und wesentlich vermehrte Auflage. Bern: A. Francke Verlag, 1949. 644 S.

UB: 00-AALB 1009(3)

Die Botschaft der deutschen Romantik an Europa. Von Josef Körner. Augsburg: Benno Filser, 1929. 152 S. (=Schriften zur deutschen Literatur, Bd. 9)

UB: 11-CHJ 1243

Josef Körner: *Einführung in die Poetik*. Frankfurt am Main: Verlag G. Schulte-Bulmke, 1949. 62 S.

UB: 11-CGW 1163

Kokoschka, Oskar (1886-1980)

Oskar Kokoschka: *Briefe I, 1905-1919*. Hrsg. von Olda Kokoschka und Heinz Spielmann. Düsseldorf: Claasen Verlag, 1984. 399 S.

UB: 21-KDLK 2025-1

Oskar Kokoschka: *Briefe II, 1919-1934*. Hrsg. von Olda Kokoschka und Heinz Spielmann. Düsseldorf: Claasen Verlag, 1985. 349 S.

UB: 21-KGLK 2025-2

Oskar Kokoschka: *Briefe III, 1934-1953*. Hrsg. von Olda Kokoschka und Heinz Spielmann. Düsseldorf: Claasen Verlag, 1986. 371 S.

UB: 21-KDLK 2025-3

Oskar Kokoschka: *Briefe IV, 1953-1976*. Hrsg. von Olda Kokoschka und Heinz Spielmann. Düsseldorf: Claasen Verlag, 1988. 367 S.

UB: 21-KDLK 2025-4

Oskar Kokoschka: *Das schriftliche Werk*. Hrsg. von Heinz Spielmann. Band I: Dichtungen und Dramen. Band II: Erzählungen. Band III: Aufsätze, Vorträge, Essays zur Kunst. Band IV: Politische Äußerungen. Hamburg: Hans Christians Verlag, 1973-1976.

Forsch.

Hodin, Josef Paul (Hrsg.)

Josef Paul Hodin (Hrsg.): *Bekenntnis zu Kokoschka*. Erinnerungen und Deutungen. Berlin (u.a.): Kupferberg, 1963. 179 S.

UB: 35-KDLK 1833

Reinhardt, Hannes (Hrsg.)

Das bin ich. Ernst Deutsch, Tilla Durieux, Willy Haas, D.H. Kahnweiler, Joseph Keilberth, Oskar Kokoschka, Heinz Tietjen, Carl Zuckmayer erzählen ihr Leben. Mit 8 Abbildungen. Hrsg. von Hannes Reinhardt. München: R. Piper & Co. Verlag, 1972. 266 S.

Forsch.

Schvey, Henry Ivan

Henry Ivan Schvey: *The visual Element in the Plays of Oskar Kokoschka.* Diss. Indiana University, Bloomington, Ind. Ann Arbor, Mich. [a.o.]: Univ. Microfilms Intern., 1977. 181 S.

UB: 06-ZZXX 9042

Kolbenheyer, Erwin Guido (1878-1962)

E.G. Kolbenheyer: *Amor Dei.* Ein Spinoza-Roman. 36.-40. Tsd. München: Albert Langen, Georg Müller, 1937. 349 S.

UB: 04-ZZV 227216

E.G. Kolbenheyer: *Aufsätze, Vorträge und Reden.* München: Albert Langen/Georg Müller, o.J. [1941]. 727 S. (=E.G. Kolbenheyer: Gesammelte Werke in acht Bänden, Achter Band)

UB: 11-CQWK 1377-8

E.G. Kolbenheyer: *Die Bauhütte.* Grundzüge einer Metaphysik der Gegenwart. München: Albert Langen/Georg Müller, o.J. [1940]. 550 S. (=E.G. Kolbenheyer: Gesammelte Werke in acht Bänden, Siebenter Band)

UB: 11-CQWK 1377-7

E.G. Kolbenheyer: *Die Begegnung auf dem Riesengebirge.* Novelle. München: Langen, Müller, 1933. 66 S.

UB: 11-CQWK 2608

E.G. Kolbenheyer: *Dramen und Gedichte.* München: Albert Langen / Georg Müller, o.J. [1941]. 723 S. (=E.G. Kolbenheyer: Gesammelte Werke in acht Bänden, Sechster Band)

UB: 11-CQWK 1377-6

E.G. Kolbenheyer: *Das gottgelobte Herz.* Roman aus der Zeit der deutschen Mystik. München: Albert Langen, Georg Müller Verlag, 1938. 536 S.

UB: 11-CQWK 3418

E.G. Kolbenheyer: *Das gottgelobte Herz.* Roman aus der Zeit der deutschen Mystik. *Paracelsus.* Erster Teil: Die Kindheit des Paracelsus. Roman. München: Albert Langen / Georg Müller, o.J. [1940]. 686 S. (=E.G. Kolbenheyer: Gesammelte Werke in acht Bänden, Erster Band)

UB: 11-CQWK 1377-1

E.G. Kolbenheyer: *Ein Gruß vom Wege – Eurem Weg.* (Auswahlband). Rudolfstadt: Greifenverlag, 1923. 92 S.

UB: 11-CQWK 3028

E.G. Kolbenheyer: *Jagt ihn – ein Mensch!* Schauspiel in fünf Aufzügen. München: Georg Müller, 1931. 97 S.

UB: 11-CQWK 1199

Das Kolbenheyer-Buch. Eingeleitet und ausgewählt von Ernst Frank. 1.-7. Tsd. Karlsbad-Drahowitz und Leipzig: Adam Kraft Verlag, o.J. [1937]. 257 S.

UB: 05-ZZV 175744

E.G. Kolbenheyer: *Das Lächeln der Penaten*. Roman. München: Albert Langen, Georg Müller, 1933. 269 S.

UB: 10-CQWK 3492

E.G. Kolbenheyer: *Lyrik*. Heusenstamm: Orion-Heimreiter-Verlag, 1961. 238 S.

UB: 11-CQWK 3044

E.G. Kolbenheyer: *Lyrisches Brevier*. München: Georg Müller, 1929. 141 S.

UB: 04-ZZWX 33022

E.G. Kolbenheyer: *Meister Joachim Pausewang*. Roman. *Amor Dei*. Roman. München: Albert Langen/Georg Müller, o.J. [1939]. 649 S. (=E.G. Kolbenheyer: Gesammelte Werke in acht Bänden, Dritter Band)

UB: 11-CQWK 1377-3

E.G. Kolbenheyer: *Montsalvasch*. Ein Roman für Individualisten. München: Müller, 1918. 365 S.

UB: 11-CQWK 1848

E.G. Kolbenheyer: *Montsalvasch*. Ein Roman für Individualisten. *Das Lächeln der Penaten*. Roman. München: Albert Langen / Georg Müller, o.J. [1939]. 577 S. (=E.G. Kolbenheyer: Gesammelte Werke in acht Bänden, Vierter Band)

UB: 11-CQWK 1377-4

E.G. Kolbenheyer: *Paracelsus*. Zweiter Teil: Das Gestirn des Paracelsus. Roman. Dritter Teil: Das Dritte Reich des Paracelsus. Roman. München: Albert Langen/Georg Müller, o.J. [1940]. 671 S. (=E.G. Kolbenheyer: Gesammelte Werke in acht Bänden, Zweiter Band)

UB: 11-CQWK 1377-2

E.G. Kolbenheyer: *Reps. Erzählungen und Legenden*. München: Albert Langen/Georg Müller, o.J. [1941]. 679 S. (=E.G. Kolbenheyer: Gesammelte Werke in acht Bänden, Fünfter Band)

UB: 11-CQWK 1377-5

Erwin Guido Kolbenheyer: *Wie wurde der deutsche Roman Dichtung?* München: Langen, Müller Verlag, 1937. 16 S.

UB: 04-ZZV 150338

Knobloch, Eberhard

Die Wortwahl in der archaisierenden chronikalischen Erzählung. Meinhold, Raabe, Storm, Wille, Kolbenheyer. Von Eberhard Knobloch. Göppingen: Verlag Alfred Kümmerle, 1971. 228 S. (=Göppinger Arbeiten zur Germanistik, Nr. 45)

UB: 11-CIB 1019

Koch, Franz

Franz Koch: *Kolbenheyer.* Göttingen: Göttinger Verlagsanstalt, 1953. 188 S.

UB: 11-CQWK 1424

Schmidt, Marianne

Stilistische Studien zu Kolbenheyers Paracelsus-Trilogie. Von Marianne Schmidt. Würzburg: Richard Mayr, 1941. 83 S.

UB: 05-BUB 7159

Kornfeld, Paul (1889-1942)

Paul Kornfeld: *Blanche* oder Das Atelier im Garten. Roman. 1.-6. Tsd. Hamburg: Rowohlt Verlag, 1957. 639 S.

Forsch.

Paul Kornfeld: *Der ewige Traum.* Eine Komödie. Berlin: Ernst Rowohlt Verlag, 1922. 88 S.

UB: 04-ZZWX 16494

Himmel und Hölle. Eine Tragödie in fünf Akten und einem Epilog von Paul Kornfeld. Berlin: S. Fischer Verlag, 1919. 116 S.

Forsch.

Palme oder Der Gekränkte. Eine Komödie in fünf Akten von Paul Kornfeld. Berlin: Ernst Rowohlt Verlag, 1924. 118 S.

Forsch.

Paul Kornfeld: *Revolution mit Flötenmusik* und andere kritische Prosa 1916-1932. Heidelberg: Verlag Lambert Schneider GmbH, 1977. 335 S. (=Veröffentlichungen der Deutschen Akademie für Sprache und Dichtung, Darmstadt, Nr. 51)

Forsch. u. UB: 11-CQWK 1563

Die Verführung. Eine Tragödie in fünf Akten von Paul Kornfeld. Berlin: S. Fischer Verlag, 1916. 204 S.

Forsch.

Die Verführung. Eine Tragödie in fünf Akten. *Himmel und Hölle*. Eine Tragödie in fünf Akten und einem Epilog. Von Paul Kornfeld. Nendeln, Liechtenstein: Kraus Verlag, 1973. 204 bzw. 116 S. (=Bibliothek des Expressionismus, Nr. 19)

UB: 10-CJV 1233

---

zu Kornfeld, Paul siehe auch:

Margarita Pazi: *Fünf Autoren des Prager Kreises*. Frankfurt/Main, Bern, Las Vegas: Peter Lang, 1978. 315 S. (=Würzburger Hochschulschriften zur neueren Deutschen Literaturgeschichte. Hrsg. von Anneliese Kuchinke-Bach, Bd./Vol. 3)

Forsch. u. UB: 10-CHM 3135 u. 11-CHM 2024

Kralik, Richard von (1852-1934)

Etwas von und über Richard Kralik. Eine Auswahl aus seinen poetischen und prosaischen Werken und aus den kritischen Stimmen. Hrsg. von d. Reichsbünden d. katholischen deutschen Jugend Österreichs u.d. Tschechoslowakei. Wien: Vogelsang-Verlag, 1926. 96 S.

Forsch.

Kraus, Oskar (1872-1942)

Franz Brentano. Zur Kenntnis seines Lebens und seiner Lehre von Oskar Kraus. Mit Beiträgen von Carl Stumpf und Edmund Husserl. München: C.H. Beck'sche Verlagsbuchhandlung, Oskar Beck, 1919. 171 S.

Forsch. u. UB: 21-JCKL 1025

Offene Briefe an Albert Einstein u. Max v. Laue über die gedanklichen Grundlagen der speziellen und allgemeinen Relativitätstheorie. Von Oskar Kraus. Wien, Leipzig: Braumüller, 1925. 104 S.

UB: 73-UAQ 2274

Kubin, Alfred (1877-1959)

Alfred Kubin: *Abenteuer einer Zeichenfeder*. Mit einer Einführung von Max Unold. München: Piper Verlag, 1941. 30 S.

UB: 04-ZZWX 18551

Alfred Kubin: *Die andere Seite*. Phantastischer Roman. München: Bei Georg Müller, 1923. 290 S. (=Galerie der Phantasten, hrsg. von Hanns Heinz Ewers, 5. Bd.)

Forsch.

Alfred Kubin: *Die andere Seite*. Ein phantastischer Roman. München: Edition Spangenberg, 1975. 276 S.

UB: 11-CQCK 1864

Alfred Kubin: *Mein Werk*. Dämonen und Nachtgesichte. Mit einer Autobiographie, fortgeführt bis 1931. Dresden: Reissner, 1931. 128 S.

UB: 35-KDLK 1817

Alfred Kubin: *Schemen*. 60 Köpfe aus einer verklungenen Zeit. Königsberg: Kanter Verlag, 1943. 64 S. (=Kanter-Bücher, Bd. 54)

UB: 04-ZZWX 15820

Alfred Kubin: *Vom Schreibtisch eines Zeichners*. Mit 72 Zeichnungen. 1.-5. Tsd. Berlin: Ulrich Riemerschmidt Verlag, 1939. 213 S.

UB: 04-ZZWX 34468

Bisanz, Hans

Hans Bisanz: *Alfred Kubin*. Zeichner, Schriftsteller und Philosoph. Hrsg. von der Graphischen Sammlung Albertina, Oberösterreichisches Landesmuseum. Salzburg: Residenz-Verlag, 1977. 182 S.

UB: 35-KDLK 1299

Lippuner, Heinz

Heinz Lippuner: *Alfred Kubins Roman "Die andere Seite"*. Bern, München: Francke Verlag, 1977. 221 S.

UB: 11-CQWK 2894

Raabe, Paul (Hrsg.)

Alfred Kubin. Leben. Werk. Wirkung. Im Auftrage von Dr. Kurt Otte, Kubin-Archiv in Hamburg, zusammengestellt von Paul Raabe. Hamburg: Rowohlt Verlag, 1957. 295 S.

UB: 35-KDLK 1223

Rhein, Phillip H.

The Verbal and Visual Art of Alfred Kubin. Phillip H. Rhein. Riverside, California: Ariadne Press, 1989. 179 S. (=Studies in Austrian Literature, Culture, and Thought)

UB: 11-CQWK 3515

Roggenbuck, Gunhild

Gunhild Roggenbuck: *Das Groteske im Werk Alfred Kubins (1877-1959).* Hamburg: Hartmut Lüdke Verlag, 1979. 352 S. (=Geistes- und Sozialwissenschaftliche Dissertationen, Bd. 51)

UB: 05-JUX 2948

Schremmer, Ernst

Alfred Kubin: Aquarelle, Zeichnungen, Lithographien, illustrierte Bücher. Eine Ausstellungsreihe der Künstlergilde. Ausstellung und Katalog: Ernst Schremmer. Esslingen a. Neckar: Bechtle, 1985. 66 S.

UB: 21-KDLK 2334

Leppin, Paul (1878-1945)

Paul Leppin: *Alt-Prager Spaziergänge.* Hrsg. von Dirk O. Hoffmann. Ravensburg: Peter Selinka, 1990. 110 S.

Forsch. u. UB: 10- u. 11-CQWL 3099

Paul Leppin: *Blaugast.* Ein Roman aus dem alten Prag. Hrsg. von Dirk O. Hoffmann. München, Wien: Albert Langen, Georg Müller, 1984. 180 S.

Forsch. u. UB: 11-CQWC 3049

Daniel Jesus. Ein Roman von Paul Leppin. Berlin, Leipzig: Jacques Hegner Verlag, 1905. 114 S.

Forsch.

Paul Leppin: *Der Gefangene.* Gedichte eines alten Mannes. Mit einem Nachwort hrsg. von Dieter Sudhoff. Siegen: Universität-Gesamthochschule, 1988. 44 S. (=Vergessene Autoren der Moderne, Bd. XXXVI)

UB: 05-ZZV 159918

Paul Leppin: *Severins Gang in die Finsternis.* Ein Prager Gespensterroman. Hrsg. von Dirk O. Hoffmann. Ravensburg: Verlag Peter Selinka, 1988. 108 S.

Forsch. u. UB: 11-CQCL 1550

Paul Leppin: *Venus auf Abwegen.* Zur Kulturgeschichte der Erotik. Hamburg, Berlin: Hoffmann u. Campe Verlag, 1920. 163 S.

UB: 04-ZZWX 10757

Hoffmann, Dirk O.

Dirk Hoffmann: *Paul Leppin*. Ein Beitrag zur Prager deutschen Literatur der ersten Hälfte des 20. Jahrhunderts. Phil. Diss. Basel, 1973. 248 S.

Forsch.

Hoffmann, Dirk O.

Paul Leppin. Eine Skizze mit einer ersten Bibliographie der Werke und Briefe. Von Dirk O. Hoffmann. Bonn: Bouvier Verlag Herbert Grundmann, 1982. 263 S. (=Abhandlungen zur Kunst-, Musik- und Literaturwissenschaft, Bd. 279)

UB: 10-CQCL 1403

Leutelt, Gustav (1860-1947)

Gustav Leutelt, der Dichter des Waldes. Eine Auswahl seiner schönsten Erzählungen, für die Jugend besorgt von Robert Herzog. Karlsbad und Leipzig: Adam Kraft Verlag, 1940. 127 S.

UB: 05-ZZV 175809

Gustav Leutelt: *Hüttenheimat*. Ein Roman aus dem Isergebirge. *Der Glaswald*. Roman aus dem Isergebirge. *Bilder aus dem Leben der Glasarbeiter*. 3. Aufl. Karlsbad und Leipzig: Adam Kraft Verlag, 1943. 324 S. (=Gustav Leutelt: Gesammelte Werke, Bd. III)

UB: 05-ZZV 175794(3)

Gustav Leutelt: *Das zweite Gesicht*. Erzählung. Berlin: Fischer, 1911. 204 S.

Forsch.

Gustav Leutelt: *Das zweite Gesicht*. Roman. *Der Brechschmied*. Goldsucher- und Teufelsgeschichte aus dem Isergebirge. *Das Buch vom Walde*. 7.-11. Tsd. Karlsbad und Leipzig: Adam Kraft Verlag, 1943. 275 S. (=Gustav Leutelt: Gesammelte Werke, Bd. II)

UB: 05-ZZV 175794-2

Herzog, Robert

Gustav Leutelt. Sein Leben und Schaffen. Von Robert Herzog. Reichenberg: Sudetendeutscher Verlag Franz Kraus, 1925. 144 S.

Forsch.

Schmidt, Adalbert (Hrsg.)

Gustav Leutelt. Hrsg. von Adalbert Schmidt. Reichenberg: Sudetendeutscher Verlag F. Kraus, 1938. 62 S. (=Sudetendeutsche Dichterbücher)

Forsch.

Lotar, Peter (1910-1986)

Peter Lotar: *Eine Krähe war mit mir.* Roman. Stuttgart: Deutsche Verlags-Anstalt, 1978. 307 S.

Forsch.

Petr Lotar: *Die Wahrheit siegt!* Schauspiel zwischen zwei Weltkriegen. Olten: Hauenstein, 1945. 80 S.

UB: 10-CQWL 3007

Mauthner, Fritz (1849-1924)

Fritz Mauthner: *Ausgewählte Schriften.* Bd. 1: *Nach berühmten Mustern. Totengespräche. Verse. Narr und König.* Stuttgart, Berlin: Deutsche Verlags-Anstalt, 1919. 376 S.

Forsch. u. UB: 05- u. 11-CQCM 1220-1

Fritz Mauthner: *Ausgewählte Schriften.* Bd. 2: *Xanthippe und anderes.* Stuttgart, Berlin: Deutsche Verlags-Anstalt, 1919. 347 S.

UB: 05- u. 11-CQCM 1220-2

Fritz Mauthner: *Ausgewählte Schriften.* Bd. 3: *Hypatia.* Roman aus dem Altertum. Stuttgart, Berlin: Deutsche Verlags-Anstalt, 1919. 328 S.

Forsch u. UB: 05- u. 11-CQCM 1220-3

Fritz Mauthner: *Ausgewählte Schriften.* Bd. 4: *Böhmische Novellen.* Stuttgart, Berlin: Deutsche Verlags-Anstalt, 1919. 369 S.

Forsch. u. UB: 05- u. 11-CQCM 1220-4

Fritz Mauthner: *Ausgewählte Schriften.* Bd. 5: *Der letzte Tod des Gautama Buddha. Aus dem Märchenbuch der Wahrheit.* Stuttgart, Berlin: Deutsche Verlags-Anstalt, 1919. 324 S.

Forsch. u. UB: 05- u. 11-CQCM 1220-5

Fritz Mauthner: *Ausgewählte Schriften.* Bd. 6: *Erzählungen.* Stuttgart, Berlin: Deutsche Verlags-Anstalt, 1919. 355 S.

Forsch. u. UB: 05- u. 11-CQCM 1220-6

Fritz Mauthner: *Beiträge zu einer Kritik der Sprache.* Bde. 1-3. Repr. der 3., vermehrten Auflage von 1923. Hildesheim: Olms Verlag, 1967-1969. 719, 718 bzw. 663 S.

UB: 11-BEO 1463(3)

Die böhmische Handschrift von Fritz Mauthner. Konstanz am Bodensee: Reuß & Itta, Verlag, 1916. 165 S.

Forsch.

Erinnerungen von Fritz Mauthner. Bd. I: Prager Jugendjahre. München: Bei Georg Müller, 1918. 349 S.

Forsch.

Die erste Bank. Kleine Schul- und Feriengeschichten, erzählt von Fritz Mauthner. Berlin: Jugendhort Verlag, o.J. [1908]. 188 S.

UB: 10-CQCM 1953

Fritz Mauthner: *Gespräche im Himmel und andere Ketzereien.* München und Leipzig: Bei Georg Müller, 1914. 297 S.

Forsch.

Der goldene Fiedelbogen. Zwei Novellen aus Böhmen von Fritz Mauthner. Konstanz a.B.: Reuß & Itta, Verlagsanstalt, 1917. 109 S. (=Rheinborn-Bücher, Bd. 8)

Forsch.

Der letzte Deutsche von Blatna. Erzählung aus Böhmen von Fritz Mauthner. Berlin, Wien: Ullstein & Co., 1913. 318 S. (=Ullstein-Bücher. Eine Sammlung zeitgenössischer Romane)

Forsch.

Mauthner, Fritz

Fritz Mauthner: *Der letzte Tod des Gautama Buddha.* München: Bei Georg Müller, 1921. 171 S.

Forsch.

Fritz Mauthner: *Muttersprache und Vaterland.* Leipzig: Dürr & Weber m.b.H., 1920. 73 S. (=Zellenbücherei Nr. 38)

Forsch

Die Sprache. Von Fritz Mauthner. 4. und 5. Tsd. Frankfurt/Main: Rütten & Loening, o.J. [1907]. 120 S. (=*Die Gesellschaft.* Sammlung sozialpsychologischer Monographien, Bd. 9)

UB: 10-CQCM 2098

Fritz Mauthner: *Totengespräche.* 2. Auflage. Berlin: Karl Schnabel, 1906. 127 S.

Forsch.

Von Keller zu Zola. Kritische Aufsätze von Fritz Mauthner. Berlin: J.J. Heines Verlag, 1887. 155 S.

UB: 04-ZZWX 33048

Wörterbuch der Philosophie. Neue Beiträge zu einer Kritik der Sprache. Von Fritz Mauthner. Bde. 1-3. 2., vermehrte Aufl. Leipzig: Meiner Verlag, 1923-1924.

UB: 21-HIL 1161(2)

Eschenbacher, Walter

Walter Eschenbacher: *Fritz Mauthner und die deutsche Literatur um 1900.* Eine Untersuchung zur Sprachkrise der Jahrhundertwende. Frankfurt/Main, Bern: Lang, 1977. 183 S. (=Europäische Hochschulschriften, Reihe I: Deutsche Literatur und Germanistik, Bd. 163)

UB: 11-CHL 1837

Krieg, Max

Fritz Mauthners Kritik der Sprache. Eine Revolution der Philosophie. Von Max Krieg. München: Georg Müller, 1914. 197 S.

UB: 21-HLK 1184

Kühn, Joachim

Joachim Kühn: *Gescheiterte Sprachkritik.* Fritz Mauthners Leben und Werk. Berlin, New York: Walter de Gruyter, 1975. 379 S.

Forsch. u. UB: 11-BEJM 1018

Meyrink, Gustav (1868-1932)

Gustav Meyrink: *An der Grenze des Jenseits.* 1.-8. Tsd. Leipzig: Dürr & Weber m.b.H., 1923. 86 S. (=Zellenbücherei Nr. 65)

Forsch.

Gustav Meyrink: *Des deutschen Spießers Wunderhorn.* Gesammelte Novellen. München, Wien: Langen Müller Verlag, 1981. 412 S.

Forsch. u. UB: 11-CQCM 1880

Gustav Meyrink: *Der Engel vom westlichen Fenster.* Roman. Leipzig: Grethlein, 1927. 440 S.

UB: 11-CQCM 1597

Gustav Meyrink: *Der Engel vom westlichen Fenster.* Roman. 2. Aufl. München, Wien: Langen Müller Verlag GmbH, 1975. 568 S.

Forsch.

Fledermäuse. Sieben Geschichten von Gustav Meyrink. Leipzig: Kurt Wolff Verlag, 1916. 238 S.

UB: 04-ZZV 211037

Gustav Meyrink: *Fledermäuse*. Erzählungen, Fragmente, Aufsätze. Hrsg. von Eduard Frank. München, Wien: Langen Müller, 1981. 444 S.

Forsch. u. UB: 11-CQCM 1856

Gustav Meyrink: *Der Golem*. Roman. Mit acht Lithographien von Hugo Steiner-Prag. 141.-150. Tausend. Leipzig: Kurt Wolff Verlag, 1915. 344 S.

Forsch.

Gustav Meyrink: *Der Golem*. Ein Roman. 151.-155. Tsd. München: Kurt Wolff Verlag, 1915. 350 S. (=Gustav Meyrink: Gesammelte Werke, Bd. 1)

UB: 11-CQCM 1385

Gustav Meyrink: *Der Golem*. Roman. München: List Verlag, 1970. 213 S. (=List Taschenbuch, Nr. 59)

UB: 05-CQCM 1092

Das grüne Gesicht. Ein Roman von Gustav Meyrink. Leipzig: Kurt Wolff Verlag, 1917. 387 S.

UB: 05-ZZWX 6317

Gustav Meyrink: *Das grüne Gesicht*. Ein Roman. 96.-99. Tsd. München: Kurt Wolff Verlag, 1921. 336 S.

UB: 10- u. 11-CQCM 1068

Gustav Meyrinks Wachsfigurenkabinett. Sonderbare Geschichten. 7.-9. Tsd. München: Langen, 1918. 248 S.

UB: 11-CQCM 1589

Gustav Meyrink: *Das Haus zur letzten Latern*. Nachgelassenes und Verstreutes. Hrsg. von Eduard Frank. München, Wien: Langen Müller, 1973. 470 S.

Forsch. u. UB: 11-CQCM 1872

Gustav Meyrink: *Der heiße Soldat und andere Geschichten*. München: Verlag Langen, 1903. 147 S. (=Kleine Bibliothek Langen, Bd. 62)

UB: 04-ZZWX 19882

Jörn Uhl und Hilligenlei. Gustav Meyrink contra Gustav Frenssen. Umschlagzeichnung von O. Gulbransson, Buchschmuck von André Lambert. Fünftes und sechstes Tsd. München: Albert Langen, 1908. 35 S.

UB: 04-ZZV 150485

Gustav Meyrink: *Der Löwe Alois und andere Geschichten.* Mit Zeichnungen von Carl Olaf Petersen. Dachau: Einhorn-Verlag, 1917. 78 S. (=Die bunten Bücher, Bd. 7)

Forsch.

Orchideen. Sonderbare Geschichten von Gustav Meyrink. 6. Tsd. München: Langen, 1913. 148 S.

UB: 11-CQCM 1084

Der Sanitätsrat. Eine Komödie in drei Akten. Von Roda Roda und Gustav Meyrink. Berlin (u.a.): Schuster u. Loeffler, 1912. 104 S.

UB: 04-ZZWX 23962

Walpurgisnacht. Phantastischer Roman von Gustav Meyrink. Leipzig: Kurt Wolff Verlag, 1917. 278 S.

Forsch.

Gustav Meyrink: *Walpurgisnacht.* Roman. Mit einem Nachwort von Gerhard Fritsch. München, Wien: Langen Müller, 1977. 226 S.

UB: 11-CQCM 1898

Gustav Meyrink: *Der weiße Dominikaner.* Aus dem Tagebuch eines Unsichtbaren. Wien, Berlin, Leipzig, München: Rikola Verlag, 1921. 291 S.

Forsch.

Gustav Meyrink: *Der weiße Dominikaner.* Aus dem Tagebuch eines Unsichtbaren. Roman. Mit einem Nachwort von Eduard Frank. München, Wien: Langen Müller, 1981. 271 S. (=Gustav Meyrink: Gesammelte Werke in Einzelausgaben)

UB: 11-CQCM 1848

Aster, Evelin

Evelin Aster: *Personalbibliographie von Gustav Meyrink.* Bern, Frankfurt/Main, Las Vegas: Lang, 1980. 165 S. (=Europäische Hochschulschriften, Reihe 1: Deutsche Sprache und Literatur, Bd. 355)

UB: 10-CQWM 2242

Abret, Helga

Helga Abret: *Gustav Meyrink conteur.* Bern, Frankfurt/Main: Lang, 1976. 264 S. (=Europäische Hochschulschriften, Reihe I: Deutsche Literatur und Germanistik, Bd. 176)

UB: 11-CQCM 1513

Achard, Michel

Aux Frontières de l'Au-delà. Meyrink, le Golem et l'initiation au Ghetto. Par Michel Achard. Préface de Michel-Vital Le Bossé, membre de la société d'Ethnographie de Paris. Caen: Editions de Neustrie, 1986 [erschienen 1987]. 165 S.

UB: 11-CQCM 2022

Lube, Manfred

Manfred Lube: *Gustav Meyrink.* Beiträge zur Biographie und Studien zu seiner Kunsttheorie. Graz: Technische Universität, 1980. 259 S. (=Dissertationen der Universität Graz, 51)

UB: 11-CQCM 1864

Marzin, Florian F.

Florian F. Marzin: *Okkultismus und Phantastik in den Romanen Gustav Meyrinks.* Essen: Die Blaue Eule, 1986. 147 S. (=Germanistik in der Blauen Eule, Bd. 6)

UB: 11-CQCM 1995

Mathière, Catherine

Catherine Mathière: *Imaginaire et mystique.* La dramaturgie de Gustav Meyrink. Paris: lettres modernes, 1985. 188 S. (=Circé. Cahiers de recherche sur l'imaginaire, 14-15)

UB: 11-CQCM 1979

Meister, Jan Christoph

Jan Christoph Meister: *Hypostasierung – Die Logik mythischen Denkens im Werk Gustav Meyrinks nach 1907.* Eine Studie zur erkenntnistheoretischen Problematik eines phantastischen Œuvres. Frankfurt/Main, Bern, New York: Peter Lang, 1987. 392 S. (=Hamburger Beiträge zur Germanistik, Bd. 3)

UB: 11-CQCM 2014

Smit, Frans

Smit, Frans: *Gustav Meyrink.* Auf der Suche nach dem Übersinnlichen. Aus dem Niederländischen übertragen von Konrad Dietzfelbinger. München: Langen Müller, 1988. 317 S.

UB: 11-CQCM 2072

Michel, Robert (1871-1963)

Gott und der Infanterist. Von Robert Michel. Berlin: S. Fischer, 1919. 109 S.

UB: 10-CQWM 2747

Mühlberger, Josef (1903-1985)

Aussaat. Die soziale Dichtung der Sudetendeutschen. Eine Auswahl. Zusammengestellt von Josef Mühlberger. München: Verlag "Die Brücke", o.J. [1957]. 91 S.

Forsch.

Josef Mühlberger: *Bogumil*. Das schuldlose Leben und schlimme Ende des Edvard Klíma. Roman. München, Wien: Langen Müller Verlag, 1980. 480 S.

Forsch.

Die Dichtung der Sudetendeutschen in den letzten fünfzig Jahren. Von Dr. phil. Josef Mühlberger. Kassel-Wilhelmshöhe: Johannes Stauda Verlag, 1929. 278 S. (=Ostmitteldeutsche Bücherei. Arbeiten zur Landes- und Kulturgeschichte der Sudetenländer und der angrenzenden Gebiete)

Forsch. u. UB: 04-ZZV 203377

Erzählungen aus dem Sudetenland. Heiteres und Besinnliches. Hrsg. und vorgestellt von Josef Mühlberger. Tübingen, Basel: Horst Erdmann Verlag, 1974. 309 S.

Forsch.

Josef Mühlberger: *Ex Corde Lux*. Vier Dichterporträts. Mannheim-Sandhofen: Kessler Verlag, 1962. 80 S. (=Schriftenreihe der Künstlergilde, Bd. 3. Hrsg. von Ernst Schremmer und Hanns Gottschalk)

Forsch. u. UB: 05-ZZV 33831

Josef Mühlberger: *Der Galgen im Weinberg*. Erzählungen. München, Eßlingen: Bechtle Verlag, 1960. 178 S.

UB: 11-CSCM 2947

Josef Mühlberger: *Gartengedichte*. 1.-5. Tsd. Lorch/Württ., Stuttgart: Alfons Bürger Verlag, 1947. 31 S.

UB: 04-ZZWX 34484

Josef Mühlberger: *Geschichte der deutschen Literatur in Böhmen 1900-1939*. München, Wien: Langen Müller Verlag, 1981. 424 S.

Forsch.

Josef Mühlberger: *Herbstblätter*. Gedanken und Gestalten. Eßlingen: Bechtle Verlag, 1963. 181 S.

UB: 05-ZZV 247208

Das hunderttürmige Prag. Im Spiegel deutscher Dichtung und Urkunden. Hrsg. von Josef Mühlberger. München: Aufstieg-Verlag, 1969. 208 S.

Forsch.

Josef Mühlberger: *Ich wollt, daß ich daheime wär*. Erzählungen der Vertreibung. Augsburg: Adam Kraft Verlag, o.J. [1960]. 115 S.

UB: 04-ZZV 203327

Josef Mühlberger: *Eine Kindheit in Böhmen*. Erinnerungen. Mit einem autobiographischen Nachwort. Stuttgart: Philipp Reclam Jun., 1960. 93 S.

Forsch.

Josef Mühlberger: *Die Knaben und der Fluß*. Erzählung. Leipzig: Im Insel-Verlag, 1934. 157 S.

Forsch.

Josef Mühlberger: *Lavendelstraße*. Provenzalische Gedichte. München, Eßlingen: Bechtle Verlag, 1962. 46 S. (=Bechtle Lyrik, Bd. 3)

Forsch.

Linde und Mohn. 100 Gedichte aus 100 Jahren tschechischer Lyrik. Übertragen, eingeleitet und erläutert von Josef Mühlberger. Nürnberg: Glock und Lutz Verlag, 1964. 168 S.

Forsch.

Josef Mühlberger: *Die purpurne Handschrift*. Drei dalmatinische Novellen. Ulm: Aegis, 1947. 93 S.

UB: 10-CQWM 2721

Josef Mühlberger: *Der Scherbenberg*. Erzählungen aus Böhmen. München: Verlag "Die Brücke", o.J. [1970]. 109 S.

UB: 11-CSCM 2507

Josef Mühlberger: *Der Teppich*. Kurze Prosa. Eichstätt: Funk Verlag, 1970. 48 S.

UB: 11-CSCM 1420

Josef Mühlberger: *Tschechische Literaturgeschichte*. Von den Anfängen bis zur Gegenwart. München: Ackermann-Gemeinde, 1970. 210 S.

Forsch. u. UB: 11-GYW 1002

Josef Mühlberger: *Wappenbilder des Lebens*. Gedichte. Eichstätt: Funk Verlag, 1970. 40 S.

UB: 11-CSCM 1412

Josef Mühlberger: *Zwei Völker in Böhmen*. Beitrag zu einer nationalen, historischen und geistesgeschichtlichen Strukturanalyse. München: Bogen-Verlag, 1973. 300 S.

Forsch. u. UB: 21-LVFC 1021

Becher, Peter (Hrsg.)

Josef Mühlberger. Beiträge des Münchner Kolloquiums. Hrsg. von Peter Becher. München: Adalbert Stifter Verein, 1989. 112 S.

Forsch. u. 10- u. 11-CQWM 2771

Berger, Michael

Josef Mühlberger (1903-1985). Sein Leben und Prosaschaffen bis 1939. Ein Beitrag zur Geschichte der deutschböhmischen Literatur in den 20er und 30er Jahren des 20. Jahrhunderts. Habil. Berlin, 1989.

Forsch.

Natonek, Hans (1892-1963)

Hans Natonek: *Blaubarts letzte Liebe*. Roman. Mit einem Nachwort von Jürgen Serke. Wien, Darmstadt: Paul Zsolnay Verlag, 1988. 400 S.

UB: 11-CQWN 1665

Hans Natonek: *Geld regiert die Welt oder Die Abenteuer des Gewissens*. Roman. Berlin, Wien, Leipzig: Zsolnay Verlag, 1930. 368 S.

UB: 11-CQWN 1615

Hans Natonek: *Der Schlemihl*. Ein Roman vom Leben des Adelbert von Chamisso. Amsterdam: de Lange Verlag, 1936. 402 S.

UB: 04-ZZWX 36703

Ohorn, Anton (1846-1924)

Anton Ohorn: *Deutsches Erbe*. Roman aus den nationalen Verhältnissen Böhmens. Mit Bildnis, Geleitwort u. Unterschrift des Verfassers. 2. Aufl. Leipzig: C.F. Tiefenbach, 1912. 328 S. (=Bibliothek Tiefenbach, 20)

Forsch.

Ohorn-Gedenkbuch. Sammlung von Beiträgen reichsdeutscher und deutsch-österreichischer Dichter, Schriftsteller, Künstler und anderer zu Ehren des 70. Geburtstages Anton Ohorns. Hrsg. von Bernhard Rost. Chemnitz: Pickenhahn, 1916. 176 S.

UB: 11-CQCO 1042

Perutz, Leo (1884-1957)

Leo Perutz: *Die dritte Kugel.* München: Albert Langen, 1915. 359 S.

UB: 04-ZZWX 1545

Leo Perutz: *Die dritte Kugel.* Roman. Ungekürzte Ausgabe. München: Deutscher Taschenbuch Verlag, 1981. 226 S. (=dtv-Phantastica, Nr. 1869)

UB: 11-CQWP 1542

Leo Perutz: *Der Judas des Leonardo.* Roman. Jubiläumsausgabe. Wien, Hamburg: Paul Zsolnay Verlag, 1959. 231 S.

UB: 11-CQWP 1500

Das Mangobaumwunder. Eine unglaubwürdige Geschichte von Leo Perutz und Paul Frank. München: Albert Langen, 1916. 207 S.

Forsch.

Leo Perutz: *Der Marques de Bolibar.* Roman. München: Albert Langen, 1920. 278 S.

Forsch.

Leo Perutz: *Der Marques de Bolibar.* Roman. Jubiläumsausgabe. Hamburg, Wien: Paul Zsolnay Verlag, 1960. 253 S.

UB: 11-CQWP 1550

Leo Perutz: *Der Meister des Jüngsten Tages.* Wien, Hamburg: Paul Zsolnay Verlag, 1975. 253 S. (=Die phantastischen Romane)

Forsch.

Leo Perutz: *Der Meister des Jüngsten Tages.* Phantastischer Roman. Ungekürzte Ausgabe. 2. Aufl. München: Deutscher Taschenbuch Verlag, 1983. 152 S. (=dtv Nr. 1310)

UB: 11-CQWP 1526

Leo Perutz: *Nachts unter der steinernen Brücke.* Wien, Hamburg: Paul Zsolnay Verlag, 1975. 272 S. (=Die phantastischen Romane)

Forsch.

Der schwedische Reiter. Roman von Leo Perutz. Buenos Aires: Verlag Alemann Y Cia, 1945. 224 S. (=Transmare Bücher)

UB: 04-ZZWX 29942

Leo Perutz: *St. Petri-Schnee*. Roman. Mit einem Nachwort von Hans-Harald Müller. Wien, Hamburg: Paul Zsolnay Verlag, 1960. 205 S.

UB: 11-CQWP 1631

Leo Perutz: *Wohin rollst du, Äpfelchen?* Mit einem Nachwort von Hans-Harald Müller. Wien, Hamburg: Paul Zsolnay Verlag, 1987. 269 S.

UB: 11-CQWP 1623

Leo Perutz: *Zwischen neun und neun*. Wien, Hamburg: Paul Zsolnay Verlag, 1978. 264 S. (=Die phantastischen Romane)

Forsch. u. UB: 11-CQWP 1534

Jaffé Carbonell, Verónica

Verónica Jaffé Carbonell: *Leo Perutz*. Ein Autor deutschsprachiger phantastischer Literatur zu Beginn des 20. Jahrhunderts. Diss. München, 1986. 355 S.

UB: 05-ZZX 183557

Lüth, Reinhard

Reinhard Lüth: *Drommetenrot und Azurblau*. Studien zur Affinität von Erzähltechnik und Phantastik in Romanen von Leo Perutz und Alexander Lernet-Holenia. Meitingen: Corian-Verlag Heinrich Wimmer, 1988. 437 S. (=Studien zur phantastischen Literatur, Bd. 7)

UB: 11-CQWP 1649

Müller, Hans-Harald [u.a.]

Leo Perutz. 1882-1957. Eine Ausstellung der Deutschen Bibliothek, Frankfurt/Main. Ausstellung und Katalog: Hans-Harald Müller und Brita Eckert unter Mitwirkung von Werner Berthold, Mechthild Hahner und Marie-Luise Passera. Wien, Darmstadt: Zsolnay, 1989. 451 S. (=Sonderveröffentlichungen der Deutschen Bibliothek, Nr. 17)

UB: 10-CQWP 1673

Neuhaus, Dietrich

Dietrich Neuhaus: *Erinnerung und Schrecken*. Die Einheit von Geschichte, Phantastik und Mathematik im Werk Leo Perutz'. Frankfurt/Main, Bern, New York, Nancy: Peter Lang, 1984. 200 S. (=Europäische Hochschulschriften, Reihe I: Deutsche Sprache und Literatur, Bd. 765)

UB: 11-CQWP 1568

Pick, Otto (1887-1940)

Das kleine Glück. Frühe Verse von Otto Pick. Prag VII: Fr. Khol Verlag, o.J. [1928]. 44 S.

Forsch.

Otto Pick: *Preisungen*. Prag: Verlag Dr. Arthur Werner, 1937. 34 S.

Forsch.

Pleyer, Wilhelm (1901-1974)

Wilhelm Pleyer: *Die Brüder Tommahans*. Roman. 131.-150. Tsd. München: Albert Langen, Georg Müller, o.J. [1942]. 331 S.

UB: 10-CQWP 1657

Wilhelm Pleyer: *Kindheit in Böhmen*. 12.-16. Tsd. Köln: Hermann Schaffstein Verlag, o.J. [1955]. 72 S. (=Zweihundertsechsundvierzigstes der Blauen Bändchen)

UB: 04-ZZV 166884

Wilhelm Pleyer: *Lied aus Böhmen*. Gedichte. 3. u. 4. Tsd. München: Albert Langen, Georg Müller, 1938. 54 S.

UB: 05-ZZV 176172

Wilhelm Pleyer: *Der Puchner*. Ein Grenzlandschicksal. Roman. 11.-15. Tsd. München: Albert Langen, Georg Müller, 1936. 364 S.

UB: 10-CQWP 1665

Reimann, Paul (1902-1976)

Stimmen aus Böhmen. Eine Sammlung. Hrsg. von Paul Reimann und R. Popper. London: Verlag der Einheit, 1944. 157 S.

UB: 04-ZZWX 37026

Rilke, Rainer Maria (1875-1926)

Advent. Von Rainer Maria Rilke. Leipzig: Verlag von P. Friesenhahn, 1898. 88 S. [Auf dem Einband: Axel Juncker Verlag Berlin]

Forsch.

Am Leben hin. Novellen und Skizzen von Rainer Maria Rilke. Stuttgart: Verlag von Adolf Bonz & Comp., 1898. 123 S.

Forsch.

Rainer Maria Rilke: *Die Aufzeichnungen des Malte Laurids Brigge.* Erstes Bändchen. 9.-12. Tsd. Leipzig: Im Insel-Verlag, 1919. 191 S.

UB: 04-ZZWX 34557-1

Rainer Maria Rilke: *Die Aufzeichnungen des Malte Laurids Brigge.* Zweites Bändchen. 8.-12. Tsd. Leipzig: Im Insel-Verlag, 1919. 186 S.

UB: 04-ZZWX 34557-2

Auguste Rodin. Von Rainer Maria Rilke. Mit zwei Photogravüren und sechs Vollbildern in Tonätzung. 2., unveränderte Auflage. Berlin: Julius Bard, o.J. [1904]. 73 S. (=Die Kunst. Hrsg. von Richard Muther, Bd. 10)

Forsch.

Rainer Maria Rilke: *Briefe.* 2 Bde. Erster Band: 1897 bis 1914. Zweiter Band: 1914 bis 1926. Hrsg. vom Rilke-Archiv in Weimar; in Verbindung mit Ruth Sieber-Rilke besorgt durch Karl Altheim. Wiesbaden: Insel-Verlag, 1950. 566 bzw. 613 S.

UB: 10- u. 11-CPWC 1023

Rainer Maria Rilke: *Briefe an Axel Juncker.* Hrsg. von Renate Scharffenberg. Frankfurt/Main: Insel-Verlag, 1979. 351 S.

UB: 11-CPWC 1196

Rainer Maria Rilke: *Briefe an einen jungen Dichter.* 39. Aufl. Frankfurt/Main: Insel Verlag, 1991. 52 S.

UB: 11-CPWC 1065(39)

Rainer Maria Rilke: *Die Briefe an Karl und Elisabeth von der Heydt. 1905-1922.* Hrsg. von Ingeborg Schnack und Renate Scharffenberg. Frankfurt/Main: Insel Verlag, 1986. 458 S.

UB: 11-CPWC 1251

Rainer Maria Rilke: *Briefe an seinen Verleger 1906 bis 1926.* Neue erw. Ausg. 2 Bde. Wiesbaden: Insel-Verlag, 1949. 284 bzw. 285 S.

Forsch. u. UB: 11-CPWC 1015

Rainer Maria Rilke: *Briefe an Sidonie Nádherný von Borutin.* Hrsg. von Bernhard Blume. Frankfurt/Main: Insel Verlag, 1973. 383 S.

Forsch. u. UB: 11-CPWC 1154

Rainer Maria Rilke: *Briefe aus den Jahren 1902-1906.* Hrsg. von Ruth Sieber-Rilke und Carl Sieber. Leipzig: Insel-Verlag, 1929. 332 S.

UB: 10-CPWA 1104

Rainer Maria Rilke: *Briefe über Cézanne.* Hrsg. von Clara Rilke. Besorgt und mit einem Nachwort versehen von Heinrich Wiegand Petzet. Mit siebzehn farbigen Abbildungen. Wiesbaden: Insel Verlag, 1952. 105 S.

UB: 10-CPWC 1243

Rainer Maria Rilke: *Briefe und Tagebücher aus der Frühzeit.* 1899-1902. Hrsg. von Ruth Sieber-Rilke und Carl Sieber. Leipzig: Insel-Verlag, 1931. 431 S.

UB: 10-CPWA 1120

Hugo von Hofmannsthal / Rainer Maria Rilke: *Briefwechsel 1899-1925.* Hrsg. von Rudolf Hirsch und Ingeborg Schnack. Frankfurt/Main: Insel Verlag, 1978. 283 S.

UB: 11-CPWC 1188

Rainer Maria Rilke: *Briefwechsel mit Benvenuta* [Magda von Hattingberg]. Hrsg. von Magda von Hattingberg. Vorwort und Anmerkungen von Kurt Leonhard. Eßlingen: Bechtle Verlag, 1954. 156 S.

UB: 11-CPWC 1073

Rainer Maria Rilke: *Das Buch der Bilder.* Dritte sehr vermehrte Ausgabe. Berlin-Charlottenburg 4, Stuttgart, Leipzig: Axel Juncker Verlag, o.J. [1912]. 185 S.

Forsch.

Rainer Maria Rilke: *Duineser Elegien.* Leipzig: Insel-Verlag, 1923. 41 S.

UB: 04-ZZWX 35202

Erste Gedichte. Von Rainer Maria Rilke. Leipzig: Im Insel-Verlag, 1913. 161 S.

Forsch.

Rainer Maria Rilke: *Erzählungen und Skizzen aus der Frühzeit.* Leipzig: Insel-Verlag, 1928. 474 S.

Forsch.

Die frühen Gedichte von Rainer Maria Rilke. 8.-10. Tsd. Leipzig: Im Insel-Verlag, 1919. 144 S.

Forsch.

Rainer Maria Rilke: *Gesammelte Briefe in sechs Bänden*. Hrsg. von Ruth Sieber-Rilke und Carl Sieber. Bde. 1-6. Leipzig: Insel-Verlag, 1936-1940.

UB: 11-CPWC 1057

Geschichten vom lieben Gott. Von Rainer Maria Rilke. Fünfte Auflage. Leipzig: Im Insel-Verlag, 1916. 191 S.

Forsch.

Rainer Maria Rilke: *König Bohusch*. Geschichten aus Prag. Hrsg. und mit einem Nachwort von Joachim Schreck. Mit elf Abbildungen von Emil Orlik. Berlin: Verlag der Nation, 1989. 211 S.

UB: 10- u. 11-CPWI 1057

Rainer Maria Rilke: *Die Letzten*. Im Gespräch. Der Liebende. Die Letzten. Berlin: Axel Juncker, 1902. 71 S.

Forsch.

Rainer Maria Rilke: *Sämtliche Werke*. Hrsg. vom Rilke-Archiv. In Verbindung mit Ruth Sieber-Rilke. Besorgt durch Ernst Zinn. Erster Band: Gedichte. Erster Teil. Wiesbaden: Insel-Verlag, 1955. 879 S.

Forsch.

Rainer Maria Rilke: *Sämtliche Werke*. Hrsg. vom Rilke-Archiv. In Verbindung mit Ruth Sieber-Rilke. Besorgt durch Ernst Zinn. Zweiter Band: Gedichte. Zweiter Teil. Wiesbaden: Insel-Verlag, 1956. 951 S.

Forsch.

Rainer Maria Rilke: *Sämtliche Werke*. Hrsg. vom Rilke-Archiv. In Verbindung mit Ruth Sieber-Rilke. Besorgt durch Ernst Zinn. Dritter Band: Jugendgedichte. Wiesbaden: Insel-Verlag, 1959. 971 S.

Forsch.

Rainer Maria Rilke: *Sämtliche Werke*. Hrsg. vom Rilke-Archiv. In Verbindung mit Ruth Sieber-Rilke. Besorgt durch Ernst Zinn. Vierter Band: Frühe Erzählungen und Dramen. Frankfurt/Main: Insel-Verlag, 1961. 1103 S.

Forsch.

Rainer Maria Rilke: *Sämtliche Werke*. Hrsg. vom Rilke-Archiv. In Verbindung mit Ruth Sieber-Rilke. Besorgt durch Ernst Zinn. Fünfter Band: Worpswede. Rodin. Aufsätze. Frankfurt/Main: Insel-Verlag, 1965. 697 S.

Forsch.

Rainer Maria Rilke: *Sämtliche Werke*. Hrsg. vom Rilke-Archiv. In Verbindung mit Ruth Sieber-Rilke. Besorgt durch Ernst Zinn. Sechster Band: Malte Laurids Brigge. Prosa 1906-1926. Frankfurt/Main: Insel-Verlag, 1966. 1635 S.

Forsch.

Rainer Maria Rilke: *Sämtliche Werke*. Werkausgabe in zwölf Bänden. Hrsg. vom Rilke-Archiv. In Verbindung mit Ruth Sieber-Rilke. Besorgt durch Ernst Zinn. 6.-10. Tsd. Frankfurt/Main: Insel Verlag, 1976.

UB: 11-CPWA 1065

Das tägliche Leben. Drama in zwei Akten von Rainer Maria Rilke. München: Albert Langen Verlag für Litteratur und Kunst, 1902. 85 S.

Forsch.

Rainer Maria Rilke: *Tagebücher aus der Frühzeit*. Hrsg. von Ruth Sieber-Rilke und Carl Sieber. Leipzig: Im Insel-Verlag, 1942. 439 S.

Forsch.

Rainer Maria Rilke: *Über Dichtung und Kunst*. Edition und Nachwort von Hartmut Engelhardt. Frankfurt/Main: Suhrkamp Verlag, 1974. 320 S.

UB: 11-CPWC 1146

Zwei Prager Geschichten von Rainer Maria Rilke. Stuttgart: Verlag von Adolf Bonz & Comp., 1899. 165 S.

Forsch.

Rainer Maria Rilke: *Zwei Prager Geschichten* und *Ein Prager Künstler*. Mit Illustrationen von Emil Orlik. Hrsg. von Josef Mühlberger. 2. Aufl. Frankfurt/Main: Insel Verlag, 1978. 149 S. (=Insel Taschenbuch 235)

Forsch.

Ritzer, Walter

Walter Ritzer: *Rainer Maria Rilke Bibliographie*. Wien: Verlag O. Kerry, 1951. 328 S.

Forsch. u. UB: 10-CPWK 1023

Simon, Walter

Walter Simon: *Verzeichnis der Hochschulschriften über Rainer Maria Rilke*. Hildesheim, New York: Georg Olms Verlag, 1978. 254 S.

UB: 11-CPWK 1031

Arnold, Heinz Ludwig

Rilke? Kleine Hommage zum 100. Geburtstag. Zusammengetragen und veranstaltet von Heinz Ludwig Arnold. München: edition text + kritik, 1975. 135 S.

Forsch. u. UB: 11-CPWT 1002

Bäumer, Gertrud

Gertrud Bäumer: *"Ich kreise um Gott"*. Der Beter Rainer Maria Rilke. Berlin: F.A. Herbig Verlagsbuchhandlung, 1935. 190 S.

UB: 10-CPWM 1162

Bauer, Edda [u.a.]

Rilke-Studien. Zu Werk und Wirkungsgeschichte. Redaktion: Edda Bauer. Berlin und Weimar: Aufbau-Verlag, 1976. 315 S.

UB: 11-CPWQ 1057

Bollnow, Otto Friedrich

Otto Friedrich Bollnow: *Rilke*. Zweite, erweiterte Auflage. Stuttgart: Kohlhammer Verlag, 1951. 352 S.

UB: 10- u. 11-CPWQ 1065(2)

Breuninger, Renate

Renate Breuninger: *Wirklichkeit in der Dichtung Rilkes*. Frankfurt/Main, Bern, New York, Paris: Peter Lang, 1991. 316 S. (=Europäische Hochschulschriften, Reihe I: Deutsche Sprache und Literatur, Bd. 1224)

UB: 05-ZZV 219687

Bridgham, Frederick George Thomas

Rainer Maria Rilke. Urbild and Verzicht. Von Frederick George Thomas Bridgham. Stuttgart: Akademischer Verlag Hans-Dieter Heinz, 1975. 239 S. (=Stuttgarter Arbeiten zur Germanistik, Nr. 13)

UB: 11-CPWT 1028

Buchheit, Gert

Gert Buchheit: *Rainer Maria Rilke*. 6.-10. Tsd. Mengen: Heinrich Heine-Verlag, 1947. 196 S.

UB: 11-CPWL 1191

Buchheit, Gert (Hrsg.)

Rainer Maria Rilke. Stimmen der Freunde. Ein Gedächtnisbuch. Hrsg. von Gert Buchheit. Mit fünf Lichtdrucktafeln. Freiburg im Breisgau: Urban-Verlag, 1931. 179 S.

Forsch. u. UB: 11-CPWL 1183

Buddeberg, Else

Else Buddeberg: *Rainer Maria Rilke.* Eine innere Biographie. Stuttgart: J.B. Metzlersche Verlagsbuchhandlung, MCMLV. 579 S.

UB: 11-CPWM 1015 (2 Ex.)

Carlsson, Anni

Anni Carlsson: *Gesang ist Dasein.* Rilkes geistiger Weg von Prag nach Muzot. Ein Beitrag zur Typologie des Genius. Hamburg: Hoffmann und Campe, 1949. 208 S.

UB: 11-CPWL 1109

Černý, Václav

Václav Černý: *Rainer Maria Rilke, Prag, Böhmen und die Tschechen.* Aus dem Tschechischen übersetzt von Jaromír Povejšil und Gitta Wolfová. Brno: Artia, 1966. 87 S.

Forsch.

Dehn, Fritz

Fritz Dehn: *Rainer Maria Rilke und sein Werk.* Eine Deutung. Leipzig: Insel-Verlag, o.J. [1934]. 247 S.

UB: 10-CPWL 1303

Demetz, Peter

Peter Demetz: *René Rilkes Prager Jahre.* 1.-3. Tsd. Düsseldorf: Eugen Diederichs Verlag, 1953. 210 S.

Forsch. u. UB: 11-CPWM 1049

Epp, George K.

George K. Epp: *Rilke und Rußland.* Frankfurt/Main, Bern, New York: Peter Lang, 1984. 104 S. (=Europäische Hochschulschriften, Reihe I: Deutsche Sprache und Literatur, Bd. 726)

UB: 11-CPWN 1094

Eppelsheimer, Rudolf

Rudolf Eppelsheimer: *Rilkes larische Landschaft.* Eine Deutung des Gesamtwerkes mit besonderem Bezug auf die mittlere Periode. Stuttgart: Verlag Freies Geistesleben, 1975. 255 S. (=Logo I. Wissenschaftliche Reihe, Bd. 3)

UB: 11-CPWQ 1023

Faber, Marion

Angels of Daring. Tightrope Walker and Acrobat in Nietzsche, Kafka, Rilke and Thomas Mann. By Marion Faber. Stuttgart: Akademischer Verlag Hans-Dieter Heinz, 1979. 176 S. (=Stuttgarter Arbeiten zur Germanistik, hrsg. von Ulrich Müller, Franz Hundsnurscher und Cornelius Sommer, Nr. 72)

Forsch.

Faesi, Robert

Robert Faesi: *Rainer Maria Rilke*. Zweite leicht veränderte Auflage. 4.-8. Tsd. Mit einer Rilke-Bibliographie von Fritz Adolf Hünich. Zürich, Leipzig, Wien: Amalthea-Verlag, 1919. 87 S. (=Amalthea-Bücherei, Bd. 3)

UB: 11-CPWQ 1049(2)

Falk, Walter

Walter Falk: *Leid und Verwandlung*. Rilke, Kafka, Trakl und der Epochenstil des Impressionismus und Expressionismus. Salzburg: Otto Müller Verlag, 1961. 499 S. (=Trakl-Studien, Bd. VI. Hrsg. von Dr. Ignaz Zangerle)

Forsch. u. UB: 11-CHL 1277 (2 Ex.)

Fuerst, Norbert

Norbert Fuerst: *Rilke in seiner Zeit*. Frankfurt/Main: Insel Verlag, 1976. 182 S.

UB: 11-CPWO 1015

Grimm, Reinhold

Reinhold Grimm: *Von der Armut und vom Regen*. Rilkes Antwort auf die soziale Frage. Königstein/Ts.: Athenäum, 1981. 101 S.

UB: 11-CPWT 1036

Hähnel, Klaus-Dieter

Klaus-Dieter Hähnel: *Rainer Maria Rilke*. Werk – Literaturgeschichte – Kunstanschauung. 2. Auflage. Berlin und Weimar: Aufbau-Verlag, 1986. 238 S.

UB: 11-CPWL 1272(2)

Hagen, Hans Wilhelm

Hans Wilhelm Hagen: *Rilkes Umarbeitungen*. Ein Beitrag zur Psychologie seines dichterischen Schaffens. Diss. Greifswald, 1931. 137 S.

UB: 05-ZZX 72809

Hamburger, Käte

Käte Hamburger: *Rilke:* eine Einführung. Stuttgart: Klett Verlag, 1976. 199 S.

UB: 11-CPWL 1125

Heftrich, Eckhard

Eckhard Heftrich: *Die Philosophie und Rilke.* Freiburg, München: Verlag Karl Alber, 1962. 158 S. (=*Symposion.* Philosophische Schriftenreihe, Bd. 9)

UB: 21-CPWN 1028

Heise, Lisa

Lisa Heise: *Briefe an Rainer Maria Rilke.* 15.-20. Tsd. Berlin: Verlag Die Rabenpresse, o.J. [1942]. 79 S.

UB: 04-ZZV 242737

Heller, Erich

Erich Heller: *Nirgends wird Welt sein als innen.* Versuche über Rilke. Frankfurt/Main: Suhrkamp, 1975. 149 S. (=suhrkamp taschenbuch 288)

UB: 10- u. 11-CPWQ 1031

Hendry, J.F.

The Sacred Threshold. A Life of Rainer Maria Rilke. J.F. Hendry. Manchester: Carcanet New Press, 1983. 184 S.

UB: 11-CPWM 1146

Herzmann, Herbert u. Ridley, Hugh (Hrsg.)

Herbert Herzmann, Hugh Ridley (Hrsg.): *Rilke und der Wandel der Sensibilität.* Essen: Verlag Die Blaue Eule, 1990. 230 S. (Literaturwissenschaft in der Blauen Eule, Bd. 4)

UB: 11-CPWL 1298

Heygrodt, Robert Heinz

Robert Heinz Heygrodt: *Die Lyrik Rainer Maria Rilkes.* Versuch einer Entwicklungsgeschichte. Freiburg i. Br.: J. Bielefelds Verlag, 1921. 147 S.

UB: 04-ZZV 232457

Höhler, Gertrud

Gertrud Höhler: *Niemandes Sohn.* Zur Poetologie Rainer Maria Rilkes. München: Wilhelm Fink Verlag, 1979. 423 S.

UB: 11-CPWP 1044

Holthusen, Hans Egon

Rainer Maria Rilke in Selbstzeugnissen und Bilddokumenten. Dargestellt von Hans Egon Holthusen. 74.-80. Tsd. Hamburg: Rowohlt, 1968. 175 S. (=rowohlts monographien, Bd. 74)

UB: 10-CPWM 1081

Imhof, Heinrich

Heinrich Imhof: *Rilkes "Gott"*. R.M. Rilkes Gottesbild als Spiegelung des Unbewußten. Heidelberg: Verlag Lothar Stiehm, 1983. 374 S. (=Poesie und Wissenschaft, 22)

UB: 10- u. 11-CPWT 1060

Insel Almanach

Insel Almanach auf das Jahr 1977: Rainer Maria Rilke 1875 bis 1975. Eine Dokumentation. Frankfurt/Main: Insel Verlag, 1976. 133 S.

UB: 11-CPWL 1133

Jonas, K[laus] W.

K[laus] W. Jonas: *Rainer Maria Rilke's Manuscripts*. Roma: Bardi, 1968. 85 S. Sonderdruck aus *Annali* Istituto Orientale di Napoli, Sez. Germanica, vol. 10 (1967), S. 63-85.

UB: 11-CPWL 1141

Kassner, Rudolf

Rudolf Kassner: *Rilke*. Gesammelte Erinnerungen 1926-1956. Hrsg. von Klaus E. Bohnenkamp. Pfullingen: Neske Verlag, 1976. 113 S.

UB: 11-CPWL 1078

Kim, Byong-Ock

Rilkes Militärschulerlebnis und das Problem des verlorenen Sohnes. Von Byong-Ock Kim. Bonn: Bouvier, 1973. 285 S. (=Abhandlungen zur Kunst-, Musik- und Literaturwissenschaft, Bd. 156, zugl. Diss. Univ. Bonn, 1973)

UB: 05-ZZV 237473

Kippenberg, Katharina

Katharina Kippenberg: *Rainer Maria Rilke*. Ein Beitrag. Vierte Ausg. Leipzig: Insel-Verlag, 1948. 383 S.

UB: 11-CPWL 1094

Kippenberg, Katharina

Katharina Kippenberg: *Rainer Maria Rilkes Duineser Elegien und Sonette an Orpheus*. 6.-8. Tsd. Frankfurt/Main: Insel-Verlag, 1948. 198 S.

UB: 11-CPWV 1028

Klatt, Fritz

Fritz Klatt: *Rainer Maria Rilke*. Sein Auftrag in heutiger Zeit. Berlin: Lambert Schneider, 1936. 82 S.

UB: 04-ZZV 209917

Klatt, Fritz

Fritz Klatt: *Rainer Maria Rilke*. Zweite verbesserte Auflage. Wien: Amandus-Verlag, 1949. 276 S. (=Bd. I der Gesamtausgabe der Werke von Fritz Klatt)

UB: 11-CPWL 1206(2)

Klatt, Fritz

Fritz Klatt: *Sieg über die Angst*. Die Weltangst des modernen Menschen und ihre Überwindung durch Rainer Maria Rilke. Berlin: Verlag Lambert Schneider, 1940. 108 S.

UB: 11-CPWT 1010

Kohlschmidt, Werner

Werner Kohlschmidt: *Rainer Maria Rilke*. Lübeck: Wildner Verlag, MCMXLVIII. 173 S. (=Wildners Kurzbiographien, Bd. 3)

UB: 11-CPWL 1086

Kunisch, Hermann

Hermann Kunisch: *Rainer Maria Rilke*. Dasein und Dichtung. Berlin: Duncker & Humblot, 1944. 114 S.

UB: 10- u. 11-CPWL 1028

Kunisch, Hermann

Hermann Kunisch: *Rainer Maria Rilke*. Dasein und Dichtung. Zweite, neu gefaßte und stark erweiterte Auflage. Berlin: Duncker & Humblot, 1975. 528 S.

UB: 11-CPWL 1028(2)

Leppmann, Wolfgang

Wolfgang Leppmann: *Rilke*. Sein Leben, seine Welt, sein Werk. 2. Aufl. Bern, München: Scherz Verlag, 1981. 483 S.

UB: 11-CPWM 1120(2)

Loock, Friedrich

Friedrich Loock: *Adoleszenzkrise und Identitätsbildung*. Zur Krise der Dichtung in Rainer Maria Rilkes Werk. Frankfurt/Main, Bern, New York: Peter Lang, 1986. 236 S. (=Europäische Hochschulschriften, Reihe I: Deutsche Sprache und Literatur, Bd. 897)

UB: 11-CPWT 1086

Mason, Eudo C.

Eudo C. Mason: *Lebenshaltung und Symbolik bei Rainer Maria Rilke.* Zweite berichtigte Ausgabe mit einem neuen Nachwort des Verfassers. Oxford: The Marston Press, 1964. 230 S.

UB: 11-CPWT 1052(2)

Nalewski, Horst

Horst Nalewski: *Rainer Maria Rilke.* Mit 66 Abbildungen. 3. Aufl. Leipzig: Bibliographisches Institut, 1981. 115 S.

UB: 11-CPWL 1222(3)

Obermüller, Paul u. Steiner, Herbert (Hrsg.)

Katalog der Rilke-Sammlung Richard von Mises. Bearbeitet und hrsg. von Paul Obermüller und Herbert Steiner unter Mitarbeit von Ernst Zinn. Frankfurt/Main: Insel-Verlag, 1966. 431 S.

UB: 11-CPWK 1015

Olzien, Otto H.

Rainer Maria Rilke. Wirklichkeit und Sprache. Von Otto H. Olzien. Stuttgart: Akad. Verlag Hans-Dieter Heinz, 1984. 594 S. (=Stuttgarter Arbeiten zur Germanistik, Nr. 143)

UB: 11-CPWR 1060

Pagni, Andrea

Rilke um 1900. Ästhetik und Selbstverständnis im lyrischen Werk. Andrea Pagni. Nürnberg: Verlag Hans Carl, 1984. 184 S. (=Erlanger Beiträge zur Sprach- und Kunstwissenschaft, Bd. 72)

UB: 11-CPWL 1256

Peters, H[einz] F[rederick]

Rainer Maria Rilke: Masks and the Man. H.F. Peters. New York, Toronto, London: McGraw-Hill Book Company, Inc., 1963. 226 S.

UB: 11-CPWL 1159

Petzet, Heinrich Wigand

Heinrich Wigand Petzet: *Das Bildnis des Dichters.* Rainer Maria Rilke, Paula Becker-Modersohn. Eine Begegnung. Frankfurt/Main: Insel Verlag, 1976. 179 S. (=insel taschenbuch 198)

UB: 11-CPWN 1036

Prater, Donald A. (Hrsg.)

Rainer Maria Rilke und Stefan Zweig in Briefen und Dokumenten. Hrsg. von Donald A. Prater. Frankfurt/Main: Insel Verlag, 1987. 179 S.

UB: 10- u. 11-CPWC 1269

Prater, Donald

A Ringing Glass. The Life of Rainer Maria Rilke. Donald Prater. Oxford: Clarendon Press, 1986. 472 S.

UB: 11-CPWM 1154

Rilke-Gesellschaft (Hrsg.)

Rilke und Kassner. Hrsg. von der Rilke-Gesellschaft. Red.: Hansgeorg Schmidt-Bergmann. Sigmaringen: Jan Thorbecke Verlag, 1989. 110S. (=Blätter der Rilke-Gesellschaft, H. 15/1988)

UB: 11-CPWN 1125

Rolleston, James

Rilke in Transition. An Exploration of his Earliest Poetry. By James Rolleston. New Haven and London: Yale University Press, 1970. 246 S.

UB: 11-CPWX 1060

Ryan, Judith

Judith Ryan: *Umschlag und Verwandlung*. Poetische Struktur und Dichtungstheorie in R.M. Rilkes Lyrik der mittleren Periode (1907-1914). München: Winkler Verlag, 1972. 170 S.

UB: 10-CPWP 1010

Sandford, John

Landscape and Landscape Imagery in R.M. Rilke. John Sandford. London: University of London, Institute of Germanic Studies, 1980. 159 S. (=Bithell Series of Dissertations, vol. 4)

UB: 11-CPWS 1023

Schmidt-Pauli, Elisabeth von

Elisabeth von Schmidt-Pauli: *Rainer Maria Rilke*. Ein Gedenkbuch. Basel: Schwabe, 1940. 276 S.

UB: 10-CPWL 1311

Schnack, Ingeborg

Ingeborg Schnack: *Rainer Maria Rilke. Chronik seines Lebens und seines Werkes*. 2 Bde. Frankfurt/Main: Insel Verlag, 1975. 605 bzw. 716 S.

Forsch. u. UB: 11-CPWL 1036

Schnack, Ingeborg

Rainer Maria Rilke. Leben und Werk im Bild. Mit einer biographischen Einführung und einer Zeittafel. Von Ingeborg Schnack. Frankfurt/Main: Insel Verlag, 1973. 269 S. (=insel taschenbuch 35)

UB: 11-CPWM 1023

Schnack, Ingeborg

Rilkes Leben und Werk im Bild von Ingeborg Schnack. Mit einem biographischen Essay von J.R. von Salis. Wiesbaden: Insel Verlag, 1956. 293 S.

Forsch. u. UB: 11-CPWJ 1010

Schneditz, Wolfgang

Wolfgang Schneditz: *Rilke und die bildende Kunst*. Versuch einer Deutung. Zweite Auflage. Graz: Verlag J.A. Kienreich, 1947. 128 S.

UB: 11-CPWP 1052(2)

Schütze, Alfred

Alfred Schütze: *Rainer Maria Rilke*. Ein Wissender des Herzens. 2. Auflage. 3.-6. Tsd. Stuttgart: Verlag Urachhaus, 1975. 101 S.

UB: 11-CPWL 1060

Schwarz, Egon

Poetry and Politics in the Works of Rainer Maria Rilke. Egon Schwarz. Translated by David E. Wellbery. New York: Frederick Ungar Publishing Co., 1981. 159 S.

UB: 11-CPWT 1044

Schwarz, Egon

Egon Schwarz: *Das verschluckte Schluchzen*. Poesie und Politik bei Rainer Maria Rilke. Frankfurt/Main: Athenäum Verlag, 1972. 114 S. (=Wissenschaftliche Paperbacks: Literaturwissenschaft, 11)

UB: 11-CPWP 1028

Schwarz, Egon (Hrsg.)

Zu Rainer Maria Rilke. Hrsg. von Egon Schwarz. Stuttgart: Klett, 1983. 164 S. (=Literaturwissenschaft – Gesellschaftswissenschaft: LGW-Interpretationen, 62)

UB: 11-CPWL 1230

Seifert, Walter

Das epische Werk Rainer Maria Rilkes. Von Walter Seifert. Bonn: H. Bouvier u. Co. Verlag, 1969. 341 S. (=Abhandlungen zur Kunst-, Musik- und Literaturwissenschaft, Bd. 82)

Forsch. u. UB: 11-CPWZ 1010

Simenauer, Erich

Erich Simenauer: *Rainer Maria Rilke*. Legende und Mythos. Frankfurt/Main: Schauinsland-Verlag, 1953. 759 S.

UB: 11-CPWM 1065

Simenauer, Erich

Erich Simenauer: *Der Traum bei R.M. Rilke*. Bern und Stuttgart: Verlag Paul Haupt, 1976. 108 S.

UB: 11-CPWS 1007

Solbrig, Ingeborg H. u. Storck, Joachim W. (Hrsg.)

Rilke heute. Beziehungen und Wirkungen. Hrsg. von Ingeborg H. Solbrig und Joachim W. Storck. Frankfurt/Main: Suhrkamp Taschenbuch Verlag, 1975. 331 S. (=Suhrkamp Taschenbuch 290)

Forsch. u. UB: 11-CPWO 1007

Solbrig, Ingeborg H. u. Storck, Joachim W. (Hrsg.)

Rilke heute. Beziehungen und Wirkungen. Hrsg. von Ingeborg H. Solbrig und Joachim W. Storck. Zweiter Band. Frankfurt/Main: Suhrkamp Taschenbuch Verlag, 1976. 194 S. (=Suhrkamp Taschenbuch 355)

Forsch. u. UB: 11-CPWO 1007

Stahl, August

Rilke-Kommentar zu den "Aufzeichnungen des Malte Laurids Brigge", zur erzählerischen Prosa, zu den essayistischen Schriften und zum dramatischen Werk. Von August Stahl unter Mitarbeit von Reiner Marx. München: Winkler Verlag, 1979. 287 S.

Forsch. u. UB: 11-CPWQ 1073-2

Stahl, August

Rilke-Kommentar zum lyrischen Werk. Von August Stahl. Unter Mitarbeit von Werner Jost und Reiner Marx. München: Winkler Verlag, 1978. 415 S.

Forsch. u. UB: 11-CPWQ 1073-1

Stahl, August

August Stahl: *»Vokabeln der Not« und »Früchte der Tröstung«*. Studien zur Bildlichkeit im Werke Rainer Maria Rilkes. Heidelberg: Carl Winter Universitätsverlag, 1967. 164 S. (=Annales Universitatis Saraviensis. Reihe: Philosophische Fakultät, Bd. 8)

UB: 11-CPWR 1010

Steiner, Jakob

Jakob Steiner: *Rilke*. Vorträge und Aufsätze. Karlsruhe: von Loeper, 1986. 237 S.

UB: 11-CPWL 1264

Storck, Joachim W.

Rainer Maria Rilke 1875 - 1975. Ausstellung und Katalog Joachim W. Storck in Zusammenarbeit mit Eva Dambacher und Ingrid Kußmaul. Stuttgart: Ernst Klett, 1975. 360 S. (=Kataloge zu den Sonderausstellungen im Schiller-Nationalmuseum. Hrsg. von Bernhard Zeller, Katalog Nr. 26)

Forsch.

Zech, Paul

Rainer Maria Rilke. Der Mensch und das Werk von Paul Zech. Dresden: Wolfgang Jess Verlag, 1930. 258 S.

Forsch.

Salus, Hugo (1866-1929)

Die Beschau. Eine Ghettogeschichte von Hugo Salus. Wien, Leipzig: bei C. Barth, 1920. 93 S.

Forsch.

Hugo Salus: *Die Blumenschale.* Gedichte. München: Albert Langen, Verlag für Litteratur und Kunst, 1908. 104 S.

Forsch.

Christa. Ein Evangelium der Schönheit von Hugo Salus. Umschlag und Buchschmuck von Emil Orlik. Wien: Wiener Verlag, 1902. 77 S.

UB: 10-CQCS 2763

Hugo Salus: *Ehefrühling.* Den Buchschmuck zeichnete Heinrich Vogeler, Worpswede. 3. u. 4. Tsd. Leipzig: Verlegt bei Eugen Diederichs, 1902. 83 S.

Forsch.

Hugo Salus: *Ernte.* München: Albert Langen, Verlag für Literatur und Kunst, 1903. 119 S.

Forsch.

Hugo Salus: *Gedichte.* Paris, Leipzig, München: Verlag von Albert Langen, 1898. 112 S.

Forsch.

Helle Träume. Neue Gedichte von Hugo Salus. München: Albert Langen, 1924. 63 S.

Forsch.

Hugo Salus: *Klarer Klang.* Gedichte. Vienna: Rikola-Verlag, 1922. 39 Bl.

UB: 04-ZZWX 10749

Das neue Buch. Neue Gedichte von Hugo Salus. München: Albert Langen, 1919. 147 S.

Forsch.

Novellen des Lyrikers von Hugo Salus. Berlin: Egon Fleischel & Co., 1903. 159 S.

UB: 10-CQCS 2640

Hugo Salus: *Reigen.* Zweite Auflage. München: Albert Langen, Verlag für Litteratur und Kunst, 1901. 86 S.

Forsch.

Römische Komödie. Drei Akte von Hugo Salus. München: Albert Langen, Verlag für Litteratur und Kunst, 1909. 117 S.

Forsch.

Schwache Helden. Novellen von Hugo Salus. Berlin: Egon Fleischel & Co., 1910. 215 S.

UB: 04-ZZV 201236

Hugo Salus: *Sommerabend.* Neue Prosa. Leipzig: Grunow Verlag, 1916. 150 S.

UB: 04-ZZWX 10765

Sauer, August (1855-1926)

August Sauer: *Literaturgeschichte und Volkskunde.* Rektoratsrede, gehalten in der Aula der K.K. Deutschen Karl-Ferdinands-Universität in Prag am 18. November 1907. Prag: Selbstverlag der K.K. Deutschen Karl-Ferdinands-Universität, 1907. 58 S.

Forsch.

Rosenbaum, Alfred

August Sauer. Ein bibliographischer Versuch von Dr. Alfred Rosenbaum. Prag: Verlag der Gesellschaft deutscher Bücherfreunde in Böhmen, 1925. 63 S.

Forsch.

Sauer, Hedda (1875-1953)

Hedda Sauer: *Biblische Balladen.* Reichenberg: Sudetendeutscher Verlag Franz Kraus, 1923. 30 S.

Forsch.

Gedichte von Hedda Sauer. Wien: Deutsch-Österreichischer Verlag, 1912. 90 S.

Forsch.

"Wenn es rote Rosen schneit". Gedichte von Hedda Sauer. Mit Bildern von Richard Teschner. Prag: Verlag C. Bellmann, 1904. 60 S.

Forsch.

Schaukal, Richard von (1874-1942)

Richard Schaukal: *Ausgewählte Gedichte*. Leipzig: Insel-Verlag, 1904. 118 S.

UB: 04-ZZV 198954

Richard Schaukal: *Buch der Seele*. Neue Gedichte. München und Leipzig: Georg Müller, 1908. 113 S.

UB: 11-CQCS 1199

Richard von Schaukal: *Einsame Gedankengänge*. 1934-1939. München: Verlag Karl Alber, 1947. 264 S.

UB: 11-CQCS 1539

Richard von Schaukal: *Erkenntnisse und Betrachtungen*. Leipzig: Verlag Jakob Hegner, 1934. 413 S.

UB: 11-CQCS 1628

Eros Thanatos. Vier Erzählungen. Von Richard Schaukal. Zweite verbesserte Auflage. München: Georg Müller, 1910. 183 S.

UB: 04-ZZWX 31567(2)

Richard von Schaukal: *Gedanken*. München: Georg Müller, 1931. 191 S.

UB: 04-ZZWX 31575

Intérieurs aus dem Leben der Zwanzigjährigen. Mit einem Vor-, Mittel- und Nachwort. Von Richard Schaukal. Leipzig: C.F. Tiefenbach, 1901. 235 S.

UB: 04-ZZWX 37327

Leben und Meinungen des Herrn Andreas von Balthesser, eines Dandy und Dilettanten. Mitgeteilt von Richard Schaukal. München, Leipzig: Georg Müller, 1907. 175 S.

UB: 11-CQCS 1597

Richard von Schaukal: *Leben und Meinungen des Herrn Andreas von Balthesser*. Stuttgart: Klett-Cotta, 1986. 120 S. (=Cotta's Bibliothek der Moderne, Bd. 46)

UB: 11-CQCS 2739

Richard Schaukal: *1914. Eherne Sonette.* München: Bei Georg Müller, 1914. 42 S.

UB: 04-ZZWX 35121-1

Richard Schaukal: *Standbilder und Denkmünzen 1914.* Der Ehernen Sonette zweite und dritte Reihe. München und Berlin: Bei Georg Müller, 1914. 88 S. [Auf dem Einband: München 1915]

UB: 04-ZZWX 35121-2/3

Richard Schaukal: *Vom unsichtbaren Königreich.* Versuche (1896-1909). München: Georg Müller, 1910. 228 S.

UB: 11-CQCS 2111

Richard Schaukal: *Zeitgemäße deutsche Betrachtungen.* München: Georg Müller, 1916. 141 S.

UB: 11-CQCS 2022

Richard Schaukal: *Zettelkasten eines Zeitgenossen.* Aus Hans Bürgers Papieren. München: Georg Müller, 1913. 348 S.

UB: 11-CQCS 2307

Schubin, Ossip [eigtl. Aloisia Kirschner] (1854-1934)

Im gewohnten Geleis. Roman von Ossip Schubin. 2 Bde. Stuttgart: Verlag von J. Engelhorn, 1901. 164 bzw. 154 S. (=Engelhorns Allgemeine Romanbibliothek. Eine Auswahl der besten modernen Romane aller Völker. Siebzehnter Jahrgang, Bd. 17 u. 18)

Forsch.

Marška. Erzählung von Ossip Schubin. Stuttgart: Verlag von J. Engelhorn, 1902. 156 S.

Forsch.

Primavera. Novelle von Ossip Schubin. Berlin: Verlag Gebrüder Paetel, 1908. 127 S.

UB: 11-CQCS 2690

Refugium peccatorum. Roman von Ossip Schubin. 1.-3. Tsd. Berlin: Verlag Gebrüder Paetel, 1903. 378 S.

UB: 11-CQCS 2705

Schatten. Novellen von Ossip Schubin. Stuttgart: Verlag von J. Engelhorn, 1893. 160 S. (=Engelhorns Allgemeine Romanbibliothek. Eine Auswahl der besten modernen Romane aller Völker. Zehnter Jahrgang, Bd. 5)

Forsch.

Ernst Sommer (1888-1955)

Ernst Sommer: *Revolte der Heiligen.* Roman. Mit 10 Grafiken von Lea Grundig. Rudolfstadt: Greifenverlag, 1970. 211 S.

UB: 04-ZZV 211922

Ernst Sommer: *Revolte der Wehrlosen.* Erniedrigung und Erhebung. Roman. Wien: Globus-Verlag, 1948. 225 S.

UB: 11-CQWS 1092 u. 04-ZZWX 36143

zu Sommer, Ernst siehe auch:

Margarita Pazi: *Fünf Autoren des Prager Kreises.* Frankfurt/Main, Bern, Las Vegas: Peter Lang, 1978. 315 S. (=Würzburger Hochschulschriften zur neueren Deutschen Literaturgeschichte. Hrsg. von Anneliese Kuchinke-Bach, Bd./Vol. 3)

Forsch. u. UB: 10-CHM 3135 u. 11-CHM 2024

Steiner, Franz B. (1909-1952)

Franz Baermann Steiner: *Eroberungen.* Ein lyrischer Zyklus. Mit einem Nachwort hrsg. von H.G. Adler. Heidelberg, Darmstadt: Verlag Lambert Schneider, 1964. 149 S. (=Veröffentlichung der Deutschen Akademie für Sprache und Dichtung, 33)

UB: 11-CQWS 3905

Franz Baermann Steiner: *Fluchtvergnüglichkeit.* Feststellungen und Versuche. Eine Auswahl von Marion Hermann-Röttgen. Stuttgart: Flugasche-Verlag, 1988. 146 S.

UB: 11-CSCS 3862

Franz Baermann Steiner: *Unruhe ohne Uhr.* Ausgewählte Gedichte aus dem Nachlaß. Mit einem Nachwort von H.G. Adler. Heidelberg: Verlag Lambert Schneider, 1954. 113 S. (=Veröffentlichungen der Deutschen Akademie für Sprache und Dichtung, 3)

UB: 10- u. 11-CQWS 3890

———

Fleischli, Alfons

Alfons Fleischli: *Franz Baermann Steiner. Leben und Werk.* Diss. Freiburg/CH, 1969. 123 S.

Forsch.

Strobl, Karl Hans (1877-1946)

Karl Hans Strobl: *Aber Innozenz!* Ein bereits durchaus heiterer Roman. Berlin, Wien, Leipzig: Zsolnay Verlag, 1935. 410 S.

UB: 10-CQWS 4642

Der Attentäter. Roman von Karl Hans Strobl. 1.-8. Tsd. Leipzig: L. Staackmann Verlag, 1920. 234 S.

Kafka-Bibl. u. UB: 04-ZZV 202981

Beelzebubs Meerschaumkopf. Phantastische Novellen von Karl Hans Strobl. 1.-5. Tsd. Wien, Berlin, Leipzig, Bern: Europäischer Verlag, 1924. 117 S. (=Die grünen Bücher des Europäischen Verlags, 1)

UB: 10-CQWS 4715

Karl Hans Strobl: *Dorf im Kaukasus*. Roman. Budweis, Leipzig: Verlagsanstalt Moldavia, 1943. 336 S.

Forsch.

Die drei Gesellen. Ein heiterer Roman von Karl Hans Strobl. 1.-5. Tsd. Leipzig: L. Staackmann Verlag, 1914. 358 S.

UB: 04-ZZWX 33030

Karl Hans Strobl: *Eleagabal Kuperus*. Roman. 2 Bde. 2. Aufl. München: Georg Müller, 1910. 396 bzw. 413 S.

UB: 10-CQCS 2852(2)

Die Fackel des Hus. Roman von Karl Hans Strobl. Leipzig: L. Staackmann Verlag, 1929. 560 S.

Forsch.

Das Frauenhaus von Brescia von Karl Hans Strobl. 1.-4. Tsd. Leipzig: Verlag von L. Staackmann, 1911. 216 S.

Forsch.

Karl Hans Strobl: *Gespenster im Sumpf*. Ein phantastischer Wiener Roman. 1.-10. Tsd. Leipzig: L. Staackmann Verlag, 1920. 407 S.

UB: 10-CQWS 4707

Karl Hans Strobl: *Glückhafte Wanderschaft*. Heitere Lebensmitte. Der Erinnerungen zweiter Band. Budweis, Leipzig: Verlagsanstalt Moldavia, o.J. [1942]. 399 S.

Forsch. u. UB: 05-ZZV 176350-2 (2 Ex.)

Heimat im frühen Licht. Jugenderinnerung aus deutschem Ostland von Karl Hans Strobl. Budweis, Leipzig: Verlagsanstalt Moldavia, o.J. [1942]. 416 S.

UB: 05-ZZV 176350-1

Isgard Gestettner. Roman von Karl Hans Strobl. Wien: Deutsch-Österreichischer Verlag, 1911. 478 S.

Forsch.

Die Kristallkugel. Neue Novellen von Karl Hans Strobl. 1.-3. Tsd. Leipzig: Verlag von L. Staackmann, 1916. 352 S.

Forsch.

Karl Hans Strobl: *Od*. Die Entdeckung des magischen Menschen. Roman. Leipzig: Staackmann, 1930. 373 S.

UB: 10-CQWS 4901

Karl Hans Strobl: *Prag*. Schicksal, Gestalt und Seele einer Stadt. 6.-10. Tsd. Wien, Leipzig: Adolf Luser Verlag, 1940. 68 S. (=Reihe Süd-Ost. 1. Folge: Werdendes Volk, Nr. 11)

UB: 04-ZZV 231582

Karl Hans Strobl: *Prozeß Borowska*. Ein Tatsachenroman. Leipzig: L. Staackmann Verlag, 1934. 197 S.

UB: 10-CQWS 4650

Seide Borowitz. Roman von Karl Hans Strobl. 6.-8. Tsd. Leipzig: L. Staackmann Verlag, 1918. 230 S.

UB: 10-CQWS 4723

Karl Hans Strobl: *Tschechen*. Leipzig: Dürr & Weber m.b.H., 1920. 94 S. (=Nummer 32 der Zellenbücherei)

Forsch.

Karl Hans Strobl: *Unheimliche Geschichten*. 2. Aufl. München, Berlin: F.A. Herbig Verlagsbuchhandlung, 1973. 191 S.

Forsch.

Karl Hans Strobl: *Die Vaclavbude*. Ein Prager Studentenroman. Leipzig, Berlin: F. Fontane & Co., 1902. 266 S.

Forsch.

Karl Hans Strobl: *Die Vaclavbude*. Eine Prager Studentengeschichte. 41.-50. Tsd. Karlsbad, Leipzig: Adam Kraft Verlag, 1941. 188 S.

UB: 10-CQCS 2802

Verlorene Heimat. Jugenderinnerungen aus deutschem Ostland von Karl Hans Strobl. Stuttgart: Rob. Lutz, o.J. [1920]. 400 S. (=Memoiren-Bibliothek, 5. Reihe, 12. Bd.)

Forsch.

Verlorene Heimat. Jugenderinnerungen aus deutschem Ostland von Karl Hans Strobl. 5. Aufl. Stuttgart: Robert Lutz, o.J. [1930]. 400 S.

UB: 10-CQCS 2789

Die vier Ehen des Matthias Merenus. Ein heiterer Roman von Karl Hans Strobl. 1.-5. Tsd. Leipzig: L. Staackmann Verlag, 1914. 341 S.

UB: 04-ZZWX 35799

Karl Hans Strobl: *Die Weltgeschichte und das Igelhaus*. Vom Nachmittag des Lebens. Der Erinnerungen III. Band. Budweis, Leipzig: Verlagsanstalt Moldavia, Othmar Reitterer & Co., 1944. 400 S.

Forsch.

Das Wirtshaus "Zum König Przemysl". Eine Prager Geschichte von Karl Hans Strobl. 4. u. 5. Tsd. Leipzig: Verlag von L. Staackmann, 1913. 191 S.

Forsch. u. UB: 05-ZZV 175728

Karl Hans Strobl: *Das Wirtshaus "Zum König Przemysl"*. Roman. Mit Holzschnitten aus Prag von Adam Kraft. Karlsbad-Drahowitz und Leipzig: Adam Kraft Verlag, o.J. [1933]. 178 S.

UB: 05-ZZV 175728

Die Wunderlaube. Geschichten aus Geheimnisland von Karl Hans Strobl. Einbandzeichnung und Bildschmuck von Max Fleischhacker. Leipzig: L. Staackmann Verlag, 1924. 288 S.

Forsch.

Suttner, Bertha von (1843-1914)

Kämpferin für den Frieden. Bertha von Suttner. Lebenserinnerungen, Reden und Schriften. Eine Auswahl. Hrsg. und eingel. von Gisela Brinker-Gabler. Orig.-Ausg. Frankfurt/Main: Fischer Taschenbuch Verlag, 1982. 221 S. (=Fischer-Taschenbuch, Nr. 2053. Die Frau in der Gesellschaft: Texte und Lebensgeschichten)

UB: 41-OTSS 1293

Das Maschinenzeitalter. Zukunftsvorlesungen über unsere Zeit. Von Bertha von Suttner. Nachdr. d. 3. Aufl., Dresden und Leipzig, 1899. Düsseldorf: Zwiebelzwerg Company Verlagsgesellschaft, 1983. 355 S. (=Zwiebelzwerg-Reprint)

UB: 21-LEO 1023

Memoiren. Bertha von Suttner. Hrsg. von Lieselotte von Reinken. Mit einem Geleitwort von Ava Helen Pauling und Linus Pauling. Bremen: Schuenemann Verlag, 1965. 531 S. (=Zeugen ihrer Zeit)

UB: 05-LUZS 1002

Die Waffen nieder. Eine Lebensgeschichte von Bertha von Suttner. 2 Bde. 81.-110. Tsd., 1906. Fortsetzung: Marthas Kinder. 44.-64. Tsd., ca. 1902. Volks-Ausg. Dresden: Pierson Verlag, ca. 1902-1906. 300 bzw. 350 S.

UB: 04-ZZV 166452

Die Waffen nieder. Eine Lebensgeschichte von Bertha von Suttner. Mit einem Nachwort von Adele Schreiber. 211.-240. Tsd. Volks-Ausg. Berlin: Verlag 'Berlin-Wien', 1914. 284 S.

UB: 05-ZZV 2119

Teweles, Heinrich (1856-1927)

Prager Dichterbuch. Hrsg. von Heinrich Teweles. Prag: Friedrich Ehrlich's Buchhandlung (Bernhard Knauer), 1894. 252 S.

Forsch.

Tramer, Erwin (*1921)

Erwin Tramer: *Geschichten aus Prag und Wien.* Isenbüttel: Aurora-Verlag, 1986. 134 S.

UB: 05-ZZV 250007

Ungar, Hermann (1893-1929)

Hermann Ungar: *Der Bankbeamte* und andere vergessene Prosa. Erzählungen, Essays, Aufzeichnungen, Briefe. Mit einem Anhang hrsg. von Dieter Sudhoff. Paderborn: Igel Verlag Literatur, 1989. 210 S.

UB: 10- u. 11-CQWU 1296

Hermann Ungar: *Colberts Reise.* Erzählungen. Berlin: Ernst Rowohlt Verlag, 1930. 143 S.

UB: 04-ZZWX 1503

Hermann Ungar: *Das Gesamtwerk.* Mit einem Nachwort von Jürgen Serke. Wien, Darmstadt: Zsolnay, 1989. 461 S. (=Bücher der böhmischen Dörfer)

UB: 11-CQWU 1301

Hermann Ungar: *Der Kalif und andere Kurzprosa.* (Eine Auswahl). Mit einem Nachwort und drei Porträtzeichnungen von B.F. Dolbin. Hrsg. von Dieter Sudhoff. Siegen: Universität-Gesamthochschule Siegen, 1986. 51 S. (=Vergessene Autoren der Moderne, Bd. 19)

UB: 05-ZZV 135760

Hermann Ungar: *Die Klasse*. Roman. Hrsg. und mit einem Nachwort versehen von Manfred Linke. Bibliographie der Publikationen Hermann Ungars von Eva Pátková. Mainz: Hase & Köhler Verlag, 1973. 212 S. (=Die Mainzer Reihe, 36)

UB: 11-CQWU 1018

Knaben und Mörder. Zwei Erzählungen von Hermann Ungar. 3. u. 4. Tsd. Leipzig, Wien, Zürich: E.P. Tal & Co. Verlag, 1922. 123 S.

Forsch.

Hermann Ungar: *Krieg*. Drama aus der Zeit Napoleons in drei Akten. Mit einem Anhang hrsg. von Dieter Sudhoff. Paderborn: Igel, 1990. 79 S.

UB: 05-ZZW 28880

Die Verstümmelten. Roman. Von Hermann Ungar. Berlin: Ernst Rowohlt Verlag, 1923. 269 S.

UB: 04-ZZWX 25299

———

Klemenz, Nanette

Hermann Ungar. Leben und Werk. Von Nanette Klemenz. Bonn: H. Bouvier u. Co. Verlag, 1971. 275 S. (=Abhandlungen zur Kunst-, Musik- und Literaturwissenschaft, Band 58)

Forsch.

Linke, Manfred (Hrsg.)

Hermann Ungar: Eine Einführung in sein Werk und eine Auswahl von Manfred Linke. Wiesbaden: Steiner Verlag, 1971. 173 S. (=Verschollene und Vergessene)

UB: 11-CQWU 1220

Sudhoff, Dieter

Dieter Sudhoff: *Hermann Ungar*. Leben – Werk – Wirkung. Würzburg: Königshausen & Neumann, 1990. 673 S. (=Epistemata. Würzburger wissenschaftliche Schriften: Reihe Literaturwissenschaft, Bd. LV)

UB: 05-ZZV 199382

Urzidil, Johannes (1896-1970)

Johannes Urzidil: *Bekenntnisse eines Pedanten*. Erzählungen und Essays aus dem autobiographischen Nachlass. Zürich, München: Artemis Verlag, 1972. 262 S.

Forsch.

Johannes Urzidil: *Bist du es, Ronald?* Erzählungen. Zürich, Stuttgart: Artemis Verlag, 1968. 327 S.

Forsch.

Johannes Urzidil: *Da geht Kafka*. Erw. Ausgabe. München: Deutscher Taschenbuch Verlag GmbH & Co., 1966. 125 S. (=dtv Bd. 390)

Forsch. u. UB: 11-CPUM 1075

Entführung und sieben andere Ereignisse. Erzählt von Johannes Urzidil. Zürich, Stuttgart: Artemis-Verlag, 1964. 311 S.

UB: 11-CQWU 1254

Johannes Urzidil: *Die erbeuteten Frauen*. Sieben dramatische Geschichten. Ungekürzte Ausgabe. München: Deutscher Taschenbuch Verlag GmbH & Co. KG, 1970. 171 S.

Forsch.

Johannes Urzidil: *Das Glück der Gegenwart:* Goethes Amerikabild. Zürich, Stuttgart: Artemis-Verlag, 1958. 56 S. (=Goethe-Schriften, 6)

UB: 11-CMO 1280

Goethe in Böhmen. Dargestellt von Johannes Urzidil. Zürich, Stuttgart: Artemis Verlag, 1962. 533 S.

UB: 10-CMM 1191 u. 11-CMM 1654, 1191

Goethe in Böhmen. Dargestellt von Johannes Urzidil. 2., erw. Auflage. Zürich, Stuttgart: Artemis Verlag, 1965. 541 S.

Forsch.

Karl Brand. Das Vermächtnis eines Jünglings. Hrsg. von Johannes Urzidil. Mit einem Vorwort von Franz Werfel. Wien, Prag, Leipzig: Verlag Ed. Strache, 1920. 53 S.

Kafka-Bibl.

Johannes Urzidil: *Die letzte Tombola*. Erzählungen. Zürich, Stuttgart: Artemis Verlag, 1971. 313 S.

Forsch.

Johannes Urzidil: *Literarische Reise durch Massachusetts*. Sonderabdruck. Zürich. (=Schweizer Monatshefte, 1958, Heft 2) 17 S.

UB: 05-ZZV 141999

Johannes Urzidil: *Literatur als schöpferische Verantwortung.* Zürich, Stuttgart: Artemis Verlag, 1965. 28 S.

UB: 05-ZZV 142327

Johannes Urzidil: *Die Memnonssäule.* Gedichte. Wien: Bergland Verlag, 1957. 65 S. (=Neue Dichtung aus Österreich; 30)

UB: 10-CQWU 1262

Johannes Urzidil, Anselm Jaenicke: *Prag – Glanz und Mystik einer Stadt.* Krefeld: Scherpe Verlag, 1966. 184 S.

Forsch.

Johannes Urzidil: *Prager Triptychon.* München: Albert Langen, Georg Müller Verlag, 1960. 230 S.

UB: 04-ZZWX 6236

Johannes Urzidil: *Sturz der Verdammten.* Gedichte. Leipzig: Kurt Wolff Verlag, o.J. [1919]. 41 S. (=Bücherei "Der jüngste Tag", Band 65)

Forsch.

Johannes Urzidil: *Väterliches aus Prag und Handwerkliches aus New York.* Dritte Auflage. Zürich: Artemis Verlags-AG, 1972. 78 S.

Forsch.

Die verlorene Geliebte. Von Johannes Urzidil. München, Wien: Albert Langen, Georg Müller Verlag, 1956. 357 S.

UB: 04-ZZWX 6016

———

Lachinger, Johann [u.a.] (Hrsg.)

Johannes Urzidil und der Prager Kreis. Vorträge des römischen Johannes-Urzidil-Symposions 1984. Hrsg. von Johann Lachinger, Aldemar Schiffkorn, Walter Zettl. Linz: Adalbert-Stifter-Institut des Landes Oberösterreich, 1986. 132 S. (=Schriftenreihe des Adalbert-Stifter-Institutes des Landes Oberösterreich, Folge 36)

UB: 11-CQWU 1288

Trapp, Gerhard

Gerhard Trapp: *Die Prosa Johannes Urzidils.* Zum Verständnis eines literarischen Werdegangs vom Expressionismus zur Gegenwart. Bern: Lang & Cie, 1967. 235 S. (=Europäische Hochschulschriften, Reihe I: Deutsche Literatur und Germanistik, Nr. 2)

UB: 11-BUB 1080

Vischer, Melchior (1895-1975)

Der Hase. Eine Erzählung von Melchior Vischer. Hellerau: Jakob Hegner, 1922. 96 S.

Kafka-Bibl.

Melchior Vischer: *Jan Hus.* Sein Leben und seine Zeit. 2 Bde. Frankfurt/Main: Societäts-Verlag, 1940. 399 bzw. 414 S.

UB: 21-IZCL 1020-2

Münnich: Ingenieur, Feldherr, Hochverräter. Von Melchior Vischer. 13. Tsd. Frankfurt/Main: Societäts-Verlag, 1938. 567 S.

UB: 05-ZZV 34489

Melchior Vischer: *Sekunde durch Hirn, Der Teemeister, Der Hase und andere Prosa.* Hrsg. von Hartmut Geerken. 2. Aufl. München: Edition Text und Kritik, 1983. 207 S. (=Frühe Texte der Moderne)

UB: 11-CQWV 1437(2)

Melchior Vischer: *Der Teemeister.* Hellerau: Jakob Hegner, 1922. 94 S.

Kafka-Bibl.

Melchior Vischer: *Unveröffentlichte Briefe und Gedichte.* Mit einem Vor- und Nachwort hrsg. von Raoul Schrott. Siegen: Universität-Gesamthochschule Siegen, 1988. 37 S. (=Vergessene Autoren der Moderne, Bd. 32)

UB: 05-ZZV 159950

Watzlik, Hans (1879-1948)

Hans Watzlik: *Böhmerwald-Sagen.* 1.-10. Tsd. Budweis: Verlagsanstalt "Moldavia", 1922. 96 S. (=Böhmerwäldler Dorfbücher, Fünftes Heft)

Forsch.

Hans Watzlik: *Im Ring des Ossers.* Erzählungen aus der Vergangenheit des Böhmerwaldes. Leipzig: L. Staackmann Verlag, 1913. 211 S.

Forsch.

Hans Watzlik: *Die Krönungsoper.* Ein Mozart-Roman. Karlsbad: Kraft, 1937. 309 S.

Forsch.

Hans Watzlik: *Die Leturner Hütte.* Roman. 68.-81. Tsd. Karlsbad [später Augsburg]: Kraft, 1942. 293 S.

Forsch.

Hans Watzlik: *Der Meister von Regensburg*. Ein Albrecht-Altdorfer-Roman. 10.-16. Tsd. Leipzig: Staackmann, 1941. 457 S.

UB: 10-CQWW 3094

Hans Watzlik: *O Böhmen!* Roman. 1.-5. Tsd. Leipzig: L. Staackmann Verlag, 1917. 325 S.

Forsch.

Hans Watzlik: *Phönix*. Ein Roman. Leipzig: L. Staackmann Verlag, o.J. [1916]. 356 S.

Forsch.

Hans Watzlik: *Die romantische Reise des Herrn Carl Maria von Weber*. Eine Erzählung. 7.-16. Tsd. Leipzig: L. Staackmann Verlag, 1941. 141 S.

Forsch.

Hans Watzlik: *Roswitha oder Die Flucht aus Böhmen*. Köln: Hermann Schaffstein Verlag, 1940. 151 S.

Forsch.

Hans Watzlik: *Sudetendeutsche Reden und Aufrufe*. Oberplan: Verlag des Vereines Böhmerwaldmuseum in Oberplan (Gau Oberdonau), 1940. 76 S. (=Nr. 13 der Schriften zu Gunsten des Böhmerwaldmuseums in Oberplan)

Forsch.

Weiskopf, F[ranz] C[arl] (1900-1955)

F.C. Weiskopf: *Abschied vom Frieden* (1913-1914). Roman. Berlin: Dietz Verlag, 1950. 491 S.

UB: 11-CQWW 1238

F.C. Weiskopf: *Abschied vom Frieden* 1913-1914. Roman. Berlin: Aufbau-Verlag GmbH, 1952. 655 S. (=Bibliothek fortschrittlicher deutscher Schriftsteller)

Forsch.

F.C. Weiskopf: *Abschied vom Frieden*. Roman. Berlin: Dietz Verlag, 1960. 723 S. (=F.C. Weiskopf: Gesammelte Werke I. Hrsg. von der Deutschen Akademie der Künste zu Berlin)

Forsch.

F.C. Weiskopf: *Anekdoten und Erzählungen*. Berlin: Dietz Verlag, 1960. 527 S. (=F.C. Weiskopf: Gesammelte Werke VI. Hrsg. von der Deutschen Akademie der Künste zu Berlin)

Forsch.

F.C. Weiskopf / Bodo Uhse: *Briefwechsel 1942-1948*. Hrsg. von Günter Caspar unter Mitarbeit von Margit Stragies. Berlin, Weimar: Aufbau-Verlag, 1990. 422 S.

UB: 11-CQWU 1319

F.C. Weiskopf: *Gedichte und Nachdichtungen*. Berlin: Dietz Verlag, 1960. 463 S. (=F.C. Weiskopf: Gesammelte Werke V. Hrsg. von der Deutschen Akademie der Künste zu Berlin)

Forsch.

F.C. Weiskopf: *Gesang der gelben Erde*. Nachdichtungen aus dem Chinesischen. Berlin: Dietz Verlag, 1951. 104 S.

UB: 11-HEM 1039

Das Herz – ein Schild. Lyrik der Tschechen und Slowaken. Übersetzt und hrsg. von F. C. Weiskopf. Berlin: Dietz Verlag, 1948. 92 S.

UB: 04-ZZV 141622

F.C. Weiskopf: *Himmelfahrtskommando*. Roman. Stockholm: Bermann-Fischer Verlag, 1945. 404 S.

UB: 04-ZZWX 36038

F.C. Weiskopf: *Inmitten des Stroms*. Roman. *Welt in Wehen*. Fragment. Berlin: Dietz Verlag, 1960. 725 S. (=F.C. Weiskopf: Gesammelte Werke II. Hrsg. von der Deutschen Akademie der Künste zu Berlin)

Forsch.

F.C. Weiskopf: *Lissy. Himmelfahrtskommando*. Romane. Berlin: Dietz Verlag, 1960. 661 S. (=F.C. Weiskopf: Gesammelte Werke IV. Hrsg. von der Deutschen Akademie der Künste zu Berlin)

Forsch.

F.C. Weiskopf: *Lissy oder Die Versuchung*. Roman. 1. Aufl. Berlin, Weimar: Aufbau-Verlag, 1977. 227 S.

UB: 11-CQWW 1393

F.C. Weiskopf: *Literarische Streifzüge*. Berlin: Aufbau-Verlag, 1956. 269 S.

UB: 11-CQWW 2608

F.C. Weiskopf: *Menschen, Städte und Jahre*. Berichte, Anekdoten und Geschichten. Wien: Continental-Edition im Verlag A. Sexl, 1950. 255 S. (=F.C. Weiskopf. Ausgewählte Werke in Einzelbänden. I. Band)

Forsch.

F.C. Weiskopf: *Die Reise nach Kanton*. Bericht, Erzählung, Poesie und weitere Bedeutung. Berlin: Dietz Verlag, 1953. 149 S.

Forsch.

F.C. Weiskopf: *Reportagen*. Berlin: Dietz Verlag, 1960. 637 S. (=F.C. Weiskopf: Gesammelte Werke VII. Hrsg. von der Deutschen Akademie der Künste zu Berlin)

Forsch.

F.C. Weiskopf: *Das Slawenlied*. Roman aus den letzten Tagen Österreichs und den ersten Jahren der Tschechoslowakei. Berlin: Gustav Kiepenheuer Verlag, 1931. 378 S.

Forsch.

F.C. Weiskopf: *Das Slawenlied. Vor einem neuen Tag*. Romane. Berlin: Dietz Verlag, 1960. 471 S. (=F.C. Weiskopf: Gesammelte Werke III. Hrsg. von der Deutschen Akademie der Künste zu Berlin)

Forsch.

Tschechische Lieder. Übersetzt und eingeleitet von F.C. Weiskopf. Berlin: Malik-Verlag, 1925. 55 S. (=Malik-Bücherei, Band 17)

Forsch. u. UB: 04-ZZWX 24934

F.C. Weiskopf: *Über Literatur und Sprache*. Literarische Streifzüge. Verteidigung der deutschen Sprache. Berlin: Dietz Verlag, 1960. 527 S. (=F.C. Weiskopf: Gesammelte Werke VIII. Hrsg. von der Deutschen Akademie der Künste zu Berlin)

Forsch.

Die Unbesiegbaren. Berichte, Anekdoten, Legenden 1933-1945. Von F.C. Weiskopf. New York: Aurora Verlag, 1945. 46 S.

UB: 04-ZZWX 25223

F.C. Weiskopf: *Unter fremden Himmeln.* Ein Abriß der deutschen Literatur im Exil 1933-1947. Mit einem Anhang von Textproben aus Werken exilierter Schriftsteller. Berlin: Dietz Verlag, 1948. 191 S.

UB: 11-CQWW 2268

F.C. Weiskopf: *Die Versuchung.* Roman einer jungen Deutschen. Zürich: Oprecht Verlag, 1937. 287 S.

UB: 04-ZZWX 25215

F.C. Weiskopf: *Vor einem neuen Tag.* Roman. Mexico: Editorial "El Libro Libre", 1944. 264 S.

UB: 04-ZZWX 25207

Gallmeister, Petra

Petra Gallmeister: *Die historischen Romane von Franz Carl Weiskopf "Abschied vom Frieden" und "Inmitten des Stroms".* Frankfurt/Main, Bern: Peter Lang, 1983. 232 S. (=Europäische Hochschulschriften, Reihe I: Deutsche Sprache und Literatur, Bd. 622)

UB: 10- u. 11-CQWW 2828 (2 Ex.)

Hiebel, Irmfried

Irmfried Hiebel: *F.C. Weiskopf – Schriftsteller und Kritiker.* Zur Entwicklung seiner literarischen Anschauungen. Berlin, Weimar: Aufbau-Verlag, 1973. 400 S. (=Beiträge zur Geschichte der deutschen sozialistischen Literatur im 20. Jahrhundert, Bd. 5)

UB: 11-CQWW 2153

Schlenstedt, Dieter [u.a.]

Egon Erwin Kisch / F.C. Weiskopf. Leben und Werk. Hrsg. vom Kollektiv für Literaturgeschichte im volkseigenen Verlag Volk und Wissen. Berlin/Ost, 1963. 159 S. (=Schriftsteller der Gegenwart, 11)

Forsch.

Weiskopf, Grete [u.a.]

Erinnerungen an einen Freund. Ein Gedenkbuch für F.C. Weiskopf. Hrsg. von der Deutschen Akademie der Künste zu Berlin. Auswahl und Zusammenstellung besorgten Grete Weiskopf, Stephan Hermlin und Franziska Arndt. Berlin: Dietz Verlag, 1963. 255 S.

UB: 11-CQWW 1709

Weiß, Ernst (1882-1940)

Ernst Weiß: *Der Aristokrat*. Boëtius von Orlamünde. Roman. Hamburg: Claassen Verlag, 1966. 229 S.

Forsch.

Ernst Weiß: *Der Aristokrat*. Roman. Frankfurt/Main: Suhrkamp Verlag, 1982. 155 S. (=Ernst Weiß: Gesammelte Werke, Bd. 9. Hrsg. von Peter Engel und Volker Michels). (=Suhrkamp Taschenbuch, Nr. 792)

UB: 11-CQWW 2771-9

Ernst Weiß: *Der arme Verschwender*. Roman. Hamburg: Claassen Verlag, 1965. 389 S. (=Die Bücher der Neunzehn, Bd. 123)

Forsch.

Ernst Weiß: *Der arme Verschwender*. Roman. Frankfurt/Main: Suhrkamp Verlag, 1982. 413 S. (=Ernst Weiß: Gesammelte Werke, Bd. 12. Hrsg. von Peter Engel und Volker Michels). (=Suhrkamp Taschenbuch, Nr. 795)

UB: 11-CQWW 2771-12

Ernst Weiß: *Atua*. Drei Erzählungen. 1.-3. Tsd. München: Kurt Wolff Verlag, 1923. 185 S.

Forsch.

Ernst Weiß: *Der Augenzeuge*. Roman. Frankfurt/Main: Suhrkamp Verlag, 1982. 224 S. (=Ernst Weiß: Gesammelte Werke, Bd. 14. Hrsg. von Peter Engel und Volker Michels). (=Suhrkamp Taschenbuch, Nr. 797)

UB: 11-CQWW 2771-14

Dämonenzug. Fünf Erzählungen von Ernst Weiß. Berlin: Im Verlag Ullstein, 1928. 278 S.

Forsch. u. UB: 04-ZZWX 26009

Ernst Weiß: *Die Erzählungen*. Frankfurt/Main: Suhrkamp Verlag, 1982. 359 S. (=Ernst Weiß: Gesammelte Werke, Bd. 15. Hrsg. von Peter Engel und Volker Michels). (=Suhrkamp Taschenbuch, Nr. 798)

UB: 11-CQWW 2771-15

Ernst Weiß: *Der Fall Vukobrankovics*. Bericht. Frankfurt/Main: Suhrkamp Verlag, 1982. 114 S. (=Ernst Weiß: Gesammelte Werke, Bd. 7. Hrsg. von Peter Engel und Volker Michels). (=Suhrkamp Taschenbuch, Nr. 790)

UB: 11-CQWW 2771-7

Die Feuerprobe. Roman von Ernst Weiß. Berlin: Im Propyläen-Verlag, 1929. 273 S.

Forsch.

Ernst Weiß: *Die Feuerprobe*. Roman. Frankfurt/Main: Suhrkamp Verlag, 1982. 157 S. (=Ernst Weiß: Gesammelte Werke, Bd. 6. Hrsg. von Peter Engel und Volker Michels). (=Suhrkamp Taschenbuch, Nr. 789)

UB: 11-CQWW 2771-6

Ernst Weiss: *Franziska*. Roman. Mit einem Nachwort von Guido K. Brandt. Berlin: Deutsche Buch-Gemeinschaft G.m.b.H., 1926. 321 S.

Forsch.

Ernst Weiß: *Franziska*. Roman. Frankfurt/Main: Suhrkamp Verlag, 1982. 230 S. (=Ernst Weiß: Gesammelte Werke, Bd. 2. Hrsg. von Peter Engel und Volker Michels). (=Suhrkamp Taschenbuch, Nr. 785)

UB: 11-CQWW 2771-2

Die Galeere. Roman von Ernst Weiß. 2.-9. Aufl. Berlin: S. Fischer, Verlag, 1919. 296 S.

Forsch.

Ernst Weiß: *Die Galeere*. Roman. Frankfurt/Main: Suhrkamp Verlag, 1982. 198 S. (=Ernst Weiß: Gesammelte Werke, Bd. 1. Hrsg. von Peter Engel und Volker Michels). (=Suhrkamp Taschenbuch, Nr. 784)

UB: 11-CQWW 2771-1

Ernst Weiss: *Der Gefängnisarzt oder die Vaterlosen*. Roman. Hamburg, Düsseldorf: Claassen Verlag, 1969. 376 S. (=Die Bücher der Neunzehn, Bd. 179)

Forsch.

Ernst Weiß: *Der Gefängnisarzt oder Die Vaterlosen*. Roman. Frankfurt/Main: Suhrkamp Verlag, 1982. 363 S. (=Ernst Weiß: Gesammelte Werke, Bd. 11. Hrsg. von Peter Engel und Volker Michels). (=Suhrkamp Taschenbuch, Nr. 794)

UB: 11-CQWW 2771-11

Ernst Weiß: *Georg Letham, Arzt und Mörder*. Roman. Berlin, Wien, Leipzig: Paul Zsolnay Verlag, 1931. 581 S.

Forsch.

Ernst Weiß: *Georg Letham, Arzt und Mörder*. Roman. Frankfurt/Main: Suhrkamp Verlag, 1980. 506 S. (=Suhrkamp Taschenbuch, Nr. 648)

UB: 11-CQWW 2543

Ernst Weiß: *Georg Letham, Arzt und Mörder*. Roman. 1. Aufl. Frankfurt/Main: Suhrkamp Verlag, 1982. 507 S. (=Ernst Weiß: Gesammelte Werke, Bd. 10. Hrsg. von Peter Engel und Volker Michels). (=Suhrkamp Taschenbuch, Nr. 793)

UB: 11-CQWW 2771-10

Ernst Weiss: *Hodin*. Mit Steinzeichnungen von Nicolai Pusirewski. Berlin: Hans Heinrich Tillgner Verlag, 1923. 57 S. (=Reihe: "Das Prisma", Bd. 13)

Forsch.

Ernst Weiß: *Ich – der Augenzeuge*. Roman. Mit einem Vorwort von Hermann Kesten. Zweite (im Titel veränderte) Auflage. Icking, München: Kreißelmeier Verlag, 1964. 280 S.

Forsch. u. UB: 11-CQWW 1084(2)

Der Kampf. Roman von Ernst Weiß. Berlin: S. Fischer, Verlag, 1916. 341 S.

Kafka-Bibl.

Ernst Weiß: *Die Kunst des Erzählens:* Essays, Aufsätze, Schriften zur Literatur. Frankfurt/Main: Suhrkamp Verlag, 1982. 467 S. (=Ernst Weiß: Gesammelte Werke, Bd. 16. Hrsg. von Peter Engel und Volker Michels). (=Suhrkamp Taschenbuch, Nr. 799)

UB: 11-CQWW 2771-16

Ernst Weiß: *Männer in der Nacht*. Roman. Berlin: Propyläen Verlag, 1925. 238 S.

UB: 04-ZZWX 25998

Ernst Weiß: *Männer in der Nacht*. Roman. Frankfurt/Main: Suhrkamp Verlag, 1982. 173 S. (=Ernst Weiß: Gesammelte Werke, Bd. 8. Hrsg. von Peter Engel und Volker Michels). (=Suhrkamp Taschenbuch, Nr. 791)

UB: 11-CQWW 2771-8

Mensch gegen Mensch. Roman von Ernst Weiß. München: Georg Müller Verlag, 1919. 254 S. (=Neue deutsche Romane)

Forsch.

Ernst Weiß: *Mensch gegen Mensch*. Roman. Frankfurt/Main: Suhrkamp Verlag, 1982. 151 S. (=Ernst Weiß: Gesammelte Werke, Bd. 3. Hrsg. von Peter Engel und Volker Michels). (=Suhrkamp Taschenbuch, Nr. 786)

UB: 11-CQWW 2771-3

Ernst Weiß: *Nahar*. Roman. 1.-10. Tsd. München: Kurt Wolff Verlag, 1922. 231 S.

Forsch.

Ernst Weiß: *Nahar*. Roman. Frankfurt/Main: Suhrkamp Verlag, 1982. 117 S. (=Ernst Weiß: Gesammelte Werke, Bd. 5. Hrsg. von Peter Engel und Volker Michels). (=Suhrkamp Taschenbuch, Nr. 788)

UB: 11-CQWW 2771-5

Tanja. Drama in drei Akten von Ernst Weiß. 1.-3. Aufl. Berlin: S. Fischer-Verlag, 1920. 115 S.

Forsch.

Tiere in Ketten. Roman von Ernst Weiß. 1.-10. Aufl. Berlin: S. Fischer, Verlag, 1918. 278 S.

Forsch.

Ernst Weiß: *Tiere in Ketten.* Neue Fassung. Roman. 11.-21. Tsd. München: Kurt Wolff Verlag, 1922. 342 S.

Forsch.

Ernst Weiß: *Tiere in Ketten.* Roman. Frankfurt/Main: Suhrkamp Verlag, 1982. 199 S. (=Ernst Weiß: Gesammelte Werke, Bd. 4. Hrsg. von Peter Engel und Volker Michels). (=Suhrkamp Taschenbuch, Nr. 787)

UB: 11-CQWW 2771-4

Ernst Weiß: *Das Unverlierbare.* 1.-4. Tsd. Berlin: Rowohlt Verlag, 1928. 377 S.

UB: 04-ZZWX 25980

Ernst Weiß: *Der Verführer.* Roman. Frankfurt/Main: Insel-Verlag, 1980. 412 S.

UB: 11-CQWW 2250

Ernst Weiß: *Der Verführer.* Roman. Frankfurt/Main: Suhrkamp Verlag, 1982. 419 S. (=Ernst Weiß: Gesammelte Werke, Bd. 13. Hrsg. von Peter Engel und Volker Michels). (=Suhrkamp Taschenbuch, Nr. 796)

UB: 11-CQWW 2771-13

Hinze, Klaus-Peter

Ernst Weiß. Bibliographie der Primär- und Sekundärliteratur von Klaus-Peter Hinze. Hamburg: Im Verlag der "Weiß-Blätter", 1977. 78 S.

Forsch.

Arnold, Heinz Ludwig (Hrsg.)

Ernst Weiß. München: Edition Text und Kritik, 1982. 88 S. (=*Text und Kritik.* Zeitschrift für Literatur. Hrsg. von Heinz Ludwig Arnold, H. 76)

UB: 11-CQWW 2802

Delfmann, Thomas

Thomas Delfmann: *Ernst Weiß.* Existenzialistisches Heldentum und Mythos des Unabwendbaren. Münster: Kleinheinrich, 1989. 278 S. (=Münstersche Beiträge zur deutschen und nordischen Philologie, Bd. 7)

UB: 11-CQWW 3191

Elfe, Wolfgang Dieter

Wolfgang D. Elfe: *Stiltendenzen im Werk von Ernst Weiss unter besonderer Berücksichtigung seines expressionistischen Stils.* Ein Vergleich der drei Druckfassungen des Romans 'Tiere in Ketten'. Bern, Frankfurt/Main: Herbert Lang, 1971. 79 S. (=Europäische Hochschulschriften, Reihe 1: Deutsche Literatur und Germanistik, Bd. 48)

UB: 11-CQCW 1597

Haas, Franz

Franz Haas: *Der Dichter von der traurigen Gestalt.* Zu Leben und Werk von Ernst Weiß. Frankfurt/Main, Bern, New York: Peter Lang, 1986. 309 S. (=Europäische Hochschulschriften, Reihe I: Deutsche Sprache und Literatur, Bd. 889)

UB: 11-CQWW 2959

Längle, Ulrike

Ulrike Längle: *Ernst Weiß: Vatermythos und Zeitkritik.* Die Exilromane am Beispiel des 'Armen Verschwenders'. Innsbruck: Institut für Germanistik, 1981. 256 S. (=Innsbrucker Beiträge zur Kulturwissenschaft, Germanistische Reihe, Bd. 11)

UB: 11-CQWW 2975

Wondrák, Eduard

Eduard Wondrák: *Einiges über den Arzt und Schriftsteller Ernst Weiß* mit einer autobiographischen Skizze von 1927. Icking und München: Kreisselmeier Verlag, 1968. 48 S.

Forsch.

zu Weiß, Ernst siehe auch:

Margarita Pazi: *Fünf Autoren des Prager Kreises.* Frankfurt/Main, Bern, Las Vegas: Peter Lang, 1978. 315 S. (=Würzburger Hochschulschriften zur neueren Deutschen Literaturgeschichte. Hrsg. von Anneliese Kuchinke-Bach, Bd./Vol. 3)

Forsch. u. UB: 10-CHM 3135 u. 11-CHM 2024

Weltsch, Felix (1884-1964)

Dichter, Denker, Helfer. Max Brod zum 50. Geburtstag. Hrsg. von Felix Weltsch. Mährisch-Ostrau: Verlag Julius Kittls Nachfolger, Keller & Co., o.J. [1934]. 111 S.

Forsch.

Felix Weltsch: *Gnade und Freiheit.* Untersuchungen zum Problem des schöpferischen Willens in Religion und Ethik. München: Kurt Wolff Verlag, 1920. 157 S.

Forsch.

Felix Weltsch: *Nationalismus und Judentum*. Berlin: Welt-Verlag, 1920. 42 S.

Forsch.

Felix Weltsch: *Religion und Humor im Leben und Werk Franz Kafkas*. Berlin: F.A. Herbig Verlagsbuchhandlung, 1957. 95 S.

UB: 10-CPUT 1313

Felix Weltsch: *Das Wagnis der Mitte*. Ein Beitrag zur Ethik und Politik der Zeit. Mährisch-Ostrau: Kittl Verlag, 1936. 174 S.

UB: 04-ZZV 142262

Weltsch, Robert (1891-1983)

Robert Weltsch: *An der Wende des modernen Judentums*. Betrachtungen aus fünf Jahrzehnten. Tübingen: J.C.B. Mohr, 1972. 309 S.

UB: 11-MJI 1000

Tramer, Hans u. Löwenstein, Kurt (Hrsg.)

Robert Weltsch zum 70. Geburtstag von seinen Freunden. Hrsg. von Hans Tramer und Kurt Löwenstein. Tel Aviv: Bitaon Verlag, 1961. 219 S.

UB: 11-CQCW 1660

Werfel, Franz (1890-1945)

Franz Werfel: *Der Abituriententag*. Die Geschichte einer Jugendschuld. Berlin, Wien, Leipzig: Paul Zsolnay Verlag, 1928. 325 S.

Forsch. u. UB: 04-ZZWX 29471

Franz Werfel: *Der Abituriententag*. Die Geschichte einer Jugendschuld. Frankfurt/Main: S. Fischer Verlag, 1991. 182 S. (=Franz Werfel: Gesammelte Werke in Einzelbänden. Hrsg. von Knut Beck)

Forsch.

Franz Werfel: *Barbara oder die Frömmigkeit*. Ungekürzte Sonderausgabe. Berlin, Wien, Leipzig: Paul Zsolnay Verlag, 1933. 809 S.

Forsch. u. UB: 10-CQTI 1040+1

Franz Werfel: *Beschwörungen*. 1.-3. Tsd. München: Kurt Wolff Verlag, 1923. 109 S.

Forsch.

Franz Werfel: *Der Besuch aus dem Elysium*. Romantisches Drama in einem Aufzug. München: Kurt Wolff Verlag, 1920. 23 S.

Forsch.

Franz Werfel: *Eine blassblaue Frauenschrift*. Mit einem Nachwort von Friedrich Heer. Frankfurt/Main: S. Fischer Verlag, 1977. 179 S.

UB: 11-CQTI 1074

Franz Werfel: *Bocksgesang*. In fünf Akten. München: Kurt Wolff Verlag, 1921. 160 S.

Forsch. u. UB: 04-ZZWX 23522

Franz Werfel: *Die Dramen*. 2 Bde. Frankfurt/Main: S. Fischer Verlag, 1959. 566 bzw. 519 S. (=Franz Werfel: Gesammelte Werke. Hrsg. von Adolf D. Klarmann)

Forsch. u. UB: 05- u. 11-CQTA 1024

Franz Werfel: *Einander*. Oden Lieder Gestalten. 4. Aufl. München: Kurt Wolff Verlag, 1920. 107 S.

Forsch.

Franz Werfel: *Die Entfremdung*. Erzählungen. Frankfurt/Main: S. Fischer Verlag, 1990. 215 S. (=Franz Werfel: Gesammelte Werke in Einzelbänden. Hrsg. von Knut Beck)

Forsch. u. UB: 11-CQTA 1082-3

Franz Werfel: *Erzählungen aus zwei Welten*. Zweiter Band. Frankfurt/Main: S. Fischer Verlag, 1952. 397 S. (=Franz Werfel: Gesammelte Werke. Hrsg. von Adolf D. Klarmann)

Forsch. u. UB: 11-CQTA 1032-2

Franz Werfel: *Erzählungen aus zwei Welten*. Dritter Band. Frankfurt/Main: S. Fischer Verlag, 1954. 470 S. (=Franz Werfel: Gesammelte Werke. Hrsg. von Adolf D. Klarmann)

Forsch. u. UB: 11-CQTA 1032-3

Franz Werfel: *Gedichte*. Berlin (u.a.): Zsolnay Verlag, 1927. 467 S.

UB: 04-ZZWX 6032

Franz Werfel: *Gedichte*. Aus den Jahren 1908-1945. Los Angeles: Pazif. Pr., 1946. 167 S.

UB: 04-ZZWX 4543

Franz Werfel: *Gedichte aus dreißig Jahren.* Stockholm: Bermann-Fischer, 1939. 251 S.

UB: 04-ZZWX 6294

Franz Werfel: *Geheimnis eines Menschen.* Novellen. 1.-10. Tsd. Berlin, Wien, Leipzig: Paul Zsolnay Verlag, 1927. 316 S.

Forsch.

Franz Werfel: *Der Gerichtstag* in fünf Büchern. Leipzig: Kurt Wolff Verlag, 1919. 309 S.

Forsch.

Franz Werfel: *Der Gerichtstag* in fünf Büchern. Nachdruck der Ausgabe Leipzig: Kurt Wolff Verlag, 1919. Nendeln/Liechtenstein: Kraus Reprint, 1973. 308 S. (=Bibliothek des Expressionismus)

UB: 10-CJV 1194 u. 11-CQTI 1016

Gesänge aus den drei Reichen. Ausgewählte Gedichte von Franz Werfel. 2. Aufl., Leipzig: Kurt Wolff Verlag, 1917. 110 S. (=Bücherei "Der jüngste Tag", 29./30. Band)

Kafka-Bibl., Forsch. u. UB: 04-ZZWX 23297

Franz Werfel: *Die Geschwister von Neapel.* Roman. Berlin, Wien, Leipzig: Zsolnay Verlag, 1931. 498 S.

UB: 10- u. 11-CQTA 1066

Franz Werfel: *Die Geschwister von Neapel.* Roman. 58.-60. Tsd. Frankfurt/Main: S. Fischer Verlag, 1962. 389 S. (=Franz Werfel: Gesammelte Werke)

Forsch. u. UB: 11-CQTA 1040

Franz Werfel: *Die Geschwister von Neapel.* Roman. Frankfurt/Main: S. Fischer Verlag, 1991. 424 S. (=Franz Werfel: Gesammelte Werke in Einzelbänden. Hrsg. von Knut Beck)

Forsch.

Franz Werfel: *Höret die Stimme.* Roman. 1.-10. Tsd. Wien: Paul Zsolnay Verlag, 1937. 756 S. (=Franz Werfel: Gesammelte Werke)

UB: 04-ZZWX 6058

Franz Werfel: *In einer Nacht.* Ein Schauspiel. Wien: Paul Zsolnay Verlag, 1937. 111 S.

UB: 04-ZZWX 6163

Franz Werfel: *Jeremias*. Höret die Stimme. Roman. 9.-11. Tsd. Frankfurt/Main: S. Fischer Verlag, 1966. 553 S. (=Franz Werfel: Gesammelte Werke)

Forsch.

Franz Werfel: *Juarez und Maximilian*. Dramatische Historie in 3 Phasen und 13 Bildern. 1.-10. Tsd. Berlin, Wien, Leipzig: Paul Zsolnay Verlag, 1924. 195 S.

Forsch. u. UB: 04-ZZWX 23255

Franz Werfel: *Kleine Verhältnisse*. Novelle. Wien, Berlin: Paul Zsolnay Verlag, 1931. 112 S.

UB: 04-ZZWX 23409

Franz Werfel: *Können wir ohne Gottesglauben leben?* Berlin, Wien, Leipzig: Paul Zsolnay Verlag, 1932. 74 S. (=Reden und Schriften von Franz Werfel)

Forsch. u. UB: 04-ZZWX 23271

Franz Werfel: *Das Lied von Bernadette*. Roman. Stockholm: Bermann-Fischer Verlag, 1941. 559 S.

UB: 04-ZZWX 6082

Franz Werfel: *Das Lied von Bernadette*. Roman. London: Hamish Hamilton, Stockholm: Bermann-Fischer Verlag, 1941. 506 S.

UB: 04-ZZWX 23263

Franz Werfel: *Das Lied von Bernadette*. Roman. Frankfurt/Main: S. Fischer Verlag, 1970. 549 S.

UB: 11-CQTA 1058

Franz Werfel: *Das Lied von Bernadette*. Roman. Frankfurt/Main: S. Fischer Verlag, 1991. 560 S. (=Franz Werfel: Gesammelte Werke in Einzelbänden. Hrsg. von Knut Beck)

Forsch.

Franz Werfel: *Das lyrische Werk*. Hrsg. von Adolf D. Klarmann. Frankfurt/Main: S. Fischer Verlag, 1967. 704 S. (=Franz Werfel: Gesammelte Werke)

Forsch. u. UB: 10- u. 11-CQTB 1011

Franz Werfel: *Die Mittagsgöttin*. Ein Zauberspiel. 6. u. 7. Tsd. Sonderausgabe. München: Kurt Wolff Verlag, 1923. 75 S.

UB: 04-ZZWX 6139

Franz Werfel: *Nicht der Mörder, der Ermordete ist schuldig*. Eine Novelle. München: Kurt Wolff Verlag, 1920. 269 S.

Forsch.

Franz Werfel: *Paulus unter den Juden*. Dramatische Legende in sechs Bildern. Berlin, Wien, Leipzig: Paul Zsolnay Verlag, 1926. 187 S.

Forsch.

Franz Werfel: *Realismus und Innerlichkeit*. Berlin, Wien, Leipzig: Paul Zsolnay Verlag, 1931. 36 S.

Forsch.

Franz Werfel: *Das Reich Gottes in Böhmen*. Tragödie eines Führers. 1.-10. Tsd. Berlin, Wien, Leipzig: Paul Zsolnay Verlag, 1930. 204 S.

Forsch.

Franz Werfel: *Schlaf und Erwachen*. Neue Gedichte. Berlin, Wien, Leipzig: Paul Zsolnay Verlag, 1935. 132 S.

UB: 04-ZZWX 6147

Franz Werfel: *Die schwarze Messe*. Erzählungen. Frankfurt/Main: S. Fischer Verlag, 1990. 352 S. (=Franz Werfel: Gesammelte Werke in Einzelbänden. Hrsg. von Knut Beck)

Forsch. u. UB: 11-CQTA 1082-1

Franz Werfel: *Schweiger*. Ein Trauerspiel in drei Akten. 1.-3. Tsd. München: Kurt Wolff Verlag, 1922. 153 S.

Forsch. u. UB: 04-ZZWX 35155

Franz Werfel: *Spiegelmensch*. Magische Trilogie. 1.-10. Tsd. München: Kurt Wolff Verlag, 1920. 224 S.

Forsch.

Franz Werfel: *Spielhof*. Eine Phantasie. München: Kurt Wolff Verlag, 1920. 61 S.

Forsch.

Franz Werfel: *Stern der Ungeborenen*. Ein Reiseroman. o.O. [Wien]: Bermann-Fischer Verlag, 1949. 714 S.

Forsch.

Franz Werfel: *Stern der Ungeborenen*. Ein Reiseroman. 20.-22. Tsd. Frankfurt/Main: S. Fischer Verlag, 1967. 714 S. (=Franz Werfel: Gesammelte Werke)

Forsch.

Franz Werfel: *Die tanzenden Derwische*. Erzählungen. Frankfurt/Main: S. Fischer Verlag, 1990. 224 S. (=Franz Werfel: Gesammelte Werke in Einzelbänden. Hrsg. von Knut Beck)

Forsch.

Franz Werfel: *Der Tod des Kleinbürgers*. Novelle. 1.-10. Tsd. Berlin, Wien, Leipzig: Paul Zsolnay Verlag, 1927. 114 S.

Forsch.

Franz Werfel: *Die Troerinnen*. Nach der Tragödie des Euripides. München: Kurt Wolff Verlag, 1920. 134 S.

Forsch.

Franz Werfel: *Die Troerinnen des Euripides*. In deutscher Bearbeitung. Leipzig: Kurt Wolff Verlag, 1915. 126 S.

UB: 04-ZZWX 23302

Franz Werfel: *Verdi*. Roman der Oper. Berlin, Wien, Leipzig: Paul Zsolnay Verlag, 1924. 573 S.

Kafka-Bibl. u. Forsch.

Franz Werfel: *Verdi*. Roman der Oper. Frankfurt/Main: S. Fischer Verlag, 1966. 433 S. (=Franz Werfel: Gesammelte Werke)

Forsch. u. UB: 11-CQTA 1016

Franz Werfel: *Verdi*. Roman der Oper. Frankfurt/Main: S. Fischer Verlag, 1991. 569 S. (=Gesammelte Werke in Einzelbänden. Hrsg. von Knut Beck)

Forsch.

Franz Werfel: *Die Versuchung*. Ein Gespräch des Dichters mit dem Erzengel und Luzifer. Leipzig: Kurt Wolff Verlag, 1913. 31 S. (=Bücherei "Der jüngste Tag", Bd. 1)

Forsch.

Franz Werfel: *Der veruntreute Himmel*. Die Geschichte einer Magd. Roman. 5.-9. Aufl. Wien: Bermann-Fischer Verlag, 1948. 451 S.

Forsch.

Franz Werfel: *Die vierzig Tage des Musa Dagh*. Roman. Frankfurt/Main: S. Fischer Verlag, 1973. 790 S.

Forsch.

Franz Werfel: *Die vierzig Tage des Musa Dagh.* Roman. Frankfurt/Main: S. Fischer Verlag, 1990. 990 S. (=Gesammelte Werke in Einzelbänden. Hrsg. von Knut Beck)

Forsch. u. UB: 11-CQTA 1074

Franz Werfel: *Von der reinsten Glückseligkeit des Menschen.* Stockholm: Bermann-Fischer Verlag, 1938. 50 S. (=Schriftenreihe "Ausblicke")

Forsch.

Franz Werfel: *Der Weg der Verheißung.* Ein Bibelspiel. 1.-10. Tsd. Wien: Paul Zsolnay Verlag, Theaterabteilung, 1935. 128 S.

UB: 04-ZZWX 6155

Franz Werfel: *Weißenstein, der Weltverbesserer.* Erzählungen. Frankfurt/Main: S. Fischer Verlag, 1990. 231 S. (=Franz Werfel: Gesammelte Werke in Einzelbänden. Hrsg. von Knut Beck)

Forsch. u. UB: 11-CQTA 1082-4

Franz Werfel: *Der Weltfreund.* Erste Gedichte (1908-1910). 9.-13. Aufl. München: Kurt Wolff Verlag, 1920. 113 S.

Forsch.

Franz Werfel: *Der Weltfreund. Einander. Wir sind.* Nachdruck der Ausgaben Berlin-Charlottenburg 1911, Leipzig 1915, Leipzig 1913. Nendeln/Liechtenstein: Kraus Reprint, 1973. 344 S. (=Bibliothek des Expressionismus)

UB: 10-CJV 1186

Franz Werfel: *Wir sind.* Neue Gedichte. 2. Aufl. Leipzig: Kurt Wolff Verlag, 1914. 127 S.

Forsch.

Franz Werfel: *Zwischen oben und unten.* Stockholm: Bermann-Fischer Verlag, 1946. 368 S.

UB: 04-ZZWX 6074

Franz Werfel: *Zwischen Oben und Unten.* Prosa, Tagebücher, Aphorismen, Literarische Nachträge. München, Wien: Langen Müller Verlag, 1975. 915 S. (=Franz Werfel: Gesammelte Werke)

Forsch.

Abels, Norbert

Franz Werfel. Mit Selbstzeugnissen und Bilddokumenten dargestellt von Norbert Abels. Reinbek bei Hamburg: Rowohlt, 1990. 156 S. (=Rowohlts Monographien, Bd. 472)

UB: 10- u. 11-CQTM 1016

Braselmann, Werner

Werner Braselmann: *Franz Werfel.* Wuppertal-Barmen: Müller, 1960. (=Dichtung und Deutung, 7)

UB: 10- u. 11-CQTL 1003

Brown, Albert Harrison Eayre

Albert Harrison Eayre Brown: *Franz Werfel's Dramaturgy:* Theory and Practice. Diss. University of Pennsylvania, 1976. Ann Arbor, Mich. [u.a.]: Univ. Microfilms Intern., 1976. 173 S.

UB: 06-ZZXX 2919

Cook, Kathleen Mayhew

Kathleen Mayhew Cook: *The Dramas of Franz Werfel.* Diss. Rice Univ., Houston, Texas. Ann Arbor, Mich. [u.a.]: Univ. Microfilms Intern., 1979. 268 S.

UB: 06-ZZXX 7529

Foltin, Lore B.

Lore B. Foltin: *Franz Werfel.* Stuttgart: J.B. Metzlersche Verlagsbuchhandlung, 1972. 127 S. (=Sammlung Metzler, Band 115, Abt. D.: Literaturgeschichte)

Forsch. u. UB: 10-CQTQ 1024 u. 11-BUA 1001

Huber, Lothar (Hrsg.)

Franz Werfel. An Austrian Writer Reassessed. Edited by Lothar Huber. Oxford, New York, Munich: Oswald Wolff Books, 1989. 237 S.

UB: 11-CQTL 1037

Jungk, Peter Stephan

Peter Stephan Jungk: *Franz Werfel.* Eine Lebensgeschichte. Frankfurt/Main: S. Fischer, 1987. 452 S.

UB: 11-CQTM 1008

Lunzer, Heinz u. Lunzer-Talos, Victoria

Franz Werfel 1890-1945. Katalog einer Ausstellung, gemeinsam veranstaltet vom Bundesministerium für Auswärtige Angelegenheiten und von der Dokumentationsstelle für neuere österreichische Literatur in Wien. Hrsg. vom Bundesministerium für Auswärtige Angelegenheiten. Zusammengestellt von Heinz Lunzer und Victoria Lunzer-Talos. Wien: Zirkular, 1990. 83 S.

Forsch. u. UB: 11-CQTL 1045

Meister, Helga

Franz Werfels Dramen und ihre Inszenierungen auf der deutschsprachigen Bühne. Von Helga Meister. Diss. Köln, 1964. 285 S.

UB: 05-BUB 8430

Mitchell, Janis Diane

Janis Diane Mitchell: *Exile and Historical Existence in the Writings of Franz Werfel, Alfred Döblin and Hermann Broch*. Diss. Pennsylvania State Univ., 1976. Ann Arbor, Mich., London: Univ. Microfilms Intern., 1980. 341 S.

UB: 05-BUB 9402

Puttkamer, Annemarie von

Annemarie von Puttkamer: *Franz Werfel*. Wort und Antwort. Würzburg: Werkbund-Verlag, 1952. 173 S.

UB: 10-CQTL 1029

Specht, Richard

Franz Werfel. Versuch einer Zeitspiegelung von Richard Specht. Berlin, Wien, Leipzig: Paul Zsolnay Verlag, 1926. 327 S.

Forsch. u. UB: 11-CQTL 1011

Wiegler, Paul (1878-1949)

Paul Wiegler: *Anatole France*. 1.-3. Tsd. München: Musarion Verlag, 1920. 76 S.

UB: 10-FBVF 1507

Paul Wiegler: *Figuren*. Berlin: Hyperionverlag, o.J. [1916]. 291 S.

Forsch. u. UB: 04-ZZWX 29201

Die große Liebe. Wie sie starben. Dichter- und Frauenporträts von Paul Wiegler. Hellerau: Im Avalun-Verlag, o.J. [1926]. 330 S.

UB: 11-CQWW 2933

Paul Wiegler: *Das Haus an der Moldau.* Roman. 1.-5. Tsd. Berlin: Rowohlt, 1934. 314 S.

Forsch.

Paul Wiegler: *Das Haus an der Moldau.* Roman. Wedel in Holstein: Alster Verlag Curt Brauns, 1948. 281 S.

Forsch.

Josef Kainz. Ein Genius in seinen Verwandlungen. Von Paul Wiegler. Berlin: Im Deutschen Verlag, 1942. 147 S.

UB: 21-KLYK 1130

Wiener, Oskar (1873-1944)

Deutsche Dichter aus Prag. Ein Sammelbuch hrsg. und eingeleitet von Oskar Wiener. Wien, Leipzig: Verlag von Ed. Strache, 1919. 400 S.

Forsch.

Oskar Wiener: *Das hat die liebe Liebe getan.* Ein Liederbuch. Minden i. Westf.: Bruns Verlag, 1905. 102 S.

UB: 04-ZZV 142000

Der Heimat zum Gruss. Ein Almanach deutscher Dichtung und Kunst aus Böhmen. Hrsg. von Oskar Wiener und Johann Pilz. Berlin: Prometheus Verlagsgesellschaft m.b.H., 1914. 246 S.

Forsch.

Oskar Wiener: *Im Prager Dunstkreis.* Roman. 1.-6. Tsd. Wien, Prag, Leipzig: Verlag Ed. Strache, 1919. 161 S.

Forsch.

Oskar Wiener: *In Arte Voluptas.* Eine Anthologie von Dichtern, Schriftstellern und bildenden Künstlern des Verbandes Allschlaraffia. Leipzig: Verlag der Allschlaraffischen Veröffentlichungen, Carl Ziegenhirt, o.J. [1939]. 246 S.

Forsch.

Mit Detlev von Liliencron durch Prag. Sonderabdruck aus der Zeitschrift "Die Persönlichkeit". Von Oskar Wiener. Mit Umschlag- und Bildniszeichnungen von Jilovsky. Frankfurt/Main: Verlag Hans Lüstenöder, 1918. 64 S.

Forsch.

Winder, Ludwig (1889-1946)

Ludwig Winder: *Dr. Muff.* Roman. Wien, Darmstadt: Zsolnay, 1990. 341 S. (=Bücher der böhmischen Dörfer)

Forsch.

Ludwig Winder: *Der Kammerdiener.* Roman. Mit einem Vorwort von Jürgen Serke. Wien, Darmstadt: Zsolnay, 1988. 363 S. (=Bücher der böhmischen Dörfer)

Forsch.

Kasai. Roman von Ludwig Winder. Berlin: Ernst Rowohlt Verlag, 1920. 295 S.

Forsch.

Ludwig Winder: *Die nachgeholten Freuden.* Roman. Wien, Hamburg: Zsolnay, 1987. 338 S. (=Bücher der böhmischen Dörfer)

Forsch.

Ludwig Winder: *Následník trůnu.* Román o Františku Ferdinandovi. Praha: Fr. Borový, 1938. 539 S.

Forsch.

Ludwig Winder: *Steffi* oder Familie Dörre überwindet die Krise. Roman. Leipzig, Mähr.-Ostrau: Verlag Julius Kittls Nachfolger, 1935. 267 S.

Forsch.

Ludwig Winder: *Der Thronfolger.* Ein Franz Ferdinand Roman. Zürich: Humanitas Verlag, 1938. 504 S.

Forsch.

Ludwig Winder: *Der Thronfolger.* Ein Franz Ferdinand Roman. 2. Aufl. Berlin: Rütten u. Loening, 1989. 627 S.

Forsch.

Krolop, Kurt

Kurt Krolop: *Ludwig Winder (1889-1946).* Sein Leben und sein erzählerisches Frühwerk. Ein Beitrag zur Geschichte der Prager deutschen Literatur. 2 Bde. Phil. Diss. Halle a.d. Saale, 1967. 411 S.

Forsch.

zu Winder, Ludwig siehe auch:

Margarita Pazi: *Fünf Autoren des Prager Kreises.* Frankfurt/Main, Bern, Las Vegas: Peter Lang, 1978. 315 S. (=Würzburger Hochschulschriften zur neueren Deutschen Literaturgeschichte. Hrsg. von Anneliese Kuchinke-Bach, Bd./Vol. 3)

Forsch. u. UB: 10-CHM 3135, 11-CHM 2024

Zoff, Otto (1890-1963)

Otto Zoff: *Das Haus am Wege*. Roman. Frankfurt/Main: Literarische Anstalt Rütten & Loening, 1913. 215 S.

Forsch.

Die Liebenden. Roman von Otto Zoff. Berlin: Volksverband der Bücherfreunde, Wegweiser-Verlag, 1929. 381 S.

UB: 11-CQWZ 1461

Otto Zoff: *Tagebücher aus der Emigration* (1939-1944). Mit einem Nachwort von Hermann Kesten. Heidelberg: Lambert Schneider, 1968. 293 S. (=Veröffentlichungen der Deutschen Akademie für Sprache und Dichtung, Darmstadt, Bd. 41)

UB: 10- u. 11-CQWZ 1788

Keller, Ulrike

Ulrike Keller: *Otto Zoffs dramatische Werke*. Vom Theater zum Hörspiel. München, New York, London, Paris: K.G. Saur, 1988. 490 S.

UB: 11-CQWZ 2140

III.

Bibliographie zur deutschsprachigen Literatur Prags und der böhmischen Länder

1. Literarhistorische und allgemeine Darstellungen

Hans Benzmann: "Prager Dichter". In: *Die Gesellschaft.* Halbmonatsschrift für Literatur, Kunst und Sozialpolitik, 15. Jg. (1899), Bd. 3, S. 96-108.

Hermann Bachmann (Hrsg.): *Deutsche Arbeit in Böhmen.* Kulturbilder von F. Adler, A. Bachmann, R. Batka, J. Bendel, R. Fürst, J. Grunzel, A. Hauffen, H. Kisch, A. Klaar, P. Knoll, K. Kostka, V. von Kraus, G.C. Laube, J. Neuwirth, G.E. Pazaurek, L. Schlesinger, H. Teweles, W. Toischer. (Berlin 1900).

Rudolf Fürst: "Deutsche Litteratur in Böhmen. III. Die neuste Litteratur (1850-1900)". In: *Deutsche Arbeit in Böhmen.* Hrsg. von Hermann Bachmann. (Berlin 1900), S. 188-206.

August Sauer: "Zur Prager Literaturgeschichte". In: *Deutsche Arbeit.* Monatschrift für das geistige Leben der Deutschen in Böhmen, VI. Jg., H. 7 (April 1907), S. 452-455.

Alfred Klaar: "Die deutschböhmische Literatur in den letzten 60 Jahren". In: *Deutsche Arbeit.* Monatschrift für das geistige Leben der Deutschen in Böhmen, VIII. Jg., H. 3 (Dez. 1908), S. 212-225.

Otto Brechler: "Das geistige Leben Prags vor hundert Jahren". In: *Deutsche Arbeit.* Monatschrift für das geistige Leben der Deutschen in Böhmen, X. Jg., H. 6 (März 1911), S. 329-343.

Karl Hans Strobl: "Prag". In: *Die Gartenlaube.* Illustriertes Familienblatt, (1911), Nr. 51, S. 1188-1192.

Max Brod: "Unmodernes Prag". In: *Die Aktion.* Wochenschrift für Politik, Literatur, Kunst, 2. Jg., Nr. 30 (24. Juli 1912), Sp. 944-949.

Hans Kohn: "Prager Dichter". In: *Selbstwehr* 6. Jg., Nr. 51 (20. Dez. 1912), S. 2f.

Wolfgang Schumann: "Deutsch-österreichische Dichtung unsrer Zeit". In: *Deutsche Arbeit*. Monatschrift für das geistige Leben der Deutschen in Böhmen, XII. Jg., H. 1 (Okt. 1912), S. 16-23 u. H. 2 (Nov. 1912), S. 87-93.

Karl Hans Strobl: "Vorposten des Deutschtums in Böhmen". In: *Die Gartenlaube*. Illustriertes Familienblatt, (1912), Nr. 11, S. 222-226.

Paul Wiegler: "Prager Autorenabend". In: *Bohemia* 85. Jg., Nr. 337 (6. Dez. 1912), S. 12.

Hans Kohn: "Prager Dichter". In: *Selbstwehr* 7. Jg., Nr. 23 (6. Juni 1913), S. 1-3.

Hermann Meister: "Von Dichtern in Prag". In: *Saturn*. Eine Monatsschrift, 3. Jg. (1913), H. 2, S. 56-60.

Otto Pick: "Neue Dichtungen von Prager Autoren". In: *Prager Tagblatt* 38. Jg., Nr. 183, Morgen-Ausg. (6. Juli 1913), S. 11.

Donauland. Illustrierte Monatsschrift, 1. Jg., Nr. 7 (Sept. 1917). [Das ganze Heft ist Prag gewidmet.]

Josef Körner: "Dichter und Dichtung aus dem deutschen Prag". In: *Donauland*. Illustrierte Monatsschrift, 1. Jg., Nr. 7 (Sept. 1917), S. 777-784.

Otto Pick: "Prager Dichter von ferne gesehen. Oskar Baum, Franz Kafka, Franz Werfel, Rudolf Fuchs". In: *Das jüdische Prag*. Eine Sammelschrift. Hrsg. von der Redaktion der 'Selbstwehr'. (Prag 1917), S. 39f.

Otto Rosenfeld: "Prag, eine literarische Stadt". In: *Deutsche Zeitung Bohemia* 90. Jg., Nr. 320, Morgen-Ausg. (21. Nov. 1917), S. 3f.

Max Brod: "Prager Dichterschule?" In: *Der Friede*. Wochenschrift für Politik, Volkswirtschaft und Literatur, 2. Jg., Nr. 33 (6. Sept. 1918), S. 168.

Paul Leppin: "Schriftstellerkolonien VIII: Prag". In: *Das literarische Echo* 21. Jg., H. 5 (1. Dez. 1918), S. 273-276.

Ludwig Winder: "Prag als 'Stoff'". In: *Deutsche Zeitung Bohemia* 91. Jg., Nr. 18 (19. Jan. 1918), S. 3.

Oskar Wiener: "Zum Geleit". In: *Deutsche Dichter aus Prag*. Ein Sammelbuch. Hrsg. und eingeleitet von Oskar Wiener. (Wien, Leipzig 1919), S. 5-9.

Rudolph Wolkan: "Die deutsche Literatur Böhmens". In: *Deutschböhmen*. Hrsg. unter Mitwirkung von Alfons Dopsch, Adolf Hauffen [u.a.] von Rudolph Lodgman. (Berlin 1919), S. 133-177.

Karl Franz Leppa: "Heimatdichtung in Böhmen, Mähren und Schlesien. (Eine Übersicht)". In: *Böhmerlandjahrbuch für Volk und Heimat*. Hrsg. von Otto Kletzl. (Eger 1920), S. 20-22.

Otto Pick: "Deutsche Erzähler aus der Tschechoslowakei". [Einleitung zu:] *Deutsche Erzähler aus der Tschechoslowakei*. Ein Sammelbuch. Hrsg. und eingeleitet von Otto Pick. (Reichenberg, Prag, Leipzig, Wien 1922), S. VII-XV; wiederabgedruckt unter dem Titel: "Über deutsche Dichtung in der Tschechoslowakei". In: *Die Provinz* (Karlsbad), 1. Jg., H. 7/8 (Okt. 1924), S. 204-208. [Vgl. dazu weiter unten die Rez. des Bandes von Paul Kisch in der *Deutschen Zeitung Bohemia* vom 8. Feb. 1923]

Ernst Weiß, Paul Kornfeld, Gustav Meyrink: "Prag als Literaturstadt". In: *Prager Tagblatt* 47. Jg., Nr. 127 (2. Juni 1922), S. 6.

Franz Werfel: "Prag als Literaturstadt". In: *Prager Tagblatt* 47. Jg., Nr. 128 (3. Juni 1922), S. 6.

Paul Kisch: "Deutsche Erzähler aus der Tschechoslowakei". In: *Deutsche Zeitung Bohemia* 96. Jg., Nr. 31 (8. Feb. 1923), S. 3f.

Gustav Haas: "Prag in der deutschen Dichtung der Gegenwart". In: *Der Auslanddeutsche.* Halbmonatsschrift für Auslanddeutschtum und Auslandkunde, 6. Jg., Nr. 24 (Dez. 1923), S. 689-691.

Max Brod: "Verkehr mit Dichtern". In: *Prager Tagblatt* 49. Jg., Nr. 298 (21. Dez. 1924), S. 17.

Paul Leppin: "Prager Literatur vor drei Jahrzehnten". In: *Prager Presse* 4. Jg., Nr. 261, Morgen-Ausg. (21. Sept. 1924), Beilage: "Dichtung und Welt", Nr. 38, S. IIf.

Karl Schluderpacher (Hrsg.): *Prager Theaterbuch.* Gesammelte Aufsätze über Deutsche Bühnenkunst. (Prag 1924).

Wilhelm Szegeda: *Südmährisches Schrifttum.* Eine literarhistorische Darstellung. (Znaim 1924).

Der Vorhof. Ein Führer zum guten Buch. 3. Jg., H. 3 (März 1925). ["Böhmerlandheft"]

Rudolf Wolkan: *Geschichte der deutschen Literatur in Böhmen und in den Sudetenländern.* (Augsburg 1925).

Albert Soergel: *Dichtung und Dichter der Zeit.* Neue Folge. Im Banne des Expressionismus. (Leipzig 1926).

Sudetendeutsche Lebensbilder. Im Auftrage der Deutschen Gesellschaft der Wissenschaften und Künste für die Tschechoslowakische Republik hrsg. von Erich Gierach. 3 Bde. (Reichenberg 1926-1934). Darin: "Deutsche Dichter", Bd. 1, S. [91]-145; "Dichter und Schriftsteller", Bd. 2, S. [55]-130; "Dichter und Schriftsteller", Bd. 3, S. [59]-100.

Otto Pick: "Deutsche Dichter in Brünn und im mährischen Gebiet". In: *Prager Presse* 7. Jg., Nr. 333 (4. Dez. 1927), Beilage: "Brünn, die Hauptstadt von Mähren", S. 12.

Ludwig Winder: "Prager Autoren". In: *Deutsche Zeitung Bohemia* 100. Jg., Nr. 19 (23. Jan. 1927), S. 14.

Karl Essl: *Das sudetendeutsche Schrifttum vom 17. Jahrhundert bis zur Gegenwart.* (Prag, Reichenberg 1928). (=Sammlung gemeinnütziger Vorträge, Nr. 603/04)

Josef Gajdeczka: *Literarischer Führer durch das Schaffen Deutsch-Mährischer Dichter und Schriftsteller.* (Brünn o.J. [1928]).

Josef Mühlberger: "Darstellungen deutscher Dichtung". In: *Witiko.* Zeitschrift für Kunst und Dichtung, 1. Jg., H. 3 (Juni 1928), S. 251-253.

Josef Mühlberger: "Die sudetendeutsche Dichtung der letzten Jahre". In: *Die Literatur.* Monatsschrift für Literaturfreunde, 31. Jg. (Okt. 1928/Okt. 1929), S. 456-458.

Josef Nadler: *Literaturgeschichte der deutschen Stämme und Landschaften.* IV. Bd.: Der deutsche Staat. (1814-1914). Erste und zweite Aufl. (Regensburg 1928). [Darin: 'Die Sudetendeutschen', S. 879-896]

Josef Nadler: "Schrifttum". In: *Von deutscher Kultur in der Tschechoslowakei.* Aus Anlaß der Ausstellung für zeitgenössische Kultur in Brünn 1928. Der deutsche Ausstellungsausschuß. Schriftleitung und Ausstattung: Otto Kletzl. (Kassel-Wilhelmshöhe 1928), S. 27-34.

Johannes Urzidil: "Deutsche Literatur in der Tschechoslowakei". In: *Deutsche Zeitung Bohemia* 101. Jg., Nr. 257 (28. Okt. 1928), S. 34.

Friedrich Adler: "Prager deutsche Dichter". In: *Urania.* Monatsschrift für moderne Bildungspflege (Prag), 6. Jg., H. 2 (Feb. 1929), S. 29-31.

Vojtěch Jirát: "Písemnictví československých Němců". [Das Schrifttum der tschechoslowakischen Deutschen]. In: *Národní listy* (15. Sept. 1929), S. 14.

Josef Mühlberger: *Die Dichtung der Sudetendeutschen in den letzten fünfzig Jahren.* (Kassel-Wilhelmshöhe 1929).

Josef Mühlberger: "Junge Dichtung. Zum Geleit". In: *Witiko*. Zeitschrift für Kunst und Dichtung, 2. Jg. (1929), H. 4, S. 177f.

Otto Pick: "Zwanzig Jahre deutsches Schrifttum in Prag". In: *Witiko*. Zeitschrift für Kunst und Dichtung, 2. Jg., H. 3 (Juni 1929), S. 116-120.

Karl Schluderpacher (Hrsg.): *Prager Theaterbuch 1930*. Gesammelte Aufsätze und Dichtungen. Hrsg. von Karl Schluderpacher. Redigiert von Hanne Fischer. Künstlerische Ausstattung und Karikaturen von Georg Jilovsky. (Prag 1929).

Pavel Eisner: *Milenky*. Německý básník a česká žena. [Die Geliebten. Deutsche Dichter und die tschechische Frau]. (Praha 1930).

Jan Krejčí: *Německá literatura v ČSR*. [Deutsche Literatur in der ČSR]. (Praha 1930).

Josef Mühlberger: "Deutschböhmische Dramatiker. Ein Überblick". In: *Prager Theaterbuch 1930*. Gesammelte Aufsätze und Dichtungen. Hrsg. von Karl Schluderpacher. (Prag 1930), S. 101-105.

Johannes Urzidil: "Die Lage des deutschen Schrifttums in der Tschechoslowakei". In: *Der Schriftsteller*. Zeitschrift des Schutzverbandes deutscher Schriftsteller (Berlin), 18. Jg., H. 3 (März 1930), S. 1-4; nachgedruckt in leicht veränderter Fassung in: *Die Wahrheit* (Prag), IX. Jg., Nr. 7 (1. April 1930), S. 5f.

Johannes Urzidil: "Die literarische Situation des Sudetendeutschtums (Antwort an E.G. Kolbenheyer)". In: *Der Schriftsteller*. Zeitschrift des Schutzverbandes deutscher Schriftsteller (Berlin), 18. Jg., H. 5 (Mai 1930), S. 5f.

Gustav Meyrink: "Die dämonische Stadt". In: *Praha/Prague*. Zusammengestellt von A. Ellner. (Prag 1931), S. 109-113.

Josef Mühlberger: "Geist und Wesen der sudetendeutschen Dichtung". In: *Ringendes Volkstum*. Vom sudetendeutschen Wesen. Hrsg. von Karl Franz Leppa und Josef Mühlberger. (Karlsbad-Drahowitz, Leipzig, Wien 1931), S. 208-214.

Otto Pick: "Německá literatura v ČSR". [Deutsche Literatur in der ČSR]. In: *Ottův slovník naučný nové doby*. Teil I/II. (Praha 1931), S. 1272-1275.

Karl Hans Strobl: *Prag*. Geschichte und Leben einer Stadt. (Prag 1931).

Pavel Eisner: "Německá literatura na půdě ČSR. od roku 1848 do našich dnů". [Die deutsche Literatur im Gebiet der ČSR von 1848 bis heute]. In: *Československá vlastivěda*. Díl VII. Pod protektorátem Masarykovy akademie práce. (Praha 1933), S. 325-377.

Oskar Frankl: "Von deutscher Kultur in der Tschechoslowakischen Republik. Festschrift zur Eröffnung des neuen Urania-Hauses, Prag, 31. Oktober 1933". In: *Urania*. Monatsschrift für moderne Bildungspflege (Prag), 10. Jg., Nr. 5/10 (Mai 1933), S. 1-79.

Herbert Cysarz: "Lebensfragen des sudetendeutschen Schrifttums". In: *Dichtung und Volkstum*. Neue Folge des Euphorion. Zeitschrift für Literaturgeschichte, 35. Jg. (1934), H. 3, S. 323-348.

Vojtěch Jirát: "Písemnictví československých Němců". [Das Schrifttum der tschechoslowakischen Deutschen]. In: *Dvacáté století*. Díl VII. (Praha 1934), S. 123-126.

Josef Mühlberger: "Der deutsche Dichter im Grenzland". In: *Das deutsche Wort*. Die literarische Welt, 10. Jg., N.F.: 2. Jahr, Nr. 48 (23. Nov. 1934), Beiblatt: "Das lebendige Buch", S. 1.

Wilhelm Szegeda: *Tschechoslovakische und deutsche Literaturgeschichte der böhmischen Länder und der Slovakei mit ihren hauptsächlichsten Vertretern*. 2. Aufl. (Brünn, o.J. [1934]).

Herbert Cysarz: "Sudetendeutscher Längsschnitt". In: *Der Ackermann aus Böhmen.* Monatschrift für das geistige Leben der Sudetendeutschen. Geleitet von Hans Watzlik und Karl Franz Leppa. 3. Jg. (1935), S. 252-258.

Fritz Koberg: "Sudetendeutsche Dichtung der Gegenwart". In: *Die Zeit* (Prag). Wochenzeitung für Politik, Handel, Wirtschaft und Kultur (25. Dez. 1935), S. 21.

Thomas Mann: "Gruß an Prag". In: *Prager Tagblatt* 60. Jg., Nr. 18 (22. Jan. 1935), S. 3; wiederabgedruckt in: Georg Wenzel (Hrsg.): *Vollendung und Größe Thomas Manns.* (Halle/Saale 1967), S. 124-126.

Wilhelm Pleyer: "Noch einmal: Der deutsche Dichter im Grenzland". In: *Das deutsche Wort.* Die literarische Welt, 11. Jg., N.F.: 3. Jahr, Nr. 1 (2. Jan. 1935), S. 12.

Oskar Frankl (Hrsg.): *Der deutsche Rundfunk in der Tschechoslowakischen Republik.* Zum 20jährigen Bestand der Prager "Urania" im Namen des Volksbildungshauses "Urania" in Prag und mit Unterstützung der tschechoslowakischen Rundfunkgesellschaft. (Prag o.J. [1937]).

Eduard Castle (Hrsg.): *Deutsch-österreichische Literaturgeschichte.* 4 Bde. (Wien 1899-1937).

Herbert Cysarz: "Die großen Themen der sudetendeutschen Schrifttumsgeschichte. Durchblick und Ausblick". In: *Das Sudetendeutschtum.* Sein Wesen und Werden im Wandel der Jahrhunderte. Festschrift zur 75jahrfeier des Vereins für Geschichte in Böhmen. 1. Aufl. (Brünn 1937[-1938]), S. [529]-559.

Karl Kreisler, Joseph Peschek, Eduard Castle: "Das literarische Schaffen in den Ländern: Mähren und Schlesien". In: *Deutsch-österreichische Literaturgeschichte.* Hrsg. von Eduard Castle. Bd. 4: 1890-1918. (Wien 1937), S. 1359-1390.

Josef Mühlberger: "Das literarische Schaffen in den Ländern: Böhmen". In: *Deutsch-österreichische Literaturgeschichte.* Hrsg. von Eduard Castle. Bd. 4: 1890-1918. (Wien 1937), S. 1330-1359.

Frank Warschauer (Hrsg.): *Prag heute*. Unter Mitarbeit von Marguerite Gilberte Douhaerdt, Paul Eisner, Otokar Fischer, Willy Haas, A.J. Patzaková, Ernst Renaud. (Prag 1937).

Eduard Frank: *Das Schrifttum der Sudetendeutschen*. (Karlsbad-Drahowitz und Leipzig 1938).

Richard Rosenheim: *Die Geschichte der Deutschen Bühnen in Prag 1883-1918*. Mit einem Rückblick 1783-1883. (Prag 1938).

Adalbert Schmidt: *Die sudetendeutsche Dichtung der Gegenwart*. (Reichenberg 1938).

Eduard Beneš: "Slezská literatura". [Die schlesische Literatur]. In: *Ottův slovník naučný nové doby*. Teil V/II. (Praha 1939), S. 1335f.

Vojtěch Jirát: "Praha v zrcadle německého písemnictví". [Prag im Spiegel des deutschen Schrifttums. Nachwort zu:] *Pražské motivy*. Výbor z německých novel o Praze. Uspořádal a přeložil Ladislav Drůbek. [Prager Motive. Auswahl aus deutschen Novellen über Prag. Ausgewählt und übersetzt von Ladislav Drůbek]. (Praha 1940), S. 223-228.

Elisabeth Darge: "Die Sudeten in ihrer Bedeutung für das deutsche Schrifttum". In: *Die Literatur*. Monatsschrift für Literaturfreunde, 43. Jg. (1940/41), S. 61-63.

Otto Lehovec: *Prag*. Eine Stadtgeographie und Heimatkunde. (Prag 1944).

G.A. List (d.i. Ludwig Winder): "Die Aufgabe des Deutschböhmischen Schriftstellers". In: *Einheit* (London), VI. Jg., Nr. 8 (21. April 1945), S. 22f.

G[erhard] Eis: "Aufgaben der sudetendeutschen Literaturgeschichtsforschung". In: *Stifter-Jahrbuch* [1] (1949), S.9-22.

Adalbert Schmidt: "Vom sudetendeutschen Schrifttum". In: Wilhelm Pleyer (Hrsg.): *Wir Sudetendeutschen.* (Salzburg 1949), S. 261-282. (=Heimat im Herzen)

Ernst Schremmer: "Das Schrifttum der Sudetendeutschen". In: *Die Deutschen in Böhmen und Mähren.* Ein historischer Rückblick. Hrsg. von Helmut Preidel. (Gräfelfing bei München 1950), S. 178-194.

Heinz Politzer: "Prague and the Origins of Rainer Maria Rilke, Franz Kafka, and Franz Werfel". In: *Modern Language Quarterly* 16. Jg. (1955), S. 49-62. [Deutsche Neufassung unter dem Titel "Dieses Mütterchen hat Krallen. Prag und die Ursprünge Rainer Maria Rilkes, Franz Kafkas und Franz Werfels". In: *Literatur und Kritik* 9. Jg. (1974), H. 81, S. 15-33.]

Franz Carl Weiskopf: "Das Prager Erbe". In: F.C. Weiskopf: *Literarische Streifzüge.* (Berlin 1956), S. 233f.

Norbert Frýd: "Die deutschen Dichter Prags. Vom Ende einer Insel. Dem Andenken F. C. Weiskopfs gewidmet". In: *Im Herzen Europas* (Prag), 2. Jg., Nr. 3 (März 1959), S. 4-6.

Herbert Cysarz: "Vom Prager Geistesleben der jüngsten Jahrzehnte. 1. Aktuelle Vergangenheit, 2. Die deutsche Universität, 3. Literarisches Schaffen seit dem Naturalismus". In: *Sudetenland.* Böhmen, Mähren, Schlesien. Vierteljahresschrift für Kunst, Literatur, Wissenschaft und Volkstum, 2. Jg. (1960), H. I, S. 7-11; H. II, S. 88-93; H. IV, S. 262-269.

Eduard Goldstücker: "Předtucha zániku. K profilu pražské německé poezie před půl stoletím". [Vorahnung des Untergangs. Zum Profil der Prager deutschen Dichtung vor einem halben Jahrhundert]. In: *Plamen.* Měsíčník pro literaturu, umění a život (Praha), 2. Jg. (1960), Nr. 9, S. 92-96.

Herbert Cysarz: *Prag im deutschen Geistesleben.* Blicke durch ein Jahrtausend. (Mannheim-Sandhofen 1961). (=Schriftenreihe der Künstlergilde, Bd. 1)

Wilhelm Formann: *Sudetendeutsche Dichtung heute.* (München 1961).

Hans Tramer: "Die Dreivölkerstadt Prag". In: *Robert Weltsch zum 70. Geburtstag* von seinen Freunden. Hrsg. von Hans Tramer u. Kurt Löwenstein. (Tel Aviv 1961), S. 138-203.

Ludwig Eichholz: "Das Sudetendeutschtum im Spiegel seiner Zeitschriften (1918-1938)". In: *Sudetenland.* Böhmen, Mähren, Schlesien. Vierteljahresschrift für Kunst, Literatur, Wissenschaft und Volkstum, 4. Jg. (1962), H. I, S. 51-62.

Eduard Goldstücker: "Das deutsche literarische Prag vor dem Ersten Weltkrieg". In: *Herder-Blätter.* Faksimile-Ausgabe zum 70. Geburtstag von Willy Haas. (Hamburg 1962), S. XIII-XV.

Eduard Goldstücker: "Zum Profil der Prager deutschen Dichtung um 1900". In: *Philologica Pragensia* 5. Jg., H. 3 (Juli 1962), S. 130-135.

Leo Brod: "Prager Piaristen-Schule". In: *Im Herzen Europas* (Prag), 6. Jg., Nr. 12 (Dez. 1963), S. 6-8.

Eduard Goldstücker: "Die Prager deutsche Literatur". In: *Egon Erwin Kisch / F.C. Weiskopf.* Leben und Werk. Hrsg. vom Kollektiv für Literaturgeschichte im volkseigenen Verlag Volk und Wissen. (Berlin 1963), S. 6-18. (=Schriftsteller der Gegenwart, 11)

Viktor Karell: *Die Dichter des Böhmerwaldes.* Von Adalbert Stifter bis zur Gegenwart. (Laundau/Isar o.J. [1963]).

Rudolf Mattausch: "Die deutsche Literatur in Böhmen, Mähren und Schlesien als kulturgeschichtliches Problem". In: *Königsteiner Blätter* 9. Jg. (1963), S. 57-74.

Gertrude von Schwarzenfeld: "Prag als Esoterikerzentrum von Rudolf II. bis Kafka". In: *Antaios.* Zeitschrift für eine freie Welt, 4. Jg. (1963), S. 341-355.

Leo Brod: "Životní osudy Kafkových přátel". [Lebensschicksale von Freunden Kafkas]. In: *Věstník židovských náboženských obcí v Československu* 26. Jg. (1964), Nr. 10, S. 9.

Max Brod: "Aus Kafkas Freundeskreis". In: *Wort in der Zeit*. Österreichische Literaturzeitschrift, 10. Jg., H. 6 (Juni 1964), S. 4-7.

Max Brod: "Prag 1920-1930 und seine Schriftsteller". In: *Tribüne*. Zeitschrift zum Verständnis des Judentums, 3. Jg. (1964), S. 969-974.

Kurt Krolop: "Ein Manifest der 'Prager Schule'". In: *Philologica Pragensia* 7. Jg. (1964), H. 4, S. 329-336.

Eduard Goldstücker: *Über die Prager Literatur am Anfang des 20. Jahrhunderts*. (Dortmund 1965). (=70. Heft in der Reihe Dortmunder Vorträge. Hrsg. vom Kulturamt der Stadt Dortmund)

František Kautman: "Pražská německá literatura". [Die Prager deutsche Literatur]. In: *Literární noviny*. Kulturně politicky týdenik (Praha), 14. Jg. (1965), H. 48, S. 4.

Pavel Trost: "O pražské německé literatuře XX. století". [Über die Prager deutsche Literatur des XX. Jahrhunderts]. In: *Literární noviny*. Kulturně politicky týdenik (Praha), 14. Jg. (1965), H. 49, S. 1.

Johannes Urzidil: *Prag als geistiger Ausgangspunkt*. Ansprache zum 80sten Geburtstage von Erich von Kahler. Gehalten im Leo Baeck Institut, New York am 21sten Oktober 1965. (New York 1965).

George C. Avery: "Conference on German Literature in Prague". In: *The German Quarterly* 39. Jg., Nr. 2 (March 1966), S. 266f.

Max Brod: *Der Prager Kreis*. (Stuttgart, Berlin, Köln, Mainz 1966).

Literarhistorische und allgemeine Darstellungen

Václav Černý: *Rainer Maria Rilke, Prag, Böhmen und die Tschechen*. Aus dem Tschechischen von Jaromír Povejšil und Gitta Wolfová. (Prag 1966).

Leoš Houska u. Josef Poláček: "Konferenz über die Prager Deutsche Literatur". In: *Philologica Pragensia* 9. Jg. (1966), H. 2, S. 198-203.

Leoš Houska: "Pražská německá literatura". [Die Prager deutsche Literatur]. In: *Plamen*. Měsíčník pro literaturu umění a život (Praha), 8. Jg. (1966), H. 1, S. 162f.

Kurt Krolop: "Hinweis auf eine verschollene Rundfrage: 'Warum haben Sie Prag verlassen?'". In: *Germanistica Pragensia* IV (1966), S. 47-64. (=Acta Universitatis Carolinæ, Philologica 5)

Kurt Krolop: "Zur Geschichte und Vorgeschichte der Prager deutschen Literatur". In: *Literatur und Kritik* 1. Jg., H. 2 (Mai 1966), S. 1-14.

Pavel Reiman: "Pražská německá literatura. Společenství boje proti hrozbě fašismu". [Die Prager deutsche Literatur. Kampfgemeinschaft gegen die faschistische Drohung]. In: *Nová mysl* (Praha), 20. Jg. (1966), H. 3, S. 16-18.

Dieter Schlenstedt: "Konferenz über Prager deutsche Literatur". In: *Weimarer Beiträge*. Zeitschrift für Literaturwissenschaft, 12. Jg. (1966), H. 1, S. 105-109.

Jiří Veselý: "Arbeitstagung über Probleme der Deutschen Literaturgeschichte in Prag". In: *Philologica Pragensia* 9. Jg. (1966), H. 1, S. 61-63.

Weltfreunde. Konferenz über die Prager deutsche Literatur. Red.: Eduard Goldstücker, Alois Hofman, Paul Reimann. (Prag 1967).

Dagmar Eisnerová: "Der Weg aus der Einsamkeit". In: *Weltfreunde*. Konferenz über die Prager deutsche Literatur. Red.: Eduard Goldstücker, Alois Hofman, Paul Reimann. (Prag 1967), S. 177-182.

Literarhistorische und allgemeine Darstellungen

Götz Fehr u. Werner Neumeister: *Prag*. Geschichte und Kultur. Text von Götz Fehr. Fotos von Werner Neumeister. (Berlin 1967).

Eduard Goldstücker: "Die Prager deutsche Literatur als historisches Phänomen". In: *Weltfreunde*. Konferenz über die Prager deutsche Literatur. Red.: Eduard Goldstücker, Alois Hofman, Paul Reimann. (Prag 1967), S. 21-45.

Handbuch der Geschichte der böhmischen Länder. Hrsg. im Auftrag des Collegium Carolinum von Karl Bosl. 4 Bde. (Stuttgart 1967-1970).

Jenö Krammer: "Die Prager deutsche Literatur aus zeitgenössischer ungarischer Sicht". In: *Weltfreunde*. Konferenz über die Prager deutsche Literatur. Red.: Eduard Goldstücker, Alois Hofman, Paul Reimann. (Prag 1967), S. 171-175.

Kurt Krolop: "Zur Geschichte und Vorgeschichte der Prager deutschen Literatur des 'expressionistischen Jahrzehnts'". In: *Weltfreunde*. Konferenz über die Prager deutsche Literatur. Red.: Eduard Goldstücker, Alois Hofman, Paul Reimann. (Prag 1967), S. 47-96.

Friedrich Prinz: "Das kulturelle Leben (1867-1939) vom österreichisch-ungarischen Ausgleich bis zum Ende der Ersten Tschechoslowakischen Republik". In: *Handbuch der Geschichte der böhmischen Länder*. Hrsg. im Auftrag des Collegium Carolinum von Karl Bosl. Bd. 4: Der tschechoslowakische Staat im Zeitalter der modernen Massendemokratie und Diktatur. (Stuttgart 1967), S. 151-299.

Paul Reimann: "Die Prager deutsche Literatur im Kampf um einen neuen Humanismus". In: *Weltfreunde*. Konferenz über die Prager deutsche Literatur. Red.: Eduard Goldstücker, Alois Hofman, Paul Reimann. (Prag 1967), S. 7-19.

Dmitri Wladimirowitsch Satonski: "Zur gesellschaftlichen Situation der Prager deutschen Literatur". In: *Weltfreunde*. Konferenz über die Prager deutsche Literatur. Red.: Eduard Goldstücker, Alois Hofman, Paul Reimann. (Prag 1967), S. 183-186.

Elemír Terray: "Einige Bemerkungen zu den 'Herder-Blättern' und der Prager Avantgarde". In: *Weltfreunde.* Konferenz über die Prager deutsche Literatur. Red.: Eduard Goldstücker, Alois Hofman, Paul Reimann. (Prag 1967), S. 147-154.

Johannes Urzidil: "Der lebendige Anteil des jüdischen Prag an der neueren deutschen Literatur". In: *Bulletin des Leo Baeck Instituts* 10. Jg. (1967), S. 276-297.

Josef Mühlberger: *Der deutsche Beitrag Böhmens und Mährens zur Weltliteratur 1830-1930.* (Eichstätt 1968).

Harry Zohn: "Participation in German Literature". In: *The Jews of Czechoslovakia.* Historical Studies and Surveys. Volume I. (Philadelphia/New York 1968), S. 468-522.

Robert Muehlher: "Die Wiener und die Prager Literatur zwischen Jugendstil und 'Neuem Pathos'". In: Leo Kober (Red.): *Das Erscheinungsbild der österreichischen Gegenwartsdichtung.* (Symposion). (Wien, Stuttgart 1969), S. 51-65. (=Untersuchungen zur österreichischen Literatur des 20. Jahrhunderts, Bd. 3)

Hugo Rokyta: *Die böhmischen Länder.* Handbuch der Denkmäler und Gedenkstätten europäischer Kulturbeziehungen in den böhmischen Ländern. (Salzburg 1970).

William M. Johnston: *Österreichische Kultur- und Geistesgeschichte.* Gesellschaft und Ideen im Donauraum 1848-1938. Aus dem Amerikanischen übertr. von Otto Groham. (Wien, Köln, Graz 1972).

Josef Mühlberger: "Geist und Kunst". In: Josef Mühlberger: *Zwei Völker in Böhmen.* Beitrag zu einer nationalen, historischen und geistesgeschichtlichen Strukturanalyse. (München 1973), S. 173-195.

Pavel Trost: "O poslední německé literatuře pražské". [Über die letzte Prager deutsche Literatur]. In: *Acta Universitatis Palackianae Olomucensis 1973*, Germanistica Olomucensia III. (Praha 1973), S. 13-15.

Christoph Stölzl: *Kafkas böses Böhmen*. Zur Sozialgeschichte eines Prager Juden. (München 1975).

Reinhard Tgahrt: "Prager deutsche Literatur. Ein Umriß". In: *Rainer Maria Rilke 1875-1975*. Eine Ausstellung des Deutschen Literaturarchivs im Schiller-Nationalmuseum Marbach am Neckar. (Marbach 1975), S. [1]-8. (=Marbacher Katalog, Nr. 26)

Gertrude Urzidil: "Zur Quadratur des Prager Kreises". In: *Literatur und Kritik* 10. Jg., H. 99 (Okt. 1975), S. 528-536.

H[ans] G[ünther] Adler: "Die Dichtungen der Prager Schule". In: *Im Brennpunkt: ein Österreich*. 14 Beiträge auf der Suche nach einer Konstante. Hrsg. von Manfred Wagner. (Wien 1976), S. 67-98.

Karl Bosl: *Böhmen und seine Nachbarn*. Gesellschaft, Politik und Kultur in Mitteleuropa. (München, Wien 1976). (=Veröffentlichungen des Collegium Carolinum, 32)

Margarita Pazi: "Der 'Prager Kreis' – Judentum und zionistischer Gedanke". In: *Emuna Israel-Forum*. Vereinigte Zeitschriften über Israel und Judentum (1977), H. 2, S. 46-51.

Margarita Pazi: *Fünf Autoren des Prager Kreises*. (Frankfurt/Main, Bern, Las Vegas 1978). (=Würzburger Hochschulschriften zur neueren Deutschen Literaturgeschichte, 3)

Leo Brod: "Prag als literarischer Schauplatz". In: *Sudetenland*. Böhmen, Mähren, Schlesien. Vierteljahresschrift für Kunst, Literatur, Wissenschaft und Volkstum, 21. Jg. (1979), H. II, S. 129-133.

Götz Fehr: *Prag. Stadt an der Moldau*. Geschichte, Kunst, Kultur. (München 1979).

Christoph Stölzl: "Prag". In: *Kafka Handbuch*. Hrsg. von Hartmut Binder. Bd. 1: Der Mensch und seine Zeit. (Stuttgart 1979), S. 40-100.

Claudio Magris: "Prag als Oxymoron". In: *Neohelicon.* Acta comparationis litterarum universarum (Budapest, Amsterdam), 7. Jg. (1979/80), Bd. 2, S. 11-65.

Christa Helling: *Johannes Urzidil und Prag.* Versuch einer Interpretation. ([Udine] 1981). (=Università degli studi di Trieste, Facoltà di economia e commercio, Istituto di lingue straniere moderne. Pubbl. N. 7)

Peter Horwath: "The Erosion of 'Gemeinschaft': German Writers of Prague, 1890-1924". In: *German Studies Review* vol. 4, No. 1 (Feb. 1981), S. 9-37.

Josef Mühlberger: *Geschichte der deutschen Literatur in Böhmen* 1900-1939. (München, Wien 1981).

Karl Bosl: "Politik und Kultur in der Ersten Tschechoslowakischen Republik als gesellschaftlich-menschlich-literarisches Problem". In: *Kultur und Gesellschaft in der Ersten Tschechoslowakischen Republik.* Vorträge der Tagungen des Collegium Carolinum in Bad Wiessee vom 23. bis 25. November 1979 und vom 28. bis 30. November 1980. Hrsg. von Karl Bosl und Ferdinand Seibt. (München, Wien 1982), S. 15-35.

Peter Demetz: "Nachwort" zu *Alt-Prager Geschichten.* Gesammelt von Peter Demetz. (Frankfurt/Main 1982), S. 275-282.

Walter Heidrich: "Das deutschsprachige Theater in den böhmischen Ländern 1918-1938". In: *Kultur und Gesellschaft in der Ersten Tschechoslowakischen Republik.* Vorträge der Tagungen des Collegium Carolinum in Bad Wiessee vom 23. bis 25. November 1979 und vom 28. bis 30. November 1980. Hrsg. von Karl Bosl und Ferdinand Seibt. (München, Wien 1982), S. 79-96.

Claudio Magris: "Prag". In: *Deutsche Literatur.* Eine Sozialgeschichte. Hrsg. von Horst Albert Glaser. Bd. 8: Jahrhundertwende: Vom Naturalismus zum Expressionismus. 1880-1918. Hrsg. von Frank Trommler. (Reinbek bei Hamburg 1982), S. 277-286.

Angelo Maria Ripellino: *Magisches Prag*. Aus dem Italienischen von Pavel Petr. (Tübingen 1982).

Georg R. Schroubek: "Regionalismus und Nationalismus in der deutschböhmischen Literatur 1918-1938". In: *Kultur und Gesellschaft in der Ersten Tschechoslowakischen Republik*. Vorträge der Tagungen des Collegium Carolinum in Bad Wiessee vom 23. bis 25. November 1979 und vom 28. bis 30. November 1980. Hrsg. von Karl Bosl und Ferdinand Seibt. (München, Wien 1982), S. 63-77.

Jean-Pierre Danès: "Situation de la littérature allemande à Prague à l'époque de Kafka. Réflexions sur la théorie du triple ghetto". In: *Autour de Kafka*. Actes du congrès de Toulouse, 23-24 avril 1983. Association des germanistes de l'enseignement supérieur. (Toulouse 1983), S. 5-27.

Kurt Krolop: "Das 'Prager Erbe' und 'das Österreichische'". In: *Zeitschrift für Germanistik* (Leipzig), 4. Jg. (1983), S. 166-178.

Josef Mühlberger: "Der deutsche Beitrag Böhmens und Mährens zur Weltliteratur". In: *Sudetenland*. Böhmen, Mähren, Schlesien. Vierteljahresschrift für Kunst, Literatur, Wissenschaft und Volkstum, 25. Jg. (1983), H. II, S. 100-112.

Gabriela Veselá: "Das Pragbild in der deutschsprachigen Prosa in Böhmen um die Jahrhundertwende". In: *Jahrbuch DDR-ČSSR 1982/83*. (Prag 1983), S. 187-214.

J. Eduard Alexy, Alfred Karasek, Josef Lanz: *Das deutsche Volksschauspiel in Böhmen, Mähren und der Slowakei*. T. 1-3. (Marburg 1984-86). (=Schriftenreihe der Kommission für Ostdeutsche Volkskunde in der Deutschen Gesellschaft für Volkskunde e.V., Bd. 30, 31, 36)

Jean-Pierre Danès: "Situation de la littérature allemande à Prague à l'époque de Kafka". In: *Études Germaniques* 39. Jg., H. 2 (Avril-Juin 1984), S. 119-139.

Jean-Pierre Danès: "Prague et les écrivains pragois du dèbut du siècle". In: *Les Valenciennes* Nr. 10 (Ecritures de la ville dans les lettres allemandes du XXé siècle), Presses Universitaires de Valenciennes 1985, S. 57-70.

Simona Brolsma-Stancu: "Der Prager Golem, ein Polygänger". In: *Kontroversen, alte und neue*. Akten des 7. Internationalen Germanisten-Kongresses, Göttingen 1985, Bd. 5. Hrsg. von Albrecht Schöne. (Tübingen 1986), S. 187-195.

Luisa Valentini: "Prag zu Beginn unseres Jahrhunderts" und "Willy Haas und seine Generation". In: Luisa Valentini: *Willy Haas*. Der Zeuge einer Epoche. [Aus dem Italienischen von Herta Haas]. (Frankfurt/Main, Bern, New York 1986), S. 15-32 bzw. S. 33-70. (=Europäische Hochschulschriften, Reihe 1: Deutsche Sprache und Literatur, Bd. 909)

Gabriela Veselá: "Das Rudolfinische Prag in der deutschsprachigen Literatur um die Jahrhundertwende". In: *Philologica Pragensia* 29. Jg. (1986), S. 131-142.

Jiří Veselý: "Zur nationalen und sozialen Problematik in der deutschsprachigen mährischen Literatur". In: *Philologica Pragensia* 29. Jg. (1986), S. 118-131.

Marino Freschi (Hrsg.): *Saggi di Letteratura Praghese*. (Napoli 1987).

Marketa Goetz-Stankiewicz: "Prague: The City at the Crossroads as a Prototype of 'Heimat'". In: *Der Begriff der "Heimat" in der deutschen Gegenwartsliteratur. The Concept of "Heimat" in Contemporary German Literature*. Hrsg. von Helfried W. Seliger. (Minden 1987), S. 225-237.

Margarita Pazi: "Franz Kafka, Max Brod und der 'Prager Kreis'". In: *Franz Kafka und das Judentum*. Hrsg. von Karl Erich Grözinger, Stéphane Mosès, Hans Dieter Zimmermann. (Frankfurt/Main 1987), S. 71-92.

Heinz Schlaffer: "Kulturelle Bedingungen der deutschsprachigen Prager Literatur". In: Marino Freschi (Hrsg.): *Saggi di Letteratura Praghese*. (Napoli 1987), S. 55-67.

Jürgen Serke: *Böhmische Dörfer*. Wanderungen durch eine verlassene literarische Landschaft. (Wien, Hamburg 1987).

Erik Mossel: *Literaire gids van Praag*. (Schoten: Hadewijch, 1988).

Prag. Ein Lesebuch. Hrsg. und mit einem Nachwort versehen von Jana Halamíčková. (Frankfurt/Main 1988). (=insel taschenbuch 994)

Friedrich Prinz: *Geschichte Böhmens 1848-1948*. (München 1988).

Jiří Veselý: "Bemerkungen zur Geschichtsschreibung deutschsprachiger Literatur der Tschechoslowakei". In: *brücken*. Germanistisches Jahrbuch DDR-ČSSR 1987/88. (Prag 1988), S. 96-102.

Drehscheibe Prag. Deutsche Emigranten. Staging Point Prague. German Exiles 1933-1939. 27.1.-15.3.1989 München, Sudetendeutsches Haus, 22.9.-5.11.1989 Regensburg, Museum Ostdeutsche Galerie. Eine Ausstellung des Adalbert Stifter Vereins (Hrsg.), München. An Exhibition organized by the Adalbert Stifter Society of Munich. [Texte: Peter Becher]. (München 1989).

Rolf Geißler: "Zur Lesart des magischen Prag (Perutz, Meyrink, Kafka)". In: *Literatur für Leser* 1989, S. 159-178.

Diether Krywalski: "Die deutsche Prager Literatur nach der Jahrhundertwende. Gedanken zu einem Vermittlungsmodell über den Beginn der Moderne". In: *Sudetenland*. Böhmen, Mähren, Schlesien. Vierteljahresschrift für Kunst, Literatur, Wissenschaft und Volkstum, 31. Jg. (1989), H. III, S. 229-235 u. H. IV, S. 314-331.

Prager deutschsprachige Literatur zur Zeit Kafkas. Hrsg: Österreichische Franz Kafka-Gesellschaft, Wien-Klosterneuburg. (Wien 1989). (=Schriftenreihe der Franz Kafka-Gesellschaft, Bd. 3)

Ritchie Robertson: "National Stereotypes in Prague German Fiction". In: *Colloquia Germanica* Bd. 22 (1989), S. 116-136.

Herbert Zeman (Hrsg.): *Die österreichische Literatur*. Ihr Profil von der Jahrhundertwende bis zur Gegenwart (1880-1980). 2 Teile. (Graz 1989). (=Die österreichische Literatur. Eine Dokumentation ihrer literarhistorischen Entwicklung)

Michael Berger: "Im Schatten des 'Prager Kreises'. Fünf Anmerkungen zu einem vernachlässigten Kapitel germanistischer Literaturgeschichtsschreibung". In: *Stifter Jahrbuch* Neue Folge 5 (1991). Hrsg. vom Adalbert Stifter Verein, München. (München 1991), S. 131-139.

Berlin und der Prager Kreis. Hrsg. von Margarita Pazi und Hans Dieter Zimmermann. (Würzburg 1991).

Jürgen Born: "'Insel' und 'Treibhaus': Sprachbilder zur Kennzeichnung der Prager deutschen Literatur". In: *Prager deutschsprachige Literatur zur Zeit Kafkas*. Kafka-Symposion 1989 Klosterneuburg. Hrsg.: Österreichische Franz Kafka-Gesellschaft, Wien-Klosterneuburg. (Wien 1991), S. 18-26. (=Schriftenreihe der Franz Kafka-Gesellschaft, Bd. 4)

Margarita Pazi: "Deutsche Literatur in Prag um 1900". In: *Unerkannt und (un)bekannt*. Deutsche Literatur in Mittel- und Osteuropa. Hrsg. von Carola L. Gottzmann. (Tübingen 1991), S. 159-179.

Prager Profile. Vergessene Autoren im Schatten Kafkas. Hrsg. von Hartmut Binder. (Berlin 1991).

Joseph Peter Stern: "Die Fremde vor der Haustür. Über Prager deutsche Literatur". In: *Merkur*. Deutsche Zeitschrift für europäisches Denken, 45. Jg., H. 1 (Januar 1991), S. [1]-10.

Erwin Tramer: "'Paradoxe Talente – unerhörte Geheimnisse'. Notizen zum letzten Deutschen Dichterkreis in Prag". In: *Literatur in Bayern*. Vierteljahresschrift für Literatur, Literaturkritik und Literaturwissenschaft, 11. Jg. (November 1991), S. 47-51.

2. Literarische Vereinigungen und Treffpunkte Prags

Alfred Klaar: "Das deutsche Prag". In: *Deutsche Arbeit in Böhmen*. Hrsg. von Hermann Bachmann. (Berlin 1900), S. 447-466.

52.-74. Bericht der Lese- und Redehalle der deutschen Studenten in Prag. (Prag 1901-1926). [Erschien jährlich]

Festschrift anläßlich des 15jährigen Bestandes der "Germania". (Prag 1907).

Hugo Bergmann: "Bar Kochba (Zum dreißigsemestrigen Stiftungsfest des Vereins 'Bar Kochba' 18. Jan. 1908)". In: *Selbstwehr* 2. Jg., Nr. 3 (17. Jan. 1908), S. 2f.

Viktor Ruß: "Die Lese- und Redehalle der deutschen Studenten in Prag". In: *Neue Freie Presse* Nr. 15, Morgenblatt (27. Nov. 1908), S. 3f.

W[ilhelm] K[lein]: "Das erste Kaffeehaus in Prag". In: *Prager Tagblatt* 33. Jg., Nr. 268 (28. Sept. 1909), Morgen-Ausgabe, S. 3f.

Friedrich Adler: "Zur Geschichte der Lese- und Redehalle der deutschen Studenten in Prag". In: *Deutsche Arbeit*. Monatschrift für das geistige Leben der Deutschen in Böhmen, IX. Jg., H. 9 (Juni 1910), S. 545-548.

"Das studentische Vereinswesen". In: *Prag als deutsche Hochschulstadt*. Hrsg. vom Ortsrat Prag des deutschen Volksrates für Böhmen. (Prag 1911 [1910]), S. 42-44.

Gustav Haas: "Das geistige Leben der 'Bohemia'". In: *U.O.B.B. IV. 430. Der israel. Humanitätsverein 'Bohemia'*. Festschrift anläßlich des zwanzigjährigen Bestandes. 1893-1913. Hrsg. von Dr. Ernst Rychnovsky. (Prag 1913), S. 99-118.

Richard Katz: "Im Prager Literaten-Café." In: *Prager Tagblatt* 43. Jg., Nr. 133, Morgen-Ausg. (11. Juni 1918), S. 3.

Karl Hans Strobl: "Prager Wirtshäuser". In: *Deutsche Hochschulzeitung* (Wien), 20. Mai 1922, S. 3f.

Anonym: "Prager Kaffeehäuser". In: *Deutsche Zeitung Bohemia* 96. Jg., Nr. 216 (16. Sept. 1923), S. 3f.

Festschrift der Lese- und Redehalle der deutschen Studenten in Prag anläßlich des 150semestrigen Stiftungsfestes 1848-1923. Prag: Lese- und Redehalle der deutschen Studenten, 1923.

Artur Hugo Löbl: "Das Gründungssemester der Lese- und Redehalle der deutschen Studenten in Prag". In: *Festschrift der Lese- und Redehalle der deutschen Studenten in Prag* anlässlich des 150semestrigen Stiftungsfestes 1848-1923. (Prag 1923), S. 19-34. [Unveränderter Abdruck aus der Festschrift zum 50jährigen Stiftungsfest 1898]

Johannes Urzidil: "Café 'Arco'". In: *Prager Tagblatt* 50. Jg., Nr. 284 (6. Dez. 1925), Beilage I "Dichtung und Erlebnis", S. 3f.

Josef Stern: "Ein Alt-Prager Literaten-Kaffeehaus. Café Europa". In: *Deutsche Zeitung Bohemia* 99. Jg., Nr. 124 (26. Mai 1926), S. 5.

Deutsche Gesellschaft der Wissenschaften und Künste für die Tschechoslowakische Republik: *August Sauers Kulturpolitische Reden und Schriften*. Im Auftrage der Deutschen Gesellschaft der Wissenschaften und Künste für die Tschechoslowakische Republik eingeleitet und herausgegeben von Josef Pfitzner. (Reichenberg i.B. 1928).

Anonym: "Das Café Edison". In: *Prager Presse* 9. Jg., Nr. 319 (24. Dez. 1929), S. 4.

L. Kreitner: "Abschied vom 'Montmartre'". In: *Prager Presse* 17. Jg., Nr. 328 (20. Nov. 1937), S. 6.

1848-1938. Festschrift zum 90jährigen Bestande der Lese- und Redehalle der deutschen Studenten in Prag. (Prag: Lese- und Redehalle, 1938). [Umschlagt.:] *Festschrift der Lese- und Redehalle der deutschen Studenten in Prag*.

Wolfgang Wolfram von Wolmar: *Prag und das Reich.* 600 Jahre Kampf deutscher Studenten. (Dresden 1943).

A. Bergmann: "Erinnerungen an die Bar-Kochba-Zeit". In: *Prag und Jerusalem.* Gedenkbuch für Hugo Bergmann. Hrsg. von Felix Weltsch. (Jerusalem 1954), S. 111-119. [hebräisch]

Friedrich Hölzlin: "Prager Theaterleben und prominente Gäste". In: *Prager Nachrichten* 5. Jg., Nr. 11/12 (November/Dezember 1954), S. 5f.

Friedrich Balthasar: "Café Opera Prag III". In: *Prager Nachrichten* 8. Jg., Nr. 11/12 (November/Dezember 1957), S. 5f.

Kurt Krolop: "Ein Manifest der 'Prager Schule'". In: *Philologica Pragensia* 7. Jg. (1964), H. 4, S. 329-336.

Max Brod: *Der Prager Kreis.* (Stuttgart, Berlin, Köln, Mainz 1966).

Eduard Frank: "Auguste Hauschner und ihr Kreis". In: *Sudetenland.* Böhmen, Mähren, Schlesien. Vierteljahresschrift für Kunst, Literatur, Wissenschaft und Volkstum, 10. Jg. (1968), H. III, S. 186-188.

Hans Demetz: "Der Prager Dichterkreis oder die Arco-Nauten". In: *Tiroler Tageszeitung* 27. Jg., Nr. 30 (6. Feb. 1971), S. 17.

Franz Glaser: "Der Sohn von Elektra, Wilson und Nizza". In: *Prager Nachrichten* 22. Jg., Nr. 1 (Jänner 1971), S. 3f.

Gertrude Urzidil: "Ein literarischer Stammtisch in Prag". In: *Neue Zürcher Zeitung* 193. Jg., Nr. 319 (22. Nov. 1973), Fernausgabe, S. 57.

N.O. Scarpi [d.i. Fritz Bondy]: "Von Kaffeehäusern". In: *N.O. Scarpi erzählt.* Von Feuilletons, von Shakespeare, Opern, Kulinarischem und anderem. (Zürich 1977), S. 83-86.

Antonín Slaviček: "Z dějin spolku 'Lese- und Redehalle der deutschen Studenten in Prag' v období 1848-1892". [Aus der Geschichte des Vereines "Lese- und Redehalle der deutschen Studenten in Prag" 1848-1892]. In: *Acta universitatis carolinae.* Historia universitatis carolinae pragensis, 17. Jg. (1977), Bd. XVII, S. 47-72.

Hartmut Binder: "Öffentliches Leben im deutschen Prag"; "Die Prager Literaturszene um 1900"; "Das kulturelle Leben"; "Der Bar-Kochba"; "Franz Werfel und sein Kreis". In: *Kafka Handbuch.* Hrsg. von Hartmut Binder. Bd. 1: Der Mensch und seine Zeit. (Stuttgart 1979), S. 70-95; S. 262-265; S. 280-289; S. 370-376; S. 401-403.

Karl Heinz Jähn (Hrsg.): *Das Prager Kaffeehaus.* Literarische Tischgesellschaften. (Berlin/Ost 1988).

Hartmut Binder: *Wo Kafka und seine Freunde zu Gast waren.* Eine Typologie des Prager Kaffeehauses. Mit 31 historischen Abbildungen. Dortmund: Museum für Kunst und Kulturgeschichte der Stadt Dortmund. (Dortmund 1991).

3. Beziehungen zwischen der deutschen und der tschechischen Literatur

Franz Spina: "Unser Verhältnis zur tschechischen Literatur. Bemerkungen zur deutsch-tschechischen Frage". In: *Deutsche Arbeit.* Monatschrift für das geistige Leben der Deutschen in Böhmen, IX. Jg., H. 7 (April 1910), S. 433-439.

Rudolf Illový: "Němečtí básníci pražští a Češi". [Deutsche Prager Dichter und Tschechen]. In: *Veřejné mínění* II. Jg., Nr. 8 (16. Nov. 1913), S. 2.

Otto Pick: "Die kulturelle Annäherung zwischen Deutschen und Čechen". In: *Union* (Prag), 44. Jg., Nr. 195 (15. Juli 1918), S. 2.

Paul Eisner: "Die Gorgo von Prag". In: *Slavische Rundschau* (Prag), 1. Jg., Nr. 1 (Januar 1929), S. 23-30.

Josef Mühlberger: "Bemerkungen zu dem Kapitel: Deutsch-tschechische Kulturbeziehungen". In: *Witiko.* Zeitschrift für Kunst und Dichtung, 2. Jg., H. 1 (Feb. 1929), S. 64f.

Otto Pick: "Deutsch-tschechisches Literaturschicksal". In: *Die Wahrheit* (Prag), VIII. Jg., Nr. 10 (15. Mai 1929), S. 8.

Franz Katholnigg: "Die tschechische Lyrik der Gegenwart und die Deutschen". In: *Tschechische und slowakische Studien.* Red. Ferdinand Liewehr. (Reichenberg 1930), S. 56-114.

Johannes Urzidil: "Die Lage des deutschen Schrifttums in der Tschechoslowakei". In: *Der Schriftsteller.* Zeitschrift des Schutzverbandes deutscher Schriftsteller (Berlin), 18. Jg., H. 3 (März 1930), S. 1-4. Nachgedruckt in: *Die Wahrheit* (Prag), IX. Jg., Nr. 7 (1. April 1930), S. 5f.

Wilhelm Szegeda: *Tschechoslovakische und deutsche Literaturgeschichte der böhmischen Länder und der Slovakei mit ihren hauptsächlichsten Vertretern.* 2. Aufl. (Brünn, o.J. [1934]).

Rudolf Fuchs: "Die tschechische und deutsche Dichtung in der Tschechoslowakei. Ein Vortrag". In: *Internationale Literatur* (Moskau), 6. Jg. (1936), H. 7, S. 107-119.

Vojtěch Jirát: "Kulturní styky česko-německé v minulosti". [Tschechisch-deutsche Kulturbeziehungen in der Vergangenheit]. In: *České slovo* (9. April 1936), S. 7.

Anton Willimek: *Die Gestalt des Tschechen im sudetendeutschen Roman seit 1918.* Diss. Deutsche Universität Prag. (Prag 1936).

Paul Eisner: "Zwei Literaturen und ein Argot". In: Frank Warschauer (Hrsg.): *Prag heute.* Unter Mitarbeit von Marguerite Gilberte Douhaerdt, Paul Eisner, Otokar Fischer, Willy Haas, A.J. Patzaková, Ernst Renaud. (Prag 1937), S. 33-47.

Paul Fürstenau: *Deutsche und Tschechen.* Die psychologischen Grundlagen der deutsch-tschechischen Verständigung. (Prag 1938).

Eugen Lemberg: "Der deutsche Anteil am Erwachen des tschechischen Volkes". In: *Die Deutschen in Böhmen und Mähren.* Ein historischer Rückblick. Hrsg. von Helmut Preidel. (Gräfelfing bei München 1950), S. 304-332.

Oskar Kosta: "Wege Prager deutscher Dichter zum tschechischen Volk". In: *Aufbau.* Kulturpolitische Monatsschrift, 14. Jg. (1958), S. 556-581.

Pavel Reiman: *Literární podobizny.* Z dějin českých a německých literárních vztahů. [Literaturporträts. Aus der Geschichte der tschechischen und deutschen Literaturbeziehungen]. (Praha 1961).

Paul Reimann: *Von Herder bis Kisch.* Studien zur Geschichte der deutsch-österreichisch-tschechischen Literaturbeziehungen. (Berlin 1961).

Manfred Jähnichen: "Zur Vermittlung und Aufnahme tschechischen Literaturgutes im deutschsprachigen Gebiet in der 2. Hälfte des 19. Jahrhunderts". In: *Zeitschrift für Slawistik* 7. Jg. (1962), S. 7-23.

Alois Schmaus: "Tschechisch-deutsche Literaturbeziehungen". In: *Deutsche Philologie im Aufriß*. Unter Mitarbeit zahlreicher Fachgelehrter hrsg. von Wolfgang Stammler. Bd. III. 2., überarb. Aufl. Unveränd. Nachdruck. (Berlin 1962), S. 504-524.

Anton Willimek: "Das Bild des Tschechen im sudetendeutschen Roman". In: *Sudetenland*. Böhmen, Mähren, Schlesien. Vierteljahresschrift für Kunst, Literatur, Wissenschaft und Volkstum, 4. Jg. (1962), H. I, S. 27-39.

Eduard Goldstücker: "Literatur in der Tradition des Humanismus. Kulturelle Beziehungen zwischen Tschechen und Deutschen". In: *Kommunität*. Vierteljahresschrift der Evangelischen Akademie Berlin, 8. Jg. (Januar 1964), S. 15-21.

Eduard Goldstücker: "Zur Geschichte der kulturellen Beziehungen zwischen Tschechen und Deutschen". In: *Deutsch-tschechoslowakische Beziehungen in Vergangenheit und Gegenwart*. Red. Dr. Horst Köpstein. (Leipzig 1964), S. 213f.

Pavel Reiman: "O vzájemných vztazích české a německé socialistické literatury v dvacátých a třicátých letech". [Die wechselseitigen Beziehungen der tschechischen und der deutschen Literatur der zwanziger und der dreißiger Jahre]. In: *Acta Universitatis Palachianæ*. Václavkova Olomouc 1962. (Ostrava 1964), S. 157-163.

B. Havránek und R. Fischer (Hrsg.): *Deutsch-tschechische Beziehungen im Bereich der Sprache und Kultur*. Aufsätze und Studien. (Berlin 1965). (=Abhandlungen der sächsischen Akademie der Wissenschaften zu Leipzig. Philologisch-historische Klasse, Bd. 57, H. 2)

Manfred Jähnichen: "Die Prager deutschen Dichter als Mittler tschechischer Literatur vor und während des 1. Weltkrieges". In: *Weltfreunde*. Konferenz über die Prager deutsche Literatur. Red.: Eduard Goldstücker, Alois Hofman, Paul Reimann. (Prag 1967), S. 155-170.

Manfred Jähnichen: *Zwischen Diffamierung und Widerhall*. Tschechische Poesie im deutschen Sprachgebiet. (Berlin 1967). (=Deutsche Akademie der Wissenschaften zu Berlin. Veröffentlichungen des Instituts für Slawistik, Nr. 42)

György Mihály Vajda: "Die typologische Stellung der Prager deutschen Literatur zwischen den Literaturen West- und Osteuropas". In: *Weltfreunde*. Konferenz über die Prager deutsche Literatur. Red.: Eduard Goldstücker, Alois Hofman, Paul Reimann. (Prag 1967), S. 127-133.

Slawisch-deutsche Wechselbeziehungen in Sprache, Literatur und Kultur. Hrsg. von W. Krauss, Z. Stieber, J. Bělič, V. I. Borkovskij. (Berlin 1969). (=Deutsche Akademie der Wissenschaften zu Berlin. Veröffentlichungen des Instituts für Slawistik, Nr. 44)

Deutsche und Tschechen. Beiträge zu Fragen der Nachbarschaft zweier Nationen. Hrsg. vom Adalbert-Stifter-Verein, München. (München 1971).

Manfred Jähnichen: *Der Weg zur Anerkennung*. Tschechische Literatur im deutschen Sprachgebiet 1861-1918. (Berlin 1972). (=Deutsche Akademie der Wissenschaften zu Berlin. Veröffentlichungen des Instituts für Slawistik, Nr. 56)

Josef Mühlberger: *Zwei Völker in Böhmen*. Beitrag zu einer nationalen, historischen und geistesgeschichtlichen Strukturanalyse. (München 1973).

Lucy Topolská: "Pražští němečtí básníci jako překladatelé poezie". [Prager deutsche Dichter als Übersetzer von Lyrik]. In: *Acta Universitatis Palackianae Olomucensis 1973*, Germanistica Olomucensia III. (Praha 1973), S. 17-23.

Josef Mühlberger: "Tschechen und Tschechisches in der deutschen Literatur Österreichs" [mit engl. Synopsis]. In: *Sudetenland*. Böhmen, Mähren, Schlesien. Vierteljahresschrift für Kunst, Literatur, Wissenschaft und Volkstum, 17. Jg. (1975), H. II, S. 103-114.

Eve C. Bock: "The Relationship of the Prague German Writers to the Czechoslovak Republic, 1918-1939". In: *Germano-Slavica*. A Canadian Journal of Germanic and Slavic Comparative Studies, vol. 2, No. 4 (Fall 1977), S. 273-283.

Beziehungen zwischen der deutschen und der tschechischen Literatur

Antonín Měšťan: "Das deutsche Interesse für die tschechische Literatur des 19. und 20. Jahrhunderts". In: *Wechselbeziehungen zwischen deutscher und slavischer Literatur*. Hrsg. von Friedhelm Berthold Kaiser und Bernhard Stasiewski. (Köln 1978), S. 100-118. (=Studien zum Deutschtum im Osten, 14)

Georg R. Schroubek: "Prag und die Tschechen in der deutschböhmischen Literatur. Volkskundliche Überlegungen zum nationalen Stereotyp". In: *Zeitschrift für Volkskunde* 75. Jg. (1979), S. 201-215.

Deutsch-tschechische Beziehungen in der Schulliteratur und im populären Geschichtsbild. Hrsg. von Hans Lemberg und Ferdinand Seibt. (Braunschweig 1980). (=Studien zur Internationalen Schulbuchforschung. Schriftenreihe des Georg-Eckert-Instituts, Bd. 28)

Hans Lemberg: "Möglichkeiten, Grenzen und Realitäten kultureller, wirtschaftlicher und politischer Interessengemeinschaft zwischen Deutschen und Tschechen in der ČSR (1918-1938)". In: *Deutsch-tschechische Beziehungen in der Schulliteratur und im populären Geschichtsbild.* Hrsg. von Hans Lemberg und Ferdinand Seibt. (Braunschweig 1980), S. 153-157. (=Studien zur Internationalen Schulbuchforschung. Schriftenreihe des Georg-Eckert-Instituts, Bd. 28)

Irena Raithel-Živsa: "Böhmen in deutscher Dichtung von der Aufklärungszeit bis zum Ersten Weltkrieg". In: *Deutsch-tschechische Beziehungen in der Schulliteratur und im populären Geschichtsbild.* Hrsg. von Hans Lemberg und Ferdinand Seibt. (Braunschweig 1980), S. 42-57. (=Studien zur Internationalen Schulbuchforschung. Schriftenreihe des Georg-Eckert-Instituts, Bd. 28)

Ferdinand Seibt: "Tschechen und Deutsche. Der lange Weg in die Katastrophe". In: *Deutsch-tschechische Beziehungen in der Schulliteratur und im populären Geschichtsbild.* Hrsg. von Hans Lemberg und Ferdinand Seibt. (Braunschweig 1980), S. 16-30. (=Studien zur Internationalen Schulbuchforschung. Schriftenreihe des Georg-Eckert-Instituts, Bd. 28)

Pavel Petr: "Franz Kafkas Böhmen: Tschechen, Deutsche, Juden". In: *Germano-Slavica.* A Canadian Journal of Germanic and Slavic Comparative Studies, vol. 3, No. 6 (Fall 1981), S. 377-399.

Michael Berger, Heidrun Markert: "Deutschsprachige Literatur als Gestalter und Vermittler tschechischer und slowakischer gesellschaftlicher Realität. Kolloquium vom 9. bis 12. Febr. 1982 in Liblice (ČSSR)". In: *Zeitschrift für Germanistik* (Leipzig), 4. Jg. (1983), S. 93-96.

Jahrbuch DDR-ČSSR. Beiträge zur germanistischen Forschung und Lehre. 1982/83. Lektorat für deutsche Sprache und Literatur beim Kultur- und Informationszentrum der DDR in Prag. Red.: Herbert Barten, Hans Dahlke, Hana Hrzalová, Jiří Veselý, Günter Wackwitz. (Prag 1983).

Antonín Měšt'an: "Die Prager deutsche Literatur und die tschechische Literatur in den ersten zwei Jahrzehnten des 20. Jahrhunderts". In: *Slavistische Studien* zum IX. internationalen Slavistenkongress in Kiev 1983. Hrsg. von Reinhold Olesch in Verbindung mit Johannes Holthusen, Hans Rothe, Friedrich Scholz. (Köln, Wien 1983), S. 339-346.

Antonín Měšt'an: "Die Prager deutsche Literatur und die tschechische Literatur I, II, III". In: Antonín Měšt'an: *Geschichte der tschechischen Literatur im 19. und 20. Jahrhundert*. Übersetzt von Peter Drews. (Köln, Wien 1984), S. 180f., S. 197-205, S. 316-329.

brücken. Germanistisches Jahrbuch DDR-ČSSR 1984/85. Red. Michael Berger, Günter Hartung, Ingrid Kelling, Ina Schreiter. (Prag 1985).

Peter Drews: "Das Bild der Deutschen in der tschechischen Literatur". In: *Sudetenland*. Böhmen, Mähren, Schlesien. Vierteljahresschrift für Kunst, Literatur, Wissenschaft und Volkstum, 27. Jg. (1985), H. IV, S. 287-296.

Michael Berger: "Tschechische Literatur in den drei Jahrgängen des 'Witiko'". In: *Philologica Pragensia* 29. Jg. (1986), S. 142-154.

brücken. Germanistisches Jahrbuch DDR-ČSSR 1985/86. Red. Michael Berger, Günter Hartung, Ingrid Kelling, Štěpánka Kudrnáčová, Ina Schreiter. (Prag 1986).

Eva Marešová: "Zum Verhältnis des tschechischen und des deutschen expressionistischen Dramas". In: *brücken*. Germanistisches Jahrbuch DDR-ČSSR 1985/86. (Prag 1986), S. 132-141.

brücken. Germanistisches Jahrbuch DDR-ČSSR 1986/87. Red. Michael Berger, Günter Hartung, Ingrid Kelling, Štěpánka Kudrnáčová, Ina Schreiter, Jochen Sternkopf. (Prag 1987).

Barbara Köpplová: "Die Kulturrubrik der 'Prager Presse' in den Jahren 1921-24". In: *brücken*. Germanistisches Jahrbuch DDR-ČSSR 1986/87. (Prag 1987), S. 72-83.

Antonín Měšt'an: "Böhmisches Landesbewußtsein in der tschechischen Literatur". In: *Die Chance der Verständigung*. Absichten und Ansätze zu übernationaler Zusammenarbeit in den böhmischen Ländern 1848-1918. Hrsg. von Ferdinand Seibt. (München 1987), S. 31-38.

Antonín Měšt'an: "Die Parallelen und Differenzen zwischen den tschechisch- und deutschschreibenden jüdischen Autoren aus Prag". In: Marino Freschi (Hrsg.): *Saggi di Letteratura Praghese*. (Napoli 1987), S. 41-53.

Vladimír Ulrich: *Tschechische und slowakische Literatur: die deutschsprachige Aufnahme 1945-1975*. (Neuried 1987). [Zugleich Diss. Regensburg, 1985]

brücken. Germanistisches Jahrbuch DDR-ČSSR 1987/88. Red. Michael Berger, Günter Hartung, Ingrid Kelling, Štěpánka Kudrnáčová, Jochen Sternkopf. (Prag 1988).

Ernst Nittner (Hrsg.): *Tausend Jahre deutsch-tschechische Nachbarschaft*. Daten, Namen und Fakten zur politischen, gesellschaftlichen, kulturellen und kirchlichen Entwicklung in den böhmischen Ländern. (München 1988). (=Beiträge Institutum Bohemicum, Kultur- und Bildungswerk der Ackermann-Gemeinde, Bd. 10)

brücken. Germanistisches Jahrbuch DDR-ČSSR 1988/89. Red. Michael Berger, Günter Hartung, Dieter Kelling, Štěpánka Kudrnáčová, Jochen Sternkopf. (Prag 1989).

Milan Tvrdík: "Tschechisch-österreichische und slowakisch-österreichische Wechselbeziehungen auf dem Gebiet der deutschsprachigen Literatur". In: *Philologica Pragensia* 33. Jg. (1990), S. 1-5.

Jiří Veselý: "Tschechische Staatspreise an deutsche Künstler und Dichter 1918-1937; Eine kommentierte Übersicht von Verhandlungen der Jury". In: *Prager deutschsprachige Literatur zur Zeit Kafkas*. Hrsg.: Österreichische Franz Kafka-Gesellschaft, Wien-Klosterneuburg. (Wien 1991), S. 99-112. (=Schriftenreihe der Franz Kafka-Gesellschaft, Bd. 4)

4. Beiträge zum 'Prager Deutsch'

Heinrich Teweles: *Der Kampf um die Sprache*. Linguistische Plaudereien von Heinrich Teweles. (Leipzig 1884).

Augustin Ritschel: "Das Prager Deutsch". In: *Phonetische Studien*. Zeitschrift für wissenschaftliche und praktische Phonetik, 6. Jg. (1893), S. 129-133.

E.R.: "Juristen-Deutsch". In: *Prager Tagblatt* 26. Jg., Nr. 105, Morgen-Ausg. (17. April 1902), S. 1f.

Egon Erwin Kisch: "Prager Deutsch". In: *Deutsche Zeitung Bohemia* 90. Jg., Nr. 282, Morgen-Ausg. (14. Okt. 1917), S. 3f.

Fritz Mauthner: *Erinnerungen*. Bd. I: Prager Jugendjahre. (München 1918). [Darin: Kapitel 6 "Ohne Sprache und Religion"]

Karl Kraus: "Zur Sprachlehre". In: *Die Fackel* 32. Jg., Nr. 572-576 (Juni 1921), S. 1ff.; wiederabgedruckt in: Karl Kraus: *Die Sprache*. (München 1954), S. 21-30.

Leopold Schnitzler: "Prager Judendeutsch". In: *Selbstwehr* 19. Jg., Nr. 38 (18. Sept. 1925), S. 5f.

Ernst Schwarz: *Sudetendeutsche Sprachräume*. (München 1935). (=Schriften der Deutschen Akademie in München, 21. Gleichzeitig als Veröff. der Dt. Gesellschaft d. Wiss. u. Künste für die Tschechoslowakische Republik in Prag)

Klaus Wagenbach: *Franz Kafka*. Eine Biographie seiner Jugend. 1883-1912. (Bern 1958), S. 81-96.

Rudolf Fischer: "August Schleicher und das Prager Deutsch". In: *Forschungen und Fortschritte* 36. Jg. (1962), H. 3, S. 87-90.

Jaromír Povejšil: "Ein Kennzeichen des Prager Deutsch". In: *Philologica Pragensia* 5. Jg. (1962), H. 4, S. 207-210.

Beiträge zum 'Prager Deutsch'

Pavel Trost: "Das späte Prager Deutsch". In: *Germanistica Pragensia* II (1962), S. 31-39. (=Acta Universitatis Carolinæ, Philologica 2)

Pavel Trost: "Franz Kafka und das Prager Deutsch". In: *Germanistica Pragensia* III (1964), S. 29-37. (=Acta Universitatis Carolinæ, Philologica 1)

Klaus Wagenbach: *Franz Kafka in Selbstzeugnissen und Bilddokumenten.* Dargestellt von Klaus Wagenbach. (Reinbek bei Hamburg 1964), S. 50-58. (=Rowohlts Monographien, Bd. 91)

Peter Demetz: "Noch einmal: Prager Deutsch". In: *Literatur und Kritik* 1. Jg., H. 6 (Sept. 1966), S. 58f.

Leopold Schnitzler: *Prager Judendeutsch.* Ein Beitrag zur Erforschung des älteren Prager Judendeutsch in lautlicher und insbesondere in lexikalischer Beziehung. (Gräfelfing bei München 1966).

Emil Skála: "Das Prager Deutsch". In: *Zeitschrift für deutsche Sprache* 22. Jg. (1966), S. 84-91; wiederabgedruckt, in gekürzter Fassung, in: *Weltfreunde.* Konferenz über die Prager deutsche Literatur. Red.: Eduard Goldstücker, Alois Hofman, Paul Reimann. (Prag 1967), S. 119-125; nochmals, leicht verändert, unter dem Titel "Prager Deutsch" in: *Merian.* Das Monatsheft der Städte und Landschaften, 27. Jg. (1974), H. 2, S. 70-76.

Pavel Trost: "Und wiederum: Prager Deutsch". In: *Literatur und Kritik* 1. Jg., H. 9/10 (Dez. 1966), S. 107f.

Johannes Urzidil: "Der lebendige Anteil des jüdischen Prag an der neueren deutschen Literatur". In: *Bulletin des Leo Baeck Instituts* 10 (1967), S. 276-297.

Viliam Schwanzer: "Störungen in der deutschen Sprachstruktur durch Isolation und Einwirkungen des Slawischen". In: *Zeitschrift für deutsche Philologie* 87. Jg. (1968), S. 86-96.

Beiträge zum 'Prager Deutsch'

Pavel Trost: "Prager Deutsch und Baltendeutsch". In: *Germanistica Pragensia* V (1968), S. 17-20. (=Acta Universitatis Carolinæ, Philologica 5)

Max Brod: *Streitbares Leben.* 1884-1968. (München, Berlin, Wien 1969), S. 149f.

Hertha Wolf-Beranek: "Bemerkungen zum Prager Judendeutsch". In: *Zeitschrift für Ostforschung.* Länder und Völker im östlichen Mitteleuropa, 18. Jg. (1969), S. 90-92.

Egon Erwin Kisch: "Vom Kleinseitner Deutsch und vom Prager Schmock". In: Egon Erwin Kisch: *Gesammelte Werke.* Bd. II/1. Hrsg. von Bodo Uhse und Gisela Kisch. (Berlin, Weimar 1975), S. 469-477.

Herbert von Stein: "Betrachtungen über das 'Prager Deutsch'". In: *Prager Nachrichten* 27. Jg., Nr. 5/6 (Mai/Juni 1976), S. 13-15.

Hartmut Binder: "Das Prager Deutsch". In: *Kafka Handbuch.* Hrsg. von Hartmut Binder. Bd. 1: Der Mensch und seine Zeit. (Stuttgart 1979), S. 83-85.

Pavel Trost: "Böhmisch-Deutsch". In: *Zeitschrift für Dialektologie und Linguistik* 46. Jg. (1979), S. 246-248.

Jaromír Povejšil: *Das Prager Deutsch des 17. und 18. Jahrhunderts.* Beitrag zur Geschichte der deutschen Schriftsprache. (Prag 1980).

Pavel Trost: "Die Mythen vom Prager Deutsch". In: *Zeitschrift für deutsche Philologie* 100. Jg. (1981), H. 3, S. 381-390.

Michel Reffet: "Littérature pragoise et conscience linguistique au temps de Kafka". In: *Autour de Kafka.* Actes du congrès de Toulouse, 23-24 avril 1983. Association des germanistes de l'enseignement supérieur. (Toulouse 1983), S. 28-42.

5. Erinnerungen

Enoch Heinrich Kisch: *Erlebtes und Erstrebtes*. Erinnerungen. (Stuttgart, Berlin 1914).

Paul Leppin: "Alt-Prager Erinnerungen". In: *Donauland*. Illustrierte Monatsschrift, 1. Jg., Nr. 7 (Sept. 1917), S. 790-793.

Fritz Mauthner: *Erinnerungen*. Bd. I: Prager Jugendjahre. (München 1918).

Heinrich Teweles: "Erinnerungen eines Prager Deutschen. I-IX". In: *Prager Tagblatt* 43. Jg., Nr. 208 (7. Sept. 1918), Nr. 233 u. 252; 44. Jg., Nr. 14, 56, 79, 87, 98 u. 115 (16. Mai 1919). [jeweils Morgen-Ausg.]

Karl Hans Strobl: *Verlorene Heimat*. Jugenderinnerungen aus deutschem Ostland. (Stuttgart o.J. [1920]). (=Memoiren-Bibliothek, 5. Reihe, 12. Bd.)

Leo Heller: "Prager Erinnerungen". In: *Prager Presse* 1. Jg., Nr. 197, Morgen-Ausg. (13. Okt. 1921), S. 4f.

Oskar Wiener: *Alt-Prager Guckkasten*. Wanderungen durch das romantische Prag. Von Oskar Wiener. (Prag, Wien, Leipzig 1922).

Alfred Wolfenstein: "Menschen, Ereignisse, Stimmen. Sphären dreier Dichter". In: *Der neue Merkur*. Monatshefte, 7. Jg. (Okt. 1923-März 1924), S. 78f.

Hans Kohn: "Zwanzig Jahre". In: *Selbstwehr* 20. Jg., Nr. 13-14 (29. März 1926), S. 2.

Heinrich Teweles: *Theater und Publikum*. Erinnerungen und Erfahrungen von Heinrich Teweles, Direktor des königlichen deutschen Landestheaters in Prag. (Prag 1927). (=Veröffentlichungen der Gesellschaft deutscher Bücherfreunde in Böhmen, Nr. 7)

Franz Bacher: "Die Klasse Beda Wysoký. Erinnerungen an die Piaristen-Schule". In: *Deutsche Zeitung Bohemia* 105. Jg., Nr. 116 (15. Mai 1932), S. 14.

Erinnerungen

Hugo Steiner-Prag: "Fröhliche Erinnerung". [Einleitung zu:] *Aus einer Kneipzeitung des Vereins deutscher bildender Künstler in Böhmen 1896.* (Prag 1933), S. 5-17.

Johannes Ackermann: "Prager deutsche Gesellschaft gestern und heute". In: *Die Brücke.* Wochenschrift für Politik, Kultur und Wirtschaft (Prag), 3. Jg., Nr. 24 (19. Juni 1936), S. 11-13.

Wilhelm Pleyer: *Kindheit in Böhmen.* (Köln 1942). (=Zweihundertsechsundvierzigstes der Schaffsteinschen Blauen Bändchen)

Willy Haas: "Prague in 1912". In: *The Virginia Quarterly Review* 24. Jg. (1948), S. 409-417.

Ernst Wodak: *Prag von Gestern und Vorgestern.* (Tel-Aviv, o.J.[1948]).

Bruno Brehm: *Heimat in Böhmen.* (Salzburg 1951).

Charlotte Herder: *... schaut durch ein farbiges Glas auf die aschfarbene Welt.* Kindheit und Jugend im alten Prag. (Freiburg 1954).

Herbert Cysarz: "Zehn Jahre Prag. Erinnerungen an die Jahre 1928-1938 samt Rückblicken und Ausblicken". In: *Grenzfall der Wissenschaft: Herbert Cysarz.* Hrsg. von Rudolf Jahn. (Frankfurt/Main 1957), S. 77-117.

Willy Haas: *Die literarische Welt.* Erinnerungen. (München 1957).

Willy Haas: "Um 1910 in Prag. Aus Jugendtagen mit Werfel, Kafka, Brod und Hofmannsthal". In: *Forum.* Internationale Zeitschrift links von der Mitte, 4. Jg. (1957), S. 223-226.

Gustav Janouch: *Prager Begegnungen.* (Leipzig 1959).

Erinnerungen

Emil Merker: *Aufbrechende Welt*. Eine Jugend in Böhmen. (Heilbronn 1959).

Josef Mühlberger: *Eine Kindheit in Böhmen*. Erinnerungen. Mit einem autobiographischen Nachwort. (Stuttgart 1960).

Hermann Ullmann: "Aus meinem Leben". In: *Sudetenland*. Böhmen, Mähren, Schlesien. Vierteljahresschrift für Kunst, Literatur, Wissenschaft und Volkstum, 2. Jg. (1960), H. IV, S. 258-261.

Willy Haas: "Vor hunderttausend Jahren". In: *Merian*. Das Monatsheft der Städte und Landschaften, 14. Jg., H. 12 (Dezember 1961), S. 38-40.

Hans Kohn: "Rückblick auf eine gemeinsame Jugend". In: *Robert Weltsch zum 70. Geburtstag* von seinen Freunden. Hrsg. von Hans Tramer und Kurt Löwenstein. (Tel-Aviv 1961), S. 113-120.

Margareta Pschorn: *Als ich noch das Schulränzel trug*. Erinnerungen an eine Kindheit in Böhmen. (Geislingen/Steige 1961).

Willy Haas: "Die Entstehung der 'Herder-Blätter'". In: *Herder-Blätter*. Faksimile-Ausgabe zum 70. Geburtstag von Willy Haas. (Hamburg 1962), S. V-VII.

Otto Pick: "Erinnerungen an den Winter 1911/12". In: *Die Aktion*. Wochenschrift für Politik, Literatur, Kunst, 6. Jg. (28. Okt. 1963), Sp. 605.

Johannes Urzidil: "Im Prag des Expressionismus". In: *Wort in der Zeit*. Österreichische Literaturzeitschrift, 9. Jg. (1963), S. 12f.

Felix Weltsch: "Unser gemeinsamer Weg". In: *Mitteilungsblatt des Irgun Olej Merkas Europa* 31. Jg., Nr. 50 (13. Dez. 1963), S. 3f.

Erinnerungen

Hermann Ullmann. Publizist in der Zeitenwende. Unter Mitwirkung von Renate Ullmann aus dem Nachlaß ausgewählt und hrsg. von Hans Schmid-Egger. (München 1965).

Max Brod: *Prager Sternenhimmel.* Musik- und Theatererlebnisse der Zwanziger Jahre. (Wien, Hamburg 1966).

Grete Fischer: *Dienstboten, Brecht und andere.* Zeitgenossen in Prag. (Berlin, London, Olten, Freiburg i.Br. 1966).

Bruno Kisch: *Wanderungen und Wandlungen.* Die Geschichte eines Arztes im 20. Jahrhundert. (Köln 1966).

Erhard J. Knobloch (Hrsg.): *Du Land meiner Kindheit.* Sudetendeutsche Dichter erzählen aus ihrer Kinderzeit. (München 1966).

Pavel Reiman: *Ve dvacátých letech.* Vzpomínky. [In den zwanziger Jahren. Erinnerungen]. (Praha 1966).

Hans Demetz: "Meine persönlichen Beziehungen und Erinnerungen an den Prager deutschen Dichterkreis". In: *Weltfreunde.* Konferenz über die Prager deutsche Literatur. Red.: Eduard Goldstücker, Alois Hofman, Paul Reimann. (Prag 1967), S. 135-145.

Fritz Bondy: *Liebes altes Prag.* Rückblicke eines gar nicht zornigen alten Mannes. (Zürich, Stuttgart 1968).

Max Brod: *Streitbares Leben.* 1884-1968. (München, Berlin, Wien 1969).

Else Kornis: *Kindheit und Jugend im alten Prag.* Erinnerungen. (Bukarest 1972).

Erinnerungen

Hugo Bergmann: "Gedankensplitter". In: *Mitteilungen des A.H. -Verbandes Bar-Kochba-»Theodor Herzl«*, Prag und des Kreises der Freunde. Holon: Chanukhah, 1974, S. 2f.

Friederike Hübner: *Knoblauch, Kunst und Kindheit in Prag*. (Heilbronn 1975).

Guido Kisch: *Der Lebensweg eines Rechtshistorikers*. Erinnerungen. (Sigmaringen 1975).

J[osef] P[aul] Hodin: *Dieses Mütterchen hat Krallen*. Die Geschichte einer Prager Jugend. (Hamburg 1985).

Eduard Goldstücker: *Prozesse*. Erfahrungen eines Mitteleuropäers. Aus dem Tschechischen von Friedrich Uttitz. (München, Hamburg 1989).

Barbara von Wulffen: *Urnen voll Honig*. Böhmen – Aufbruch in eine verlorene Zeit. (Frankfurt/Main 1989).

6. Anthologien deutschsprachiger Dichtung

Lieder der Heimath. Blüthenlese aus dem deutsch-böhmischen Dichtergarten. Hrsg. von Heinrich von Lobsdorf. Prag: Hunger, 1871.

Spitzberg-Album. Dichtungen aus Nordböhmen. Gesammelt von F. Hantschel und A. Paudler. Hrsg. vom Spitzberg-Thurmbau-Comité. Leipa: Widinsky, 1883.

Prager Dichterbuch. Hrsg. von Heinrich Teweles. Prag: Friedrich Ehrlich's Buchhandlung (Bernhard Knauer), 1894.

1848-1898. Jubiläumsausgabe der Lese- und Redehalle der deutschen Studenten in Prag. Prag: Verlag der Lese- und Redehalle, Hofbuchdruckerei A. Haase, 1898.

Leipaer Dichterbuch. Eine Anthologie. Hrsg. von Amand Paudler. Leipa: J. Hentschel, 1898.

Die Kralle. Ein Höllen-Adagio. Redigiert von Paul Leppin und Oskar Wiener in Prag. Prag: Verlag des Vereines deutscher bildender Künstler in Böhmen, 1902.

Deutsche Arbeit. Monatschrift für das geistige Leben der Deutschen in Böhmen, V. Jg., H. 7 (April 1906). [Sonderheft mit Beiträgen Prager Dichterinnen]

Deutsche Arbeit. Monatschrift für das geistige Leben der Deutschen in Böhmen, VI. Jg., H. 6 (März) u. H. 7 (April 1907). ["Prager Autorenhefte"]

Deutsche Arbeit. Monatschrift für das geistige Leben der Deutschen in Böhmen, VI. Jg., H. 9 (Juni 1907). [Sonderheft mit Beiträgen mundartlicher Autoren Deutschböhmens]

Deutsche Arbeit. Monatschrift für das geistige Leben der Deutschen in Böhmen, VII. Jg., H. 5 (Febr. 1908). [Sonderheft mit Beiträgen junger Autoren unter den Hörern der deutschböhmischen Hochschulen]

Allerhand aus dem deutschen Böhmerland. Schatzkästlein mundartlicher Dichtungen aus allen deutschböhmischen Gauen. Unter Mitarbeit von hervorragenden Dialektkennern hrsg. von Franz Lutz. Gablonz: Lutz, 1911.

Sprossende Saat. Eine Anthologie deutschböhmischer Dichter. Hrsg. von J. Pilz und H. Hajek. Thale a.H.: Harzer Buchdruckerei und Verlagsanstalt (Gebr. Hohenstein), 1911.

Deutsche Lyrik aus Österreich seit Grillparzer. Ausgewählt und eingeleitet von Camill Hoffmann. Berlin: Meyer & Jessen, 1912.

Der Heimat zum Gruß. Ein Almanach deutscher Dichtung und Kunst aus Böhmen. Hrsg. von Oskar Wiener und Johann Pilz. Berlin: Prometheus Verlagsgesellschaft m.b.H., 1914.

Kriegslieder deutschböhmischer Dichter. Mit einer kurzen Einführung. Von Adolf Hauffen. Prag: Hofbuchdruckerei A. Haase, 1914. (=Sammlung gemeinnütziger Vorträge, Nr. 434)

Kriegsgedichte aus Deutschböhmen. Im Auftrage des Bundes der Deutschen in Böhmen hrsg. von Hans R. Kreibich. Prag: Renn, 1915.

Kriegslieder deutschböhmischer Dichter. Zweite Reihe. Mit einer Darstellung über die Kriegslyrik der Gegenwart, vornehmlich in Deutschböhmen. Von Adolf Hauffen. Prag: Hofbuchdruckerei A. Haase, 1916. (=Sammlung gemeinnütziger Vorträge, Nr. 452/56)

Das jüdische Prag. Eine Sammelschrift. Hrsg.: Redaktion der Selbstwehr. Prag: Verlag Selbstwehr, 1917.

Deutsche Dichter aus Prag. Ein Sammelbuch hrsg. und eingeleitet von Oskar Wiener. Wien, Leipzig: Ed. Strache, 1919.

Freiland. Ein Ruf deutschböhmischer und sudetenländischer Dichter und Künstler für die Heimat. Hrsg. u. verantwortl. Schriftleiter: Anton Leo Dembicki. Wien: Hilfsverein für Deutschböhmen und Sudetenland, August 1919.

Deutsche Erzähler aus der Tschechoslowakei. Hrsg. und eingeleitet von Otto Pick. Reichenberg: Heris-Verlag, 1922.

Südmährens Dichter und Sänger. Eine Erntelese. Hrsg. von Joachim Blösl. Nikolsburg: A. Bartosch, 1925.

Hinter den Bergen. Stimmen der Sudetendeutschen. Hrsg. von Willibald Köhler. Schweidnitz: L. Heege, 1926.

Hundert Türme. Ein Buch vom alten Prag. Hrsg. von Paul Nettl. Prag: Die Bücherstube, 1929.

Landsleute. Deutsche Prosa aus der Čechoslovakei von Adalbert Stifter bis Franz Werfel. Auswahl und Einleitung von Paul Eisner. Anmerkungen und Wörterbuch von O. Lederer. Prag: Státni nakladatelstvi, 1930.

Sudetendeutsche Anthologie / Lyrik. Zusammengestellt von Dr. Paul Hußarek. Prag: Verlag Deutsche Studentenfürsorge, 1930.

Deutsche Lyrik aus der Čechoslovakei. Auswahl und Einleitung von Otto Pick. Anmerkungen und Wörterbuch von O. Lederer. Prag: Státni nakladatelstvi, 1931.

Ringendes Volkstum. Vom sudetendeutschen Wesen. Hrsg. von Karl Franz Leppa und Josef Mühlberger. Mit einem Geleitwort von Admiral von Trotha, 15 Kunstbeilagen und 1 Zeittafel. Karlsbad-Drahowitz, Leipzig, Wien: Adam Kraft Verlag, o.J. [1931].

Prag in der deutschen Dichtung. Eine Anthologie von Paul Eisner. Text, Anmerkungen, Wörterbuch. Prag: Státni nakladatelstvi, 1932.

Wein. Hrsg. von der Firma Jos. Oppelt's Neffen, Weingroßhandlung. Mit Beiträgen von Oskar Baum, Dietzenschmidt, Paul Eisner, Rudolf Fuchs, Willy Haas, Camill Hoffmann, Paul Leppin, Georg Mannheimer, Josef Mühlberger, Otto Pick, Heinz Politzer, Walter Seidl, Friedrich Torberg, Johannes Urzidil, Ernst Weiß, Franz Werfel, Ludwig Winder u.a. Zeichnungen von Adolf Hoffmeister. Prag: Industrie-Druckerei, 1933.

Stimme von Land und Stamm. Achtunddreißig sudetendeutsche Dichter. Stimmen, Proben, Bekenntnisse. Zum Buchtag 1934 hrsg. für die "Gesellschaft für deutsche Volksbildung" von Emil Lehmann. Reichenberg: Sudetendeutscher Verlag Franz Kraus, 1934.

Kameraden der Zeit. Sudetendeutsche Gedichte. Hrsg. von Franz Höller. Karlsbad-Drahowitz, Leipzig: Adam Kraft Verlag, 1936.

Volk und Leben. Eine Sammlung sudetendeutscher Dichtung. Hrsg. von Karl Franz Leppa. 1.-10. Tsd. Karlsbad-Drahowitz und Leipzig: Adam Kraft Verlag, o.J. [1936].

Sudetendeutsches Balladenbuch. Hrsg. von Ernst Ströer. Reichenberg: Kraus, 1937.

Sudetendeutsche Dichtung der Zeit. Hrsg. von August Friedrich Velmede. Berlin: Volk und Reich Verlag, 1938.

Volksbuch sudetendeutscher Mundartdichtung. (Volkshafte Dichtung in den sudetendeutschen Grenzmundarten vom Isergebirge bis zum Fichtelgebirge [...]). Zusammengestellt und herausgegeben von Albert Zirkler. Leipzig: Dürr, 1938. (=Hausbuch sächsischer Mundartdichtung, Bd. 3)

In Arte Voluptas. Eine Anthologie von Dichtern, Schriftstellern und bildenden Künstlern des Verbandes Allschlaraffia. Im Auftrage der Allmutter Praga gesammelt und hrsg. von Oskar Wiener (Prag). Leipzig: Verlag der Allschlaraffischen Veröffentlichungen, Carl Ziegenhirt, o.J. [1939].

Sudetendeutsches Lyrikbuch. Hrsg. von Adalbert Schmidt. Reichenberg: Sudetendeutscher Verlag Franz Kraus, 1939.

Prag im Gedicht. Seele Böhmens allezeit! Hrsg. von Oskar Bayer. Prag: Verlag der Hauptstadt Prag, 1940.

Gruß der Heimat. Eine Auswahl sudetendeutscher Dichtung für die Front. Hrsg. von Josef Schneider. Karlsbad und Leipzig: Adam Kraft Verlag, 1942.

Die wundersame Stadt. Prager Geschichten. Zusammengestellt von Günther M. Greif-Bayer. Zeichnungen von Heinz Schubert. Prag: Haase, 1942.

Stimmen aus Böhmen. Eine Sammlung. Hrsg. von Paul Reimann und Rudolf Popper. London: Verlag der Einheit, 1944.

Heimat, meine Erde. Dichterstimmen aus dem Sudetenland. Im Auftrag des Adalbert Stifter-Vereins gesammelt von Otto Zerlik. Hrsg. Franz Haibach. Donauwörth: Verlag Cassianeum, 1949.

Das hat mir der böhmische Wind verweht. Das Sudetenland im Zeugnis seiner lebenden Dichter. Hrsg. von Emil Merker und Josef Mühlberger. Düsseldorf, Köln: Diederichs, 1954.

Aussaat. Die soziale Dichtung der Sudetendeutschen. Eine Auswahl. Hrsg. vom Verlag 'Die Brücke', zusammengestellt von Josef Mühlberger. München: Verlag 'Die Brücke', o.J. [1957].

Lob der Heimat. Die schönsten deutschen Gedichte aus Böhmen, Mähren und Sudetenschlesien. Hrsg. von Erhard J. Knobloch. München: Aufstieg-Verlag, 1968.

Das hunderttürmige Prag. Im Spiegel deutscher Dichtung und Urkunden. Hrsg. von Josef Mühlberger. München: Aufstieg-Verlag, 1969.

Anthologien deutschsprachiger Dichtung

Erzählungen aus dem Sudetenland. Heiteres und Besinnliches. Hrsg. und vorgestellt von Josef Mühlberger. Tübingen, Basel: Horst Erdmann-Verlag, 1974.

Alt-Prager Geschichten. Gesammelt von Peter Demetz. Mit Illustrationen von Hugo Steiner-Prag. Frankfurt/Main: Insel-Verlag, 1982. [Enthält Erzählungen deutscher wie tschechischer Autoren.]

Böhmen. Herzland Europas. Zeugnisse in der deutschen Literatur. Hrsg. von Viktor Aschenbrenner. Würzburg: Verlag Weidlich, 1984.

Die Juden in Böhmen und Mähren. Ein historisches Lesebuch. Hrsg. von Wilma Iggers. München: C.H. Beck, 1986.

Liebe zu Böhmen. Ein Land im Spiegel deutschsprachiger Dichtung. Hrsg. von Bruno Brandl. Berlin: Verlag der Nation, 1990.

7. Zeitschriften und Jahrbücher*

Immergrün 1889-1913/14; 1916/17-1937/38; **Illustrierte Kriegs-Chronik des »Immergrün«** 1914/15-1915/16. *Untertitel:* Monatsschrift zur Unterhaltung und Belehrung [u.a.]; 2. *Untertitel:* Monatsschrift für Unterhaltung und Belehrung; *Untertitelabweichung:* Monatsschrift für Unterhaltung und Belehrung (Jahrgangstitel 12.1900; Umschlag 13.1901) [u.a.]; *Ort und Verlag:* Warnsdorf/Böhmen: Joseph Gürtler; -: Ambr. Opitz (ab 5.1893).

Freie Bildungsblätter 1892-1919; **Freie Bildungs-Blätter** (14.1905-28.1919). *Herausgeber:* Wilhelm von Schwarz-Senborn (Gründer) [u.a.]; *Redakteur:* Franz J. Grumbach; *Ort und Verlag:* Karlsbad: Franieck'sche Buchdruckerei [u.a.].

Der Romanleser 1898/99-[1903/04]. *Herausgeber in zeitlicher Abfolge:* W. Hilken; Franz Fanta; Adolf Synek; *Redakteure in zeitl. Abfolge:* W. Hilken; Franz Fanta; Joh. Ryba; *Ort und Verlag:* Wien, Prag: [ohne Verlagsang.]; Prag: Gustav Fanta; -: Adolf Synek.

Der Böhmerwald 1899-1907. *Untertitel:* Monatsschrift für den Böhmerwald und die angrenzenden Gebiete; *Herausgeber:* Johann Peter; *Redakteur:* Karl Pohl; *Ort und Verlag:* Prachatitz: Karl Pohl.

Rübezahl 1899-[1908]. *Untertitel:* Humoristisches Volksblatt [u.a.]; 2. *Untertitel:* Eine Halbmonatschrift zur Pflege der nordböhmischen, schlesischen und mährischen Mundarten (5.1903-6.1904); *Herausgeber:* Alfred Devidé [u.a.]; *Redakteure:* Alfred Devidé; Franz Grundmann; *Ort und Verlag:* Unter-Polaun: Alfred Devidé; Friedland/Böhmen: Erwin Hammerschlag (vorm. Jul. Helbig) [u. später andere].

Frühling 1900/01. *Untertitel:* Lyrische Flugblätter; Moderne Flugblätter; *Herausgeber:* Paul Leppin; *Redakteure:* Hugo Steiner; Ferdinand Krombholz (H. [2]); *Ort und Verlag:* Prag: Em. Stivín (Druck).

* Alphabetisch geordnet finden sich die Titel im Register, S. 301f.

Deutsche Arbeit 1901/02-1917/18; [1919/20]-1944; **Deutsche Arbeit in Österreich** 1918/19. *Titelzusätze:* <18.> Jahrgang der »Deutschen Arbeit«; Vereinigt mit »Volk und Heimat« [u.a.]; *Untertitel:* Monatschrift für das geistige Leben der Deutschen in Böhmen [u.a.]; *2. Untertitel:* Deutsch-österreichische und sudetendeutsche Monatsschrift; Grenzlandzeitschrift [u.a.]; *Herausgeber:* Gesellschaft zur Förderung deutscher Wissenschaft, Kunst und Literatur in Böhmen [u.a.]; *Redakteure:* Richard Batka; Adolf Hauffen; August Sauer [u.a.]; *Ort und Verlag:* München: Georg D. W. Callwey; Prag: Karl Bellmann [u.a.]; *darin aufgegangen:* Volk und Heimat; Deutsche Welt.

Deutsch-Böhmerland 1901/02-1902/03. *Untertitel:* Illustrirte Monatsschrift zur Unterhaltung und Förderung geistiger Interessen; Österreichisches Familienblatt; *2. Untertitel:* Österreichisches Familienblatt; Illustrirte Halb-Monatsschrift zur Unterhaltung und Förderung geistiger Interessen Österreichs; *Herausgeber:* Jos. B. Leo; *Redakteure:* Herm[ann] Kl[emens] Kosel; Jos. B. Leo [u.a.]; *Ort und Verlag:* Braunau/Böhmen: Deutsch-Böhmerland (Alex. Felgenauer).

Beethoven 1905. *Untertitel:* Blätter für Tonkunst und Dichtung; *Herausgeber:* Johann Theimer; *Redakteur:* Johann Theimer; *Ort und Verlag:* Olmütz: Laurenz Kullil (Druck).

Wir 1906. *Untertitel:* Deutsche Blätter der Künste; *Redakteure:* Paul Leppin; Richard Teschner; *Ort und Verlag:* Prag: Wir.

Prager Almanach auf das Jahr 1908. Hrsg. von Emil Ronald Schramek. Im Auftrage des 'Deutschen literarisch-künstlerischen Vereines' in Prag. Prag: Verlag des Vereins, 1908.

Herder-Blätter 1911/12; **Herder-Blätter** (H. 1); **Herderblätter** (H. 2-4/5). *Herausgeber:* Norbert Eisler; Willy Haas; Otto Pick (H. 4/5); *Ort und Verlag:* Prag: Herder-Vereinigung.

Blätter der Prager Kammerspiele 1916/17-1918/19. *Titelzusatz:* Kgl. Deutsches Landestheater; *Herausgeber:* K[öni]gl[iches] Deutsches Landestheater; *Redakteur:* Hans Demetz; *Ort und Verlag:* Prag: [Königliches] Deutsches Landestheater in Prag.

Ostböhmische Heimat 1916-1935. *Untertitel:* Monatsschrift; *Herausgeber:* Deutscher Gaubildungsausschuß für Ostböhmen; *Ort und Verlag:* Braunau/Böhmen: Ostböhmische Druckerei- und Verlagsanstalt [u.a.].

Daimon 1918; **Der neue Daimon** 1919; **Die Gefährten** 1920-1921. *Titelzusatz:* Der dritte Jahrgang des »Neuen Daimon« (3.1920, H. 1); *Untertitel:* Eine Monatsschrift ([1]1918-[2]1919, H. 1/2); *Herausgeber:* Jakob Moreno Levy [u.a.]; *Redakteure:* E[mil] A[nton] Rheinhardt, Albert Ehrenstein [u.a.]; *Ort und Verlag:* Wien: Daimon-Schriften-Verlag (Brüder Schuschitzky); Wien, Prag, Leipzig: Genossenschaftsverlag (3.1920, H. 1-3) [u.a.]; *Vorgänger:* Einladung zu einer Begegnung (1914); *Sonderhefte zu* [2]1919: Franz Werfel (1919, Juni) [u.a.].

Der Mensch 1918. *Untertitel:* Monatschrift für Kultur; *Herausgeber:* Leo Reiss; *Ort und Verlag:* Brünn: Mensch.

Der Erker 1919. *Untertitel:* Zeitschrift für Unterhaltung und Wissen; *Herausgeber:* Georg Oswald Bayer; *Redakteur:* Hans Regina Nack; *Ort und Verlag:* Prag: Deutsche agrar. Druckerei (Druck).

Heimatbildung 1919/20-1937; **Volk an der Arbeit** 1937-1938. *Titelzusatz:* 18. Jahrgang der Heimatbildung (18.1937); Neue Folge der »Heimatbildung« (19.1938); *Untertitel:* Monatsblätter für heimatliches Volksbildungswesen [u.a.]; *2. Untertitel:* Mitteilungsblatt des »Deutschen Verbandes für Heimatforschung und Heimatbildung in der Tschechoslowakischen Republik« [u.a.]; *Herausgeber:* Geschäftsstelle für das deutsche Volksbildungswesen [u.a.]; *Ort und Verlag:* Reichenberg/Böhmen: Sudetendeutscher Verlag (Franz Kraus); *Jahrbuch:* »Die Wünschelrute« (1921).

Die Maske 1919/20. *Untertitel:* Halbmonatschrift für Theater, Kunst und Literatur; *Ort und Verlag:* Mährisch-Ostrau: R. Papauschek.

Der Nachtwächter 1919/20. *Untertitel:* Zeitschrift deutschböhmischer Autoren; *Herausgeber:* Gesellschaft für ernste und heitere Kunst »Die Nachtwächter«; *Redakteur:* Josef Pust; *Ort und Verlag:* Reichenberg/Böhmen: Erste Reichenberg/Böhmener Buch- und Steindruckerei (Druck).

Der Pfad 1919. *Untertitel:* Belletristische Monatsschrift; *Herausgeber:* Georg Karl Veranneman; *Redakteur:* R. A. Spitaler; *Ort und Verlag:* Prag: Anton Renn.

Rübezahl 1919-1925. *Untertitel:* Eine lustige Streitschrift für die Sudetendeutschen; Eine Streitschrift für die Sudetendeutschen; *Ort und Verlag:* Reichenberg/Böhmen: Gebrüder Stiepel; -: Sudetendeutscher Verlag (Franz Kraus) [u.a.].

Der Buchhändler 1920-1938. *Untertitel:* Halbmonatsschrift und Ankündigungsblatt für den Buch-, Kunst- und Musikalienhandel und das Antiquariat in der Tschechoslowakei; *ab 7.1927:* Mitteilungs- und Ankündigungsblatt der deutschen Buchhändlerorganisation in der Tschechoslowakei; *Ort und Verlag:* B[öhmisch] Leipa: Johann Künstner [u.a.].

Heimat und Welt 1920 nachgewiesen. (Nicht zu erlangen); *Untertitel:* Illustr. Blätter für Unterhaltung und Belehrung; *Ort:* Reichenberg/Böhmen.

Höhenfeuer 1920/21-1924. *Untertitel:* Monatshefte für Heimatkunst und -Schrifttum, Landeskunde und Volksbildung; *Herausgeber:* R. W. Jahn; Josef von Szalatnay (1.1920/21-2.1922, H. 7); *Redakteure:* Bruno Hans Wittek; Otto Arnold (ab 2.1922); *Ort und Verlag:* Jägerndorf: Josef von Szalatnay [u.a.].

Die Saat 1921/22-[1923]. *Untertitel:* Halbmonatsschrift für Unterhaltung und Wissen; *Redakteur:* E[mil] K[arl] Berndt; *Ort und Verlag:* Reichenberg/Böhmen: Runge (1.1921/22); -: Saat (Runge).

Die Wünschelrute 1921-1930; 1935; **Erbe und Aufgabe** 1939. *Umschlagtitel:* Der Jeschken-Iser-Gau ([11]1935); *Untertitel:* Jahrbüchlein der »Heimatbildung« [u.a.]; *2. Untertitel:* Ein Freundschaftsbüchlein für das Jahr <1921-1922> ([1]1921-[2]1922); Ein Merkbüchlein für das Jahr <1923> ([3]1923); *Ort und Verlag:* Reichenberg/Böhmen: Sudetendeutscher Verlag (Franz Kraus): -: Franz Kraus ([12]1939).

Die Zeitschrift Avalun 1921. *Herausgeber:* Friedrich Schierl; *Redakteur:* Friedrich Schierl; *Ort und Verlag:* Prag: F. Ehrlich.

Der neue Roman 1922/23. *Untertitel:* Ein Halbjahr neuester Prosa; *Herausgeber:* Friedrich Jaksch; *Ort und Verlag:* Reichenberg/Böhmen: Gebrüder Stiepel.

Der Waldbrunnen [1922/23]-1924/25; **Winkelried** 1926-1934. *Titelzusatz:* Vereinigt mit der »Gemeinschaft« (Wien) und den »Deutschen akad. Blättern« (München) (8.1929/30, H. 2-11.1932/33, H. 6); *Untertitel:* Monatsschrift für das deutsche Volk [u.a.]; 2. *Untertitel:* Mitteilungsblatt des Deutschen Kulturverbandes und der Deutschen Volksbücherei-Genossenschaft (2[1923/24], H. 1-7); *Ort und Verlag:* Leitmeritz: Waldbrunnen [u.a.]; *darin aufgegangen:* Gemeinschaft (1.1928); Deutsche akad. Blätter (München); [teilweise Hefte nicht erschienen].

Buch und Volk 1923-1927. *Untertitel:* Monatsschrift für Bücherei- und Volksbildungswesen; *Herausgeber:* Verband der Deutschen Buchwarte in der Tschechoslowakischen Republik; *Ort und Verlag:* Reichenberg/Böhmen: Verband der Deutschen Buchwarte in der Tschechoslowakischen Republik.

Die Heimat 1923-1926. *Untertitel:* Blätter zur Vertiefung des Heimatgefühls (1.1923-2.1924); Monatsschrift für das deutsche Haus (3.1925-4.1926); 2. *Untertitel:* Blätter zur Vertiefung des Heimatgefühls (3.1925-4.1926); *Herausgeber:* Fachwissenschaftliche Arbeitsstelle des deutschen schlesischen Landeslehrervereines; *Ort und Verlag:* Troppau: A[dolf] Drechsler.

Der Hochwald 1923/24-1924/25. *Untertitel:* Halbmonatsschrift für Unterhaltung und Wissen; Illustriertes Familienblatt (2.1924/25, H. 7); 2. *Untertitel:* Wochenschrift für Unterhaltung und Wissen (2.1924/25, H. 7); *Herausgeber:* Alois Meerwald; *Redakteur:* Alois Meerwald; *Ort und Verlag:* Krumau/Böhmen: Alois Meerwald.

Jahrbuch der Philosophischen Fakultät der deutschen Universität in Prag. Für die Dekanatsjahre <1923ff.> [erschienen 1925ff.]. *Herausgeber:* Philosophische Fakultät der deutschen Universität in Prag; *Ort und Verlag:* Prag: J.G. Calvesche Universitätsbuchhandlung (Robert Lerche); Druck von Heinr. Mercy Sohn, Prag.

Novellenzeitung 1923-1925. (Früheres nicht zu erlangen); *Untertitel:* Unabhängige Wochenschrift (2.1923, H. 7-[4]1925); *Ort und Verlag:* Leitmeritz: Novellenzeitung; Aussig: Novellenzeitung; *fortgesetzt vermutlich ab 1926 in:* »Haus und Heim« (im letzten Jg. bereits teilw. identisch).

Die Rampe 1923/24. *Untertitel:* Zeitschrift für Drama und Bühne; *Herausgeber:* Deutsche dramatische Gesellschaft; *Redakteur:* Rud. Adolph; *Ort und Verlag:* Olmütz: Rud. Adolph & J. Katzer.

Elite 1924-1925. *Untertitel:* Illustrierte Revue (1.1924, Jan.-Juni); Gesellschaft, Theater, Literatur, Kunst (1.1924, H. 10/11-2.1925); *2. Untertitel:* Gesellschaft, Theater, Film, Mode, Sport [u.a.]; *Herausgeber:* J. T. Vorliček [u.a.]; *Redakteure:* J. T. Vorliček, Heino Czech [u.a.]; *Ort und Verlag:* Brünn: J. T. Vorliček (1.1924, H. [1]-6); -: Markus Kral.

Für stille Stunden 1924-1927. *Untertitel:* Wochenschrift (1924-1925; H. 24); Die literarische Familien-Wochenschrift (1925, H. 25/26-1927); *2. Untertitel:* Novellen und Erzählungen (1924, H. 1); *Ort und Verlag:* Aussig: Nordböhmische Druck- und Verlagsanstalt (Jos. Koschler) [u.a.].

Grenzgau Schlesien 1924; **Grenzgau** 1925; **Grenzgau Ostland** 1926-1927. *Untertitel:* Illustrierte Schlesische Monatshefte [u.a.]; *2. Untertitel:* Heimatblatt für die Oberlausitz, das sudetendeutsche Sprachgebiet und das abgetretene Oberschlesien ([1]1924, Juli-Nov.); Monatsschrift des Deutschen Ostbundes (3.1926-4.1927); *3. Untertitel:* Grenzdeutsche Rundschau (4.1927); *Untertitelabweichung:* Illustrierte Monatshefte für den deutschen Osten (Jahrgangstitelblatt 3.1926); *Ort und Verlag:* Friedberg/Queis, Reichenberg/Böhmen, Leipzig: Iser [u.a.].

Jüdischer Almanach auf das Jahr <5685-5691; 5694-5698> 1924/25-1930/31; [1933/34]-1937/38. *Titelzusatz:* Beilage zur »Selbstwehr« Nr. <30-37> ([1934/35]-1936/37); *Herausgeber:* Keren Kajemeth Leijsrael [d.i. Jüdischer National Fond] (1924/25-1930/31); Selbstwehr, Jüdisches Volksblatt in Prag ([1933/34]-1937/38); *Redakteure:* Friedrich Thieberger; Oscar Lieben (1924/25); Felix Weltsch (1925/26-1937/38); Hans Lichtwitz (1937/38); *Ort und Verlag:* Prag: [ohne Verlagsangabe] (1924/25); -: Heinr. Mercy Sohn (Druck); -: Selbstwehr [u.a.].

Die Provinz 1924. *Untertitel:* Halbmonatsschrift (H.7/8: Zeitschrift) für die Tschechoslowakei; *Herausgeber:* Bruno Adler [Pseud.: Urban Roedl], Ernst Bergauer, Ernst Sommer; *Redakteur:* Franz Hofmann; *Ort und Verlag:* [gegründet in Karlsbad] Weimar: Utopia; *nicht erschienen zwischen* H. 5/6, März *und* H. 7/8, Okt.

Waldheimat 1924-1933. *Untertitel:* Monatsschrift für den Böhmerwald; Monatsschrift für Geschichte, Kunst, Landes- und Volkskunde des Böhmerwaldes (7.1930, H. 11-10.1933); *Ort und Verlag:* Budweis: Moldavia.

Deutsche Heimat 1925-1936. *Untertitel:* Illustrierte Monatsschrift; Sudetendeutsche Monatshefte; Sudetendeutsche Monatshefte für Literatur, Kunst, Heimat- und Volkskunde; *2. Untertitel:* Blätter der Heimattreue und Heimatliebe für die Gaue Egerland, Böhmerwald und Teplerland; Blätter der Heimattreue und Heimatliebe für das deutsche Volk (3.1927); *Herausgeber:* Hans Zirwick; *Redakteure:* Hans Zirwick; Alois Bergmann [u.a.]; *Ort und Verlag:* Marienbad/Böhmen-Plan: Hans Zirwick [u.a.].

Der Ackermann [1926]. *Herausgeber:* Anton Heimerl; *Redakteur:* Richard Hinke; *Ort und Verlag:* Kaaden/Eger: Ackermann.

Alt-Prager Almanach 1926, **Alt-Prager Almanach** 1927. *Herausgeber:* Paul Nettl; *Ort und Verlag:* Prag: Bücherstube.

Der Bibi 1926. *Untertitel:* Das Tschechoslowakische Magazin (H. 1); Das deutsche Magazin (H. 2/3); *Ort und Verlag:* Aussig: Deutsche Druck- und Verlagsanstalt »Gutenberg«; Dux (Druck).

Der Buchberater 1926/27-1929. *Untertitel:* Mitteilungen der deutschen Volksbüchereigenossenschaft in Leitmeritz; *Ort und Verlag:* Olmütz: Buchberater.

Monatliche Mitteilungen der Bücherei der Deutschen 1926-[1927]; **Bücherei der Deutschen** 1928/29-1930/31. *Untertitel:* Mit Lieferung <4-19> des alphabetischen Autoren-Katalogs [u.a.]; *Herausgeber:* Vorstand der »Bücherei der Deutschen« in Reichenberg (1.1926-2[1927]); *Ort und Verlag:* Reichenberg/Böhmen: Eduard Fiedler; -: Gebrüder Stiepel (3.1928/29-5.1930/31).

Bundes-Zeitweiser 1927; **Bundes-Kalender** 1928-1935. *Herausgeber:* Bund der Deutschen Nordmährens, Olmütz, Bund der Deutschen Schlesiens, Troppau; *Ort und Verlag:* Troppau: Karl Skrobanek & Söhne (Druck); *nicht zu erlangen:* 6.1932, 8.1934; *Vorgänger:* Trostbärnla (1921).

Das lebendige Buch 1927-1930; unselbständig fortgesetzt. *Untertitel:* Blätter für Lebensgestaltung; *Ort und Verlag:* Markersdorf/Dresden: Grenzland (Rudolf Schneider); Friedland/Böhmen: Rudolf Schneider; Markersdorf/Dresden: Rudolf Schneider.

Der Sudetendeutsche 1928-1939. *Titelzusatz:* Begründet vom Sudetendeutschen Heimatbund (1939, H. 5-9); Herausgegeben in Verbindung mit dem »Ostland« (1939, H. 10); *Untertitel:* Monatsschrift des Sudetendeutschen Heimatbundes (1934, H. 1-5); Zeitschrift für sudetendeutsche Politik, Kultur und Wirtschaft (1934, H.6-1939, H. 9); *Herausgeber:* Sudetendeutscher Heimatbund (1934; 1936-1939, H. 4); *Ort und Verlag:* Dresden: Volksbund [u.a.]; *fortgesetzt in:* Ostland (1.1920).

Volksbildungsarbeit 1928-1936; **Volk und Kultur** 1937-1938. *Untertitel:* Mitteilungsblätter für die deutsche öffentliche Bildungspflege (1.1928-8.1936); Zeitschrift für die deutsche öffentliche Bildungspflege ([9]1937-[10]1938); *2. Untertitel:* Öffentliche Bildungspflege, Büchereiwesen, Lichtbild u. Film, Rundfunk, Gemeindechronik, Laienspiel (3.1930-5.1932/33; 8.1936); *Herausgeber:* Sonderausschuß des Verbandes der deutschen Selbstverwaltungskörper in der Tschechoslowakischen Republik für das gesamte Volksbildungswesen (1.1928); Oskar Dreyhausen (3.1930-8.1936) [u.a.]; *Redakteure:* Oskar Dreyhausen [u.a.]; *Ort und Verlag:* Teplitz-Schönau: Druck- und Verlagsanstalt [Teplitz]; -: Institut für deutsche Volksbildung in der ČSR ([9]1937-[10]1938).

Witiko 1928-1931. *Untertitel:* Zeitschrift für Kunst und Dichtung; *Untertitelabweichung:* Zeitschrift für Kunst und Dichtung der literarischen Adalbert-Stifter-Gesellschaft (jeweils 2. Umschlagseite); *2. Untertitel:* Vierteljahrsschrift (1.1928); *Herausgeber:* Josef Mühlberger; Johannes Stauda; *Redakteure:* Josef Mühlberger; Johannes Stauda; *Ort und Verlag:* Eger: Literarische Adalbert-Stifter-Gesellschaft (Kommission: Johannes Stauda).

Freude am Buch 1929/30-1930/31. *Untertitel:* Zeitschrift für Freunde von Dichtung und Buch; *2. Untertitel:* Literatur-Ratgeber für die Deutschen in der Tschechoslowakischen Republik; *Ort und Verlag:* Dux: Freude am Buch; Reichenberg/Böhmen: Freude am Buch (2.1930/31).

Hohe Warte 1929-1938. *Untertitel:* Eine Zeitschrift für alle, die den Humor noch nicht verloren haben (1.1929-2.1930, H. 5); Illustrierte Revue für Kultur, Kunst und Literatur (2.1930, H. 6-10.1938); *Herausgeber:* Max Glaser; *Redakteur:* Max Glaser; *Ort und Verlag:* Prag: Heinr. Mercy Sohn; -: Max Glaser (6.1934-10.1938).

Der Zuschauer 1929/30-1931. *Herausgeber:* Hans Niedermeyer; *Ort und Verlag:* Troppau: Zuschauer.

Aufruf 1930/31-1933/34. *Untertitel:* Organ der Liga für Menschenrechte in der Tschechoslowakei; (ab 3.1932/33, H. 5): Streitschrift für Menschenrechte; *Herausgeber:* Liga für Menschenrechte; *Redakteur:* Friedrich Bill; *Ort und Verlag:* Prag: Impressa (Druck).

Grenzlandquellen 1930-1937. *Untertitel:* Sudetendeutsche Blätter; 2. *Untertitel:* Vierteljahresschrift (1930, H. 1); *Herausgeber:* Adam Kraft; *Redakteur:* Adam Kraft; *Ort und Verlag:* Karlsbad-Drahowitz: Adam Kraft.

Parnaß 1930. *Untertitel:* Mährisch-Schlesischer Almanach für Literatur, Musik, Kunst und Wissenschaft; *Herausgeber:* Brünner Eichendorff-Bund [u.a.]; *Ort und Verlag:* Graz: Wächter; Brünn: Parnass.

Germanoslavica 1931/32-1937 (H. 1,2). *Untertitel:* Vierteljahrsschrift für die Erforschung der germanisch-slavischen Kulturbeziehungen; *Herausgeber:* i. Auftr. des Slavischen Institutes und der Deutschen Gesellschaft für slavistische Forschung in Prag Josef Janko; Franz Spina; *Schriftleitung:* Konrad Bittner, Vojtěch Jirát; *Ort und Verlag:* Brünn, Prag, Leipzig, Wien: Verlag Rudolf M. Rohrer.

Der Philosemit 1931-1932. *Untertitel:* Ein Weltbild des Judentums in Monatsheften; *Herausgeber:* Alexander Sandor; *Redakteure:* Arthur Heller; Alexander Sandor; *Ort und Verlag:* Prag: Philosemit.

Sudetenland 1931 (H. 1-2); **Heimatzeitschrift des Bundes der »Deutschen in Böhmen«** 1931 (H. 3-6). *Untertitel:* Heimatzeitschrift des Bundes der »Deutschen in Böhmen« (H. 1-2); *Herausgeber:* Bund der Deutschen in Böhmen; *Ort und Verlag:* Teplitz-Schönau: Bund der Deutschen in Böhmen; *Vorgänger:* Bundesbote (38.1931); *Nachfolger:* Sudetendeutsche Monatshefte (1935).

Theater-Zeitung [1931/32]. (Anfangs literarisch unergiebig); **Blätter des Deutschen Theaters Prag** 1932/33; danach literarisch unergiebig. *Umschlagtitel:* Neues Deutsches Theater in Prag; *Titelzusatz:* Mit dem offiziellen Tagesprogramm für das Deutsche Theater in Prag (20[1931/32]); *Ort und Verlag:* Prag: Karl Schluderpacher; -: Franz Pavla (Druck 21.1932/33, H. 32-43); *Nachfolger:* Blätter der Deutschen Theater in Prag (1939/40).

Der Ackermann aus Böhmen 1933-1938. *Untertitel:* Monatsschrift für das geistige Leben der Sudetendeutschen; *Redakteure:* Karl Franz Leppa; Hans Watzlik; Adam Kraft (2.1934-3.1935; 5.1937-6.1938); *Ort und Verlag:* Karlsbad-Drahowitz: Adam Kraft.

Der Bücherschrank 1933. *Untertitel:* Zeitschrift für deutsche Literatur; *Herausgeber:* Joachim Diener von Schönberg; *Ort und Verlag:* Dörnthal/Marienberg: Bücherschrank (Joachim Diener von Schönberg).

Mein Böhmerwald 1933-1935; 1939/40-1944; nach der Berichtszeit fortgesetzt. *Umschlagtitel:* Monatshefte für heimatliches Schrifttum, Kunst und Geschichte [u.a.]; *Herausgeber:* Herbert von Marouschek; Bund Sudetendeutscher Künstler in Wien (4.1939/40); *Redakteure:* Herbert von Marouschek [u.a.]; *Ort und Verlag:* Prachatitz: Herbert von Marouschek [u.a.].

Neue Deutsche Blätter 1933/34-1934/35. *Untertitel:* Monatsschrift für Literatur und Kritik; *Herausgeber:* Guido Lagus; Markéta Weisskopfová [d.i. Grete Weiskopf]; *Redakteure:* Guido Lagus, O[skar] M[aria] G[raf] [u.a.]; *Ort und Verlag:* Prag, Wien, Zürich, Paris: Faust [u.a.].

Die neue Weltbühne 1933-1939. *Untertitel:* Wochenschrift für Politik, Kunst, Wirtschaft; *Herausgeber:* Hermann Budzislawski (31.1935, H. 18-35.1939); *Redakteure:* Willi Schlamm [d.i. William S. Schlamm]; Adolf Bauer [u.a.]; *Ort und Verlag:* Prag, Wien, Zürich: Waldheim Eberle (Druck 2[29]1933, H. 14); Prag, Zürich: A. Haase (Druck 2[29]1933, H. 25-3/30.1934, H. 27) [u.a.]; *Vorgänger:* Die Schaubühne (1.1905); Die Wiener Weltbühne (1.1932).

Die Welt im Wort 1933-1934. *Untertitel:* Wochenzeitung für Literatur, Kunst und Kultur; *Herausgeber:* Willy Haas; Otto Pick; *Redakteur:* Otto Pick; *Ort und Verlag:* Prag: Haas (1.1933, H. 1-3); Prag, Wien: Haas (1.1933, H. 4-2.1934).

Die Gemeindebücherei 1934/35-1935. *Untertitel:* Blätter für volkstümliches Büchereiwesen; *Ort und Verlag:* Leitmeritz: Eduard Kaiser (1. 1934/35); Teplitz-Schönau: Wächter (Druck 2.1935).

Mähr.-Schles. Heimatgarten 1934. *Ort und Verlag:* Brünn: Deutsch-mähr. Heimat.

Die Welt im Buch 1934-1935. *Untertitel:* Literaturblatt für Jedermann; *Herausgeber:* Jaromir Neurad (1.1934); Julius Wassermann (2.1935); *Redakteure:* Josef Neurad (1.1934); Vincy Schwarz (2.1935); *Ort und Verlag:* Prag: Franz Pavla (Druck 1.1934); -: Šatek a Slabihoudek (Druck 2.1935).

Sudetendeutsche Monatshefte 1935-1944. (Früheres nicht zu erlangen). *Untertitel:* Zeitschrift des Bundes der Deutschen (1935-1938); *Herausgeber:* Deutscher Heimatbund, Gauverein Sudetenland (1941-1944); *Redakteure:* Ernst Legler; Wilhelm Pleyer [u.a.]; *Ort und Verlag:* Teplitz-Schönau: Buchdruckerei Wächter (1935-1939, H. 6); -: Richard Rämisch (1939, H. 7-1944); *Vorgänger:* Bundesbote (28.1922), *früher:* Bundes-Mitteilungen (27.1921).

Die Brücke 1936. (Früheres nicht zu erlangen); **Die Brücke/Most** (ab 3.1936; 1938). *Untertitel:* Wochenschrift für Politik, Kultur und Wirtschaft (3.1936, H. 1-31); Für Frieden und nationale Verständigung (3.1936, H. 32-44; 5.1938); *Herausgeber:* Vinzenz Walsa [u.a.]; *Redakteure:* Vinzenz Walsa; *später:* Lev Vohryzek; *Ort und Verlag:* Prag: Buchdruckerei Orbis [u.a.].

Deutsches Leben 1936-1940. *Untertitel:* Ein Jahrbuch; 2. *Untertitel:* Zum 10jährigen Bestehen des Verlages ([3]1938); *Untertitelabweichung:* Almanach zum 10jährigen Bestehen des Adam Kraft Verlages (Umschlag [3]1938); *Herausgeber:* Ernst Frank; *Redakteur:* Ernst Frank; *Ort und Verlag:* Karlsbad-Drahowitz, Leipzig: Adam Kraft.

Sudeten-Almanach 1936. *Untertitel:* Jahrbuch deutscher Verleger in der Tschechoslowakei; *Ort und Verlag:* Reichenberg/Böhmen: Nordböhmischer Verlag; Brünn: Rudolf M. Rohrer [u.a.].

Der Bücherspiegel 1937-1938. *Untertitel:* Blätter für Schrifttum, Kunst und Kultur; *Ort und Verlag:* Prag: Czerny.

Das deutsche Erbe 1937-1942/43. *Untertitel:* Blätter für volkhafte Dichtung; 2. *Untertitel:* Eine Zeitschrift für den Feierabend; Monatsschrift für die Mitglieder des Sudetendeutschen Bücherbundes (1.1937, H. 12); *Herausgeber:* Adam Kraft; *Redakteure:* Karl Franz Leppa; Julius Heidrich; *Ort und Verlag:* Karlsbad-Drahowitz: Adam Kraft; *Vorgänger:* Grenzlandquellen (1930).

Kulturschau 1937. *Untertitel:* Blätter für Kultur- und Bücherfreunde; *Redakteur:* Fr. Simon; *Ort und Verlag:* Prag: Mars.

Hermann Clemens Kosel (Hrsg.): *Deutsch-österreichisches Künstler- und Schriftsteller-Lexikon.* Hrsg. von Herm[ann] Cl[emens] Kosel, Victor A. Reko und Heinrich Bohrmann. 2 Bde. (Wien 1902-1906).

Mährens deutsche Dichter der Gegenwart. Frau Baronin Marie von Ebner-Eschenbach in tiefster Verehrung gewidmet. Ein Nachschlagewerk und Hausbuch deutscher Dichtkunst. Hrsg. von Edmund Reimer. I. Der Olmützer Dichterkreis. (Sternberg in Mähren 1904).

Friedrich Jaksch: *Lexikon sudetendeutscher Schriftsteller und ihrer Werke für die Jahre 1900-1929.* Mit zwei Anhängen: 1. Die sudetendeutschen Zeitungen; 2. Die sudetendeutschen Zeitschriften. (Reichenberg 1929).

Staatslexikon im Auftrag der Görres-Gesellschaft unter Mitwirkung zahlreicher Fachleute hrsg. von Hermann Sacher. Fünfter Band. Fünfte, von Grund aus neu bearbeitete Auflage. (Freiburg i.Br. 1932). [Darin: 'Sudetendeutsche', Sp. 229-233]

Wilhelm Kosch: *Deutsches Literatur-Lexikon.* Bd. III. 2. Aufl. (Bern 1956). [Darin: 'Böhmen', S. 190; 'Prag', S. 2099-2102; 'Sudetendeutsche', S. 2932]

Josef Walter König: *Das Schrifttum des Ostsudetenlandes.* Das literarische Vermächtnis der Dichter und Schriftsteller aus dem Ostsudetenland - in lexikographischer Darstellung. (Wolfratshausen 1964).

Erhard Joseph Knobloch: *Kleines Handlexikon. Deutsche Literatur in Böhmen, Mähren, Schlesien von den Anfängen bis heute.* Zweite, ergänzte und erweiterte Auflage. (München 1976).

Biographisches Lexikon zur Geschichte der böhmischen Länder. Hrsg. im Auftrag des Collegiums Carolinum von Heribert Sturm. Bd. 1: A-H; Bd. 2: I-M. (München, Wien 1979ff.).

Lexikon České Literatury Osobnosti, Díla, Instituce Academia, nakladatelství Československé akademie věd, 1. Bd. (A-G). (Praha 1985).

Slovník Spisovatelů německého jazyka a spisovatelů lužickosrbských. [Lexikon der deutschsprachigen und sorbischen Autoren]. Zpracoval kolektiv autorů za vedení Václava Boka, Věry Macháčkové-Riegerové a Jiřího Veselého. (Praha 1987).

Nachschlagewerke

Hans J. Schütz: *»Ein deutscher Dichter bin ich einst gewesen«*. Vergessene und verkannte Autoren des 20. Jahrhunderts. (München 1988).

Alador Guido Przedak: *Geschichte des deutschen Zeitschriftenwesens in Böhmen.* (Heidelberg, Münster 1904).

Bibliografický Katalog Časopisectva Republiky Československé za rok 1920. (Praha 1921).

Carl Diesch: *Bibliographie der germanistischen Zeitschriften.* (Leipzig 1927).

Edgar Hobinka: *Bibliographie der deutschen Volkskunde in Mähren und Schlesien.* (Reichenberg 1928). (=Beiträge zur sudetendeutschen Volkskunde, Bd. 18, H. 1)

Friedrich Jaksch: *Lexikon sudetendeutscher Schriftsteller und ihrer Werke für die Jahre 1900-1929.* Mit zwei Anhängen: 1. Die sudetendeutschen Zeitungen; 2. Die sudetendeutschen Zeitschriften. (Reichenberg 1929).

Bibliografický Katalog Československé Republiky. Část II. Časopisy a jiné periodické publikace z roku 1929. Redaktoři: Dr. K. Randé a Dr. V. Foch. (V Praze 1930).

Adolf Hauffen: *Bibliographie der deutschen Volkskunde in Böhmen.* Eingeleitet und herausgegeben von Gustav Jungbauer. (Reichenberg 1931).

Handbuch der deutschsprachigen Zeitungen im Ausland. Hrsg. von Walther Heide. (Berlin 1935).

Otto Muneles: *Bibliographical Survey of Jewish Prague.* (Prague 1952). (=Jewish Monuments in Bohemia and Moravia, vol. 1)

Deutsche Bibliographie: *Zeitschriften-Verzeichnis* 1945-80. In Deutschland erscheinende periodische Veröffentlichungen sowie die deutschsprachigen Periodika Österreichs, der Schweiz und anderer Länder. Bearbeitet und hrsg. von der Deutschen Bibliothek Frankfurt am Main. (Frankfurt/Main 1958-82).

Sáša Mouchová, Zdena Broukalová: *Deutsche Literatur in der ČSR von 1945 bis Mai 1959*. Bibliographie. (Praha 1959).

Bücherkunde Ostdeutschlands und des Deutschtums in Ostmitteleuropa. Bearbeitet von Heinrich Jilek, Herbert Rister und Hellmuth Weiß. (Köln, Graz 1963). (=Ostmitteleuropa in Vergangenheit und Gegenwart, Bd. 8)

Bibliographien

Heinrich Jilek: *Sudetendeutsche Bibliographie 1954-1957*. Im Auftrage der historischen Kommission der Sudetenländer. (Marburg/Lahn 1965). (=Wissenschaftliche Beiträge zur Geschichte und Landeskunde Ost-Mitteleuropas, hrsg. vom Johann Gottfried Herder-Institut, Nr. 72)

Brigitta Wolfová: *Zur deutschsprachigen Literatur in der Tschechoslowakei*. Veröffentlichungen tschechoslowakischer Germanisten seit 1945. (Prag 1965).

Jiří Veselý: "Bibliographie der in der Tschechoslowakei seit 1945 erschienenen Beiträge zur Prager deutschen Literatur." In: *Weltfreunde*. Konferenz über die Prager deutsche Literatur. Red.: Eduard Goldstücker, Alois Hofmann, Paul Reimann. (Prag 1967), S. 394-407.

Bibliographie zur Geschichte und Landeskunde der böhmischen Länder von den Anfängen bis 1948. Bd. I und II bearbeitet von Heinrich Jilek. Bd. III, Register, bearbeitet von Marlis Sewering-Wollanek. (Köln, Wien 1986-1990).

Register

Alphabetisches Verzeichnis der Zeitschriften und Jahrbücher*

Der Ackermann [1926]
Der Ackermann aus Böhmen 1933
Alt-Prager Almanach 1926
Alt-Prager Almanach 1927
Aufruf 1930
Beethoven 1905
Der Bibi 1926
Blätter der Prager Kammerspiele 1916
Blätter des Deutschen Theaters Prag 1932, s. Theater-Zeitung
Der Böhmerwald 1899
Die Brücke 1936
Buch und Volk 1923
Der Buchberater 1926
Bücherei der Deutschen 1928, s. Monatliche Mitteilungen der Bücherei der Deutschen
Der Bücherschrank 1933
Der Bücherspiegel 1937-1938
Der Buchhändler 1920
Bundes-Zeitweiser 1927
Bundes-Kalender 1928, s. Bundes-Zeitweiser
Daimon 1918
Deutsch-Böhmerland 1901
Deutsche Arbeit 1901
Deutsche Arbeit in Österreich 1918, s. Deutsche Arbeit
Das deutsche Erbe 1937
Deutsche Heimat 1925
Deutsches Leben 1936
Elite 1924
Erbe und Aufgabe 1939, s. Die Wünschelrute
Der Erker 1919
Freie Bildungsblätter 1892
Freie Bildungs-Blätter 14.1905, s. Freie Bildungsblätter
Freie Welt 1923, s. Freude am Buch 1929
Freude am Buch 1929
Frühling 1900
Für stille Stunden 1924
Die Gefährten 1920, s. Daimon
Die Gemeindebücherei 1934
Germanoslavica 1931
Grenzgau 1925, s. Grenzgau Schlesien
Grenzgau Ostland 1926, s. Grenzgau Schlesien
Grenzgau Schlesien 1924
Grenzlandquellen 1930
Die Heimat 1923
Heimat und Welt 1920
Heimatbildung 1919
Heimatzeitschrift des Bundes der »Deutschen in Böhmen« 1931, s. Sudetenland
Herder-Blätter 1911
Herderblätter (H. 2-4/5), s. Herder-Blätter
Der Hochwald 1923
Höhenfeuer 1920
Hohe Warte 1929
Illustrierte Kriegs-Chronik des »Immergrün« 1914, s. Immergrün
Immergrün 1889
Jahrbuch der Philosophischen Fakultät der deutschen Universität in Prag 1923ff.
Jüdischer Almanach auf das Jahr <5685-5691; 5694-5698> 1924
Kulturschau 1937
Das lebendige Buch 1927
Mähr.-Schles. Heimatgarten 1934
Die Maske 1919
Mein Böhmerwald 1933
Der Mensch 1918
Monatliche Mitteilungen der Bücherei der Deutschen 1926
Der Nachtwächter 1919
Der neue Daimon 1919, s. Daimon
Neue Deutsche Blätter 1933
Der neue Roman 1922
Die neue Weltbühne 1933
Novellenzeitung1923
Ostböhmische Heimat 1916
Parnaß 1930
Der Pfad 1919
Der Philosemit 1931
Prager Almanach auf das Jahr 1908
Die Provinz 1924

*Die Jahreszahl verweist jeweils auf das erste Jahr des Erscheinens

Die Rampe 1923
Der Romanleser 1898
Rübezahl 1899
Rübezahl 1919
Die Saat 1921
Sudeten-Almanach 1936
Der Sudetendeutsche 1928
Sudetendeutsche Monatshefte 1935
Sudetenland 1931
Theater-Zeitung 1931
Volk an der Arbeit 1937, s. Heimatbildung
Volk und Kultur 1937, s. Volksbildungsarbeit
Volksbildungsarbeit 1928
Der Waldbrunnen 1922
Waldheimat 1924
Die Welt im Buch 1934
Die Welt im Wort 1933
Winkelried 1926, s. Der Waldbrunnen
Wir 1906
Witiko 1928
Die Wünschelrute 1921
Die Zeitschrift Avalun 1921
Der Zuschauer 1929

Register

Verzeichnet wurden alle im ersten, zweiten und dritten Teil genannten Autoren und die Titel aller Primärveröffentlichungen; im Falle der Sekundärliteratur werden keine Titel, sondern nur die Namen der Verfasser, Herausgeber, Verfasser von Vor- und Nachworten, Übersetzer und Illustratoren genannt. Mit dem Titel aufgeführt werden außerdem Sammelbände zur deutschsprachigen Literatur Prags und der böhmischen Länder, Jahrbücher, vereinzelt aber auch Zeitschriften, wenn das ganze Heft diesem Thema gewidmet ist. Aufgenommen wurden überdies die Namen kultureller Vereinigungen, z.B. "Concordia".

FSC
www.fsc.org
MIX
Papier | Fördert
gute Waldnutzung
FSC® C083411

Zeitfracht Medien GmbH
Ferdinand-Jühlke-Straße 7
99095 Erfurt, Deutschland
produktsicherheit@kolibri360.de